우리들은 닮았다

# 우리들은 닮았다

### 릭 퀸 RICK QUINN

제인 구달 서문 · 이충 옮김

# JUST LIKE US

## Foreword by Jane Goodall

당신의 아들에게 사람과 장소, 동물에 대한
호기심의 씨앗을 뿌리시고, 무엇이든 항상 더 좋게 만드신
사랑하는 나의 어머니 퍼트리샤 퀸을 그리며.


훌륭한 부모들과 함께 자연적인 모든 것을
즐기고 보호하는 자기만의 길을 찾게 될
매켄지, 제이미, 리암, 에이버리 그리고 곧 태어날 그들의 사촌들에게.

# 차례

# 서문

한때 아프리카와 아시아의 거대한 숲에 살던 대형 유인원great ape의 개체
수는 빠르게 감소하고 있다. 침팬지와 보노보는 멸종위기종으로 지정됐
고, 서부침팬지는 오랑우탄, 고릴라와 마찬가지로 심각한 멸종위기종이
다. 이들의 개체 수가 감소하는 원인은 수없이 많지만, 거의 모두가 인간
의 활동과 연관돼 있다. 이 책의 저자 릭 퀸은 이 멋진 동물, 우리와 가장
가까운 살아있는 친척에 대한 사람들의 인식을 높이고, 절망적으로 보이
는 문제들이 얼마나 긴밀히 서로 연관돼 있는지를 보여줌으로써, 소비자
이자 유권자, 투자자이기도 한 일반 시민들을 결집시켜 사라져 가는 이

**앞 페이지:** 인도네시아 북수마트라 시쿤두르에 사는 유년기 수마트라오랑우탄. 오랑우탄은 숲 지
붕 아래서 덩굴 식물이나 어린나무에 매달려 그네처럼 몸을 앞뒤로 흔들다가 팔을 쭉 뻗어 옆 나무
의 나뭇가지를 붙잡고 끌어당겨 몸을 이동시키는 법을 배운다. 오랑우탄은 보통 언제나 한 나무를
사지 중 최소한 2개 이상으로 붙잡는다.

**옆 페이지:** 우간다 키발레국립공원에 사는 침팬지. 침팬지는 이마가 좁고, 눈썹뼈가 도드라져 보이
며, 눈은 움푹 들어가 있고, 두 눈 사이가 상대적으로 가깝다. 조용히 내가 이 어린 수컷의 사진을
찍을 때, 그는 깊은 생각에 잠겨 있는 것처럼 보였다.

상징적인 종들을 보호하는 활동을 돕고자 한다.

이 책의 매 페이지마다 묘사된 릭의 감성적인 관찰은 감동을 주는 동시에 마음을 채워준다. 릭이 직접 촬영한 강렬한 사진들은 그의 빈틈없는 조사 결과를 보완한다. 그 조사는 분명히 대형 유인원들, 그들 가까이에 사는 사람들, 인간과 대형 유인원이 공유하는 이례적인 풍경, 이 모두를 이해하고 보호하려는 열정으로 가득 찬 사람이 이룩한 성과다.

웨스턴대학교에서 강연을 하던 날 릭을 처음 만났다. 그날 저녁 행사는 내 캐나다 순회강연의 일부로 릭이 준비한 것이었다. 그날 처음 본 이후 우리는 여러 차례 만났고, 그와 그의 가족을 가까운 친구로서 그리고 수많은 동물의 친구로서 알게 됐다. 수의사이자 교육자인 릭은 야생동물 보호와 옹호 분야에서 관심의 폭을 점차 넓혀왔다. 그는 아시아와 아프리카의 원시림에 사는 대형 유인원 종들의 모습을 촬영해왔으며, 그 일부가 이 책에 실려 있다. 또한 릭은 제인구달협회의 활동을 지원하기 위해 이 영향력 있는 사진들을 아낌없이 기부해오고 있다.

릭은 이 책에서 인간들의 정치적 갈등과 경제적 곤란 때문에 대형 유인원들이 얼마나 영향을 받는지를 보여준다. 이들의 생존에 가장 큰 위협은 식용 야생동물고기로 지역 시장에서 팔거나 해외로 수출하기 위해 불법 사냥을 하는 것, 살아있는 동물 거래를 목적으로 어린 새끼들을 탈취하기 위해 어미들을 살해하는 것, 불법 벌목과 표면 광물 채취로 대형 유인원의 서식지를 파괴하는 것이다. 설상가상으로 인구가 점점 늘어나 사람들이 유인원들의 숲속 보금자리까지 침투하고 있다. 그 과정에서 생물학적으로 우리와 매우 가까워 유인원들도 걸리기 쉬운 질병까지 함께 퍼트리고 있다. 이런 위협들은 모든 대형 유인원의 번식 주기 때문에 더욱 악화된다. 예를 들어 야생에서 사는 암컷 침팬지의 경우 대개 11~12살이 될 때까지 첫 출산을 하지 않으며, 그 이후에도 출산 간격이 평균 5년이나 된다. 오랑우탄의 출산 간격은 7년 가까이 된다.

지구 곳곳에서 벌어지고 있는 야생동물들의 곤경에 대한 메시지를 나누고자 여행을 다닐수록, 나는 동물 종들과 그들이 살고 있는 환경을 보호하기 위한 노력은 현지 공동체와 함께 할 경우에만 성공 가능하다는 사실을 깨닫게 된다. 아프리카와 아시아의 시골 지역에 사는 사람들의 삶도 극도로 힘들기 일쑤다. 대다수가 근근이 살아가는 농부들이고, 부족한 자원에 대한 경쟁이 점점 치열해짐에 따라 마을들의 상황은 더욱 악화된다.

이와 같은 현상은 1990년 비행기를 타고 하늘에서 탄자니아의 곰베 국립공원을 내려다봤을 때 끔찍할 만큼 명백했다. 곰베는 내가 1960년 처음으로 침팬지 연구를 시작했을 때만 해도 동아프리카 서부에서부터 서아프리카 해안까지 거의 끊김 없이 뻗어 있는 적도산림대의 일부였다. 하지만 30년 후, 나는 완전히 민둥산들로 둘러싸인 채 아주 작은 섬이 돼버린 숲 위를 날고 있었다. 그 땅이 부양할 수 있는 것보다 훨씬 더 많은 사람이 살고 있었다. 토양은 과잉 경작으로 척박해져 갔지만, 사람들은 너무 가난해 다른 데서 음식을 살 수가 없었다. 1994년 제인구달협회는 주민들과 함께 하는 공동체 기반의 환경보호 프로그램인 테이케어 Tacare<sup>◆</sup>를 실시했다. 이 프로그램은 지속 가능한 농경법을 소개하고, 깨끗한 식수를 확보하기 위한 수질관리사업을 개발하며, 보건 수준을 향상시키고, 교육 요구를 충족시키기 위한 것이었다. 우리는 점차 주민들의 신뢰를 얻었고, 지금도 제인구달협회는 아프리카의 다른 6개국에서 유사한 프로그램을 운영하고 있다. 제인구달협회 캐나다본부는 우간다와 콩

◆  탕가니카호 유역 재조림 및 교육 사업(The Lake Tanganyika Catchment Reforestation and Education) — 옮긴이(이하 이 책의 모든 각주는 옮긴이의 것이다).

고민주공화국, 세네갈에서 활동하고 있다. 우리는 모든 곳에서 신뢰와 선의를 쌓으며, 지역 주민들은 우리의 환경보호 노력을 돕는 파트너가 됐다. 이러한 파트너십이 여러 해 동안 아프리카에서 이어진 제인구달협회 활동의 초석이 됐다.

릭은 2013년에 비영리 단체인 닥스포그레이트에이프스Docs4GreatApes 를 공동 설립했다. 이 단체는 파트너들과 함께 비룽가산맥*의 외딴 마을 진료소에서 근무하는 일선 간호사들을 위한 의료 인력 개발 과정을 개설하고, 동아프리카의 수의사들이 야생동물 의학 분야에서 대학원 교육을 받을 수 있도록 지원함으로써 의료 역량을 구축해왔다.

많은 사람이 지구 전체에 관한 문제에 직면하면, 자신이 도움이 될 수 있다는 사실을 깨닫지 못한 채 마냥 무기력해지곤 한다. 내가 세계를 돌아다니며 전하는 가장 중요한 메시지는 지구라는 행성의 시민으로서 우리는 아무리 작더라도 도움이 될 수 있는 뭔가를 할 수 있으며, 또한 해야 한다는 것이다. 개개인의 작은 활동이 모여서 커다란 변화를 가져올 수 있다. 인도네시아에서 팜유 농장을 개발하기 위해 숲을 파괴함으로써 발생하는 엄청난 규모의 오랑우탄 서식지 파괴에 대해서 환경보호 활동가들이 경각심을 높이자, 사람들은 팜유를 함유한 제품에 대해 불매 운동을 벌이기 시작했다. 관련 산업계는 그 압력에 못 이겨 기존 생산 농장에서만 팜유를 납품받았고, "지속 가능하도록 생산된sustainably produced" 팜유 함유 제품임을 라벨에 점점 더 많이 표시해야 했다.

우리는 갈림길에 서 있다. 수많은 종이 이번 세기를 넘어 생존할 수 있으려면 우리의 도움이 절실하다. 이 책은 릭의 발견 여행의 정점으로, 재미있으면서도 정보로 가득하고, 평범한 한 개인이 어떻게 긍정적인 변

---

◆　아프리카 중동부의 르완다, 콩고민주공화국, 우간다 접경 지역에 있는 화산산맥.

화의 촉매가 될 수 있는지를 잘 보여준다. 우리 인간이 자초한 문제들의 규모와 긴급성에도 불구하고 내가 희망을 가지는 근거는 다음과 같다. 첫째는 우리가 자연과 더 조화롭게 살 수 있도록 돕고 우리의 생태 발자국을 감소시키기 위한 기술을 찾아내는 인간 지성의 폭발적인 발전이다. 둘째는 자연의 복원력이다. 셋째는 문제점들을 알게 될 때 옷소매를 걷어붙이고 더 나은 세상을 만들고자 행동에 나서는 젊은이들의 에너지와 실행력, 결단력이다. 마지막은 불가능할 것처럼 보이는 일에 뛰어들고 포기하지 않는 이들의 불굴의 정신이다.

나의 역할은 여러분이 환경보호 노력을 지원할 수 있도록 용기를 북돋우는 것이다. 지원 방법으로는 쟁점들에 대해 더 많이 공부하고, 국회의원들에게 자연계에 이로운 프로젝트를 지원하도록 촉구하는 편지를 쓰고, 회사와 기업들에게 환경과 미래 세대를 고려하도록 압력을 넣는 일 등 다양하다. 물론 현장에서 활동하는 사람들을 지원하는 단체나 기구에 언제든 기부할 수도 있다.

*Jane Goodall*

제인 구달 박사, DBE *

제인구달협회 창립자이자 유엔 평화사절

---

◆   Dame Commander Of The Order Of The British Empire. 대영제국 2등급 훈장으로, 남자의 기사 작
위에 해당한다.

# 프롤로그

일이 이렇게 될지는 전혀 몰랐다. 나는 현재에 만족하는 평범한 수의사일 뿐이었다. 하지만 어느 날 집에서 혼자 공부하던 중 갑자기 변화가 찾아왔다.

그토록 찾으려던 서류가 어지럽혀진 책상 위에 숨겨져 있었다. 생각해보니 지난주에도 이런 일이 있었다. 알베르트 아인슈타인에게는 어수선한 책상이 괜찮았을지 모르지만, 내게는 분명히 아니었다. 이제 그만!

다시는 어지럽히지 않으리라 큰 소리로 맹세하며, 책상 위를 정리하기 시작했다. 먼저 제일 위에 불안하게 올려져 있는 종이 뭉치―학술지와 잡지에서 떼어낸 기사들―부터 치우기 시작했다. 나의 호기심 많은 눈에 띈 나머지 나중에 꼭 읽어야지 하고 모아놓은 것들이었다. 하지만 가차 없이 추려가던 내 손길은 20분 정도 지나 갑자기 멈추었다. 소수의

**옆 페이지:** 중앙아프리카공화국 바이호코우 부근 드장가-은도키국립공원에 사는 마쿤다 무리의 유년기 서부저지대고릴라. 어린 고릴라들은 더 어린 고릴라들과의 놀이를 통해 훗날 유용해질 기술들을 발달시키며 시간을 보낸다. 이상하게도 이 어린 고릴라는 낙담한 표정으로 홀로 있었는데, 아마도 놀이 사이의 휴식시간인 듯하다.

사람만 읽는 수의업계 정기간행물에서 조심스레 뜯어낸 기사 하나를 우연히 발견하고서였다.

아프리카에서 활동하는 '고릴라 닥터스Gorilla Doctors'라는 독특한 수의사 단체를 조명한 기사여서 보관해온 터였다. 이 용감한 현장 의사들은 심각한 멸종위기종인 마운틴고릴라들을 보호하려는 국제적 노력의 일부로, 아프리카 열대우림이 그들의 수술실이었다. 그 수의사들은 다트를 쏘아 약물을 주입해서 호흡기 질환을 치료했고, 호기심 많은 고릴라들의 팔다리를 옥죄는 사냥용 올가미를 제거했다. 그들은 호전적인 실버백 고릴라들이 낸 상처도 감내했으며, 때로는 고릴라를 구하기 위해 자신들의 목숨도 걸 수 있을 것처럼 보였다. 이처럼 대담한 고릴라 닥터스에 대한 글에 빠져들면서, 기억 저편에서 어느 기사의 내용이 희미하게 떠올랐다.

나는 몇 해 전《내셔널 지오그래픽》에 실린 기사, 오래된 지도를 펼치듯 나의 마음속에서 펼쳐지고 있는 이야기를 기억해냈다. 낡은《내셔널 지오그래픽》잡지들을 내버리는 것은 나답지 않은 일으므로(그러니 책상이 아수라장일 수밖에), 나는 마침내 원본 기사를 찾아냈고 그 상세한 내용을 확인할 수 있었다.

비극적인 이야기는 이렇게 시작됐다. 2007년 여름 어느 저녁 8시 무렵, 콩고민주공화국 동부에 위치한 비룽가국립공원의 관리원들은 총소리를 들었다. 다음 날 이른 아침, 그들은 미케노 화산 기슭으로 일상적인 도보 순찰을 나갔다가 우연히 참혹한 광경을 발견했다. 음부라눔웨, 은제아, 사파리라는 이름의 성체 암컷 마운틴고릴라 세 마리—세 마리 모두 '루겐도 무리'에 속했다—가 죽어 있었다. 사파리의 새끼인 은다카시는 겁에 질려 어미 곁에 머물러 있다가 국립공원관리원들에게 구조됐다. 다음 날 그 울창한 숲 인근에서 루겐도 무리에 속한 열두 마리 가운데 우두머리인 230킬로그램의 실버백 센크웨크웨의 사체가 발견됐다. 약 3주 후 같은 무리에 속한 또 다른 암컷 마시비리의 썩어가는 사체도 발견됐다. 마시비리의 새끼인 은데제는 실종됐으며, 이미 죽은 것으로 추정됐다.

나는 책상 위에 그 기사들을 나란히 올려놓았다. 아니나 다를까 조금 전 읽었던 고릴라 닥터스 소속 수의사들이 현장으로 호출됐다. 부검 결과 대다수가 의심하던 내용이 확인됐다. 이 고릴라들은 몇 주 전 죽임을 당한 다른 고릴라 두 마리와 무서울 정도로 유사한 방식으로 처형됐다. 마을 사람들은 고릴라들의 시신을 임시로 만든 대나무 들것에 싣고 왕의 행렬처럼 줄지어 밀림에서 운반해 나오면서 비통한 나머지 눈물을 흘렸다. 무참하게 살해당한 고릴라들의 모습은 전 세계에 회자됐다.

당시 전 세계에 남아 있다고 알려진 마운틴고릴라는 720마리뿐이었으며, 그중 약 200마리 정도가 비룽가국립공원에 살고 있었다. 고릴라 한 마리, 한 마리를 잃는 것이 파국처럼 느껴졌다. 대부분의 사람들은 밀렵꾼의 짓이라고 생각했지만, 이번 사건의 용의자 목록에 밀렵꾼은 빠져 있었다. 밀렵꾼이 그랬다면 기념품으로 팔기 위해 손과 머리를 잘랐을 것이고, 새끼들은 암시장에 내다 팔기 위해 데려갔을 것이기 때문이다.

그날 집에서 혼자 공부를 하며 나는 고릴라들에게 가해지고 있는, 밀렵보다 더 빈번하게 발생하고 더 위험할 수 있는 인구 과밀과 가난이라는 또 다른 위협에 대해서 알게 됐다. 비룽가국립공원에 가해지는 위협 가운데 가장 커다란 것으로 불법적인 목탄 생산이 지적됐으며, 이것이 처음부터 이번 학살 사건과 연관돼 있는 것으로 추정됐다. 목탄은 국립공원 주변 도시들에서 식수를 끓이고 요리와 난방을 하는 데 널리 사용됐기 때문에 사람들은 앞다투어 목탄으로 사용할 나무를 구하러 다녔다. 국립공원 안의 오래된 나무들이 벌목돼 진흙으로 만든 가마에서 숯으로 만들어졌다. 목탄 공급망은 민병대들이 통제하고 있는데, 그들은 고릴라 서식지 보호와 그 때문에 원시림에 접근하지 못하는 것을 탐탁지 않아 한다.

《내셔널 지오그래픽》기사에 대한 기억을 되살리게 한 수의업계 정기간행물을 움켜쥐고서, 나는 그 끔찍한 죽임의 현장을 그려봤고, 그것은 사실상 '살인'이라고 생각했다. 동물을 죽이는 것은 여러 측면에서 사람을 살해하는 것과 마찬가지다.

그 특별한 날, 무작위로 두 개의 이야기가 내게 다가왔다 하더라도 두 기사의 중심에는 고릴라 닥터스가 있었다. 고릴라 학살 현장에 있었던 그 수의사들이 얼마나 실의에 빠졌을지 상상해보았다.

나는 야생동물 수의사들이 일반적인 동물들과는 전혀 다른 환자들에 맞게 어떻게 자신들의 의술과 지식을 조정했을지 곰곰이 생각해보았다. 아마도 수의사로서 초기 훈련과정은 비슷했을 것이다. 하지만 그들의 일상 업무는 나와는 전혀 달랐다. 기사 속 수의사들은 대부분의 수의사들이 치료하는 그 어떤 동물보다도 더 사람에 가까운 동물들을 치료해왔다. 나는 내가 의료 행위를 하는 안전하고 온도조절이 가능하며 위생적인 동물병원을 머릿속에 떠올리지만, 고릴라 닥터스가 고릴라를 치료하는 환경은 전혀 달랐다. 열대우림 속 산악 지형에서 상처가 있거나 병든 고릴라에게 접근하는 것조차 육체적으로 힘든 일이다. 수의사들은 가이드와 추적꾼, 짐꾼들에 둘러싸여 다트로 마취제를 포함한 의약품을 고릴라에게 투약한다. 같은 무리에 속한 고릴라들, 특히 거대한 우두머리 실버백이 반응하면 어떻게 될지 모르는 위험도 감수해야 한다.

나는 그때 처음으로, 중요한 야생동물 종에게 지속되는 중대한 위협과 함께 완전히 새로운 수의학 세계와 그 속의 영웅들을 발견했다. 최근에 나는 캐나다 서부에 서식하는 회색곰과 정령곰spirit bear♦, 혹등고래의 모습을 사진에 담기 위해 야생동물 탐험대에 참가한 적이 있었다. 나는 수의학회 강연에서 그 경험을 함께 나누기 위해 그때 찍은 사진들과 갈라파고스섬으로 비슷한 여행을 갔을 때 찍은 사진들을 이용했다. 나는 유명한 해저탐험가 자크 쿠스토Jacques Cousteau의 아들인 장 미셸 쿠스토 Jean-Michel Cousteau가 해양 보호와 교육 활동을 펼치는 기구인 해양미래협 회Ocean Futures Society의 성취를 상세히 설명한 일련의 강의를 듣고 많은 영 감을 얻었다. 돌이켜보면 나는 자연계를 보호하는 데 수의사로서 내가 가 진 지식과 의술을 의미 있게 활용할 수 있는 방법이 있기를 소망해왔다.

구제 불능의 낭만주의자인 나는 주인공이 모든 역경과 엄청난 개인 적인 위험에도 불구하고 자신의 능력과 열정, 제한된 자원을 활용해 사 회의 부조리와 그릇된 신념 혹은 환경 재난과 같은 잘못된 일들을 바로 잡는 이야기에 늘 끌린다. 사람들은 자극을 받으면 방관자에서 벗어날 수 있다. 개선 활동에 참여하고, 경각심을 높이며, 정부 정책 입안자들에 게 영향을 미치고, 좋은 일을 할 수 있다. 하지만 아쉽게도, 우리는 극장 을 나서거나 책을 덮자마자 바쁜 일상으로 되돌아가고 아무런 행동도 하 지 않는다.

나는 두 기사의 아주 세세한 내용까지 읽고 또 읽었다. 위협받는 야 생동물들과 최전선에서 모든 역경에 맞서고 있는 수의사들. 모든 구절이 내 마음속에서 울려 퍼지며 호기심을 자극했다. '이번에 내 마음의 목소 리에 귀를 기울인다면 보람이 있을 거야.' 호기심에서 시작한 일이 사명 이 될 줄은 미처 몰랐다.

책상 정리는 좀 더 미뤄야 할 것 같다.

---

◆     아메리카흑곰의 아종으로 신비로운 흰색을 띤다. 캐나다 브리티시컬럼비아주에 주로 서식하며 커 모드 곰(kermode bear)이라고도 한다.

# 1
# 우리 모두는
# 대형 유인원이다

고릴라 닥터스에게 어떻게든 연락해서 고릴라들 가까이 가고 싶다는 나의 바람은 점점 일종의 강박이 됐다. 논리적으로는 설명되지 않았지만, 그럼에도 사라지지 않았다. 결국 나는 계획을 짰고, 그중에는 친한 친구이자 안과전문 동료 수의사인 닥터 데이비드 램지David Ramsey를 꾀어 참여시키는 것도 있었다. 우리는 수의사만의 특별한 임무를 띠고 함께 동아프리카의 야생으로 떠나기로 했다.

계획은 이랬다. 우리가 북미에 있는 수의과대학교들에서 수년간 강의를 하며 쌓아온, 동물들의 안과 질환에 대한 잘 짜인 수업을 고릴라 닥터스 측에 제공한다. 그 대가로 그들은 비룽가산맥의 정글에서 경험한, 수의사들의 진짜 모험 이야기를 우리에게 들려주는 것이다. 만약 근시나

옆 페이지: 르완다 화산국립공원에 사는 마운틴고릴라 어미와 새끼.

사시인 마운틴고릴라를 우연히 만나게 된다면 환상적인 사진 촬영 기회도 가질 수 있을 것이다.

아프리카로 여행을 떠나려는 우리의 작전은 다분히 즉흥적인 것이었다. 그 여행에 정말 숭고한 뜻 같은 것은 전혀 없었다. 아니 어쩌면 바쁜 진료 업무와 가족을 떠나 그렇게 오랫동안 자리를 비우는 것은 무책임하기까지 했다. 계속돼온 일련의 교육에 대한 보상으로 새로운 것을 경험할 수 있는 기회 정도의 의미가 있었다.

비록 그렇다 해도, 우리는 가족을 설득하기 위한 노력을 멈추지 않았다. 데이비드와 나는 이 여행이 현대 수의학의 최전선에 다가갈 수 있는 국제적인 기회나 진배없다고 설명했다. 우리는 불안해하는 가족에게 이 여행의 긴박한 필요성을 납득시키는 데 관건인 비행기표 가격이 몇 주간 상승하는 것을 애타게 지켜봤다. 약 3주 후 우리는 마침내 아내들의 동의를 가까스로 얻어냈고, 신중히 조율된 국제 공조를 통해, 즉 데이비드는 미국에 있는 동물병원에서, 나는 캐나다에 있는 침실에서 전화로 서로 상의하며 비행기표를 온라인으로 구매했다.

하지만 여전히 한 가지 문제가 있었다. 우리의 지식이 부끄러울 정도로 부족하다는 점이었다. 약물이나 외과 수술로 고릴라의 안과 질환을 치료하는 방법에 대한 단기 교육과정에 어떤 내용을 포함시킬지 논의하기 위해 데이비드와 만났을 때, 매우 현실적인 문제가 우리를 엄습했다. 눈이 문제가 아니었다. 고릴라의 눈은 분명 인간의 눈과 우리가 일상적으로 치료하는 일반 동물의 눈 중간 어딘가에 해당할 것이다. 문제는 우리가 고릴라에 대해서, 아니 대형 유인원류에 대해서 아는 게 거의 없다는 점이었다. 둘 다 잘 교육받은 전문 수의사임에도 대형 유인원과 원숭이의 차이조차 설명할 수 없었다. 대형 유인원과 원숭이 모두 우리처럼 영장류에 속한다는 사실 정도만 확실히 알고 있었다. 제대로 이해하기까지 우리에게 남은 시간은 단 몇 개월뿐이었다.

## 기초부터 다시 배우다

우리는 벼락치기 공부를 시작했고, 이를 통해 18세기 초 스웨덴 남부 출신 칼 린네Carl Linnaeus의 업적에 대해 알게 됐다. 린네는 중고등학교 선생님들이 틀렸음을 입증하기로 마음먹고—교사들은 린네가 대학교에 갈 정도의 인재가 아니라고 공개적으로 말했다—모든 생물에 대한 명명법 혹은 분류체계를 만들었다. 그는 혼란스러운 자연계에 질서를 만들어내서 사람들이 처음에는 식물을, 그다음에는 동물계를 이해할 수 있도록 했다. 그는 동물들의 유연관계를 결정하기 위해 치아와 같은 특징들을 관찰하고 비교했다. 우리가 현재 알고 있는 분류학taxonomy의 아버지가 바로 린네다.

'호모사피엔스*Home sapiens*'처럼 속屬, genus(genera의 복수)과 종種, species의 두 부분으로 이루어진 린네의 명명법(이명법)은 각 동물을 정확히 확인하고, 계통도 내에서 그 생태적 지위를 말하기 위해 현재까지도 이용된다. 같은 속에 있는 동물들은 유연관계가 매우 가깝다. 겉모습만으로는 구분되지 않을 수도 있다. 아래에서 위로 분류체계의 서열을 따라가면 다수의 속을 포함하는 과科, families, 과 위의 목目, orders, 목 위의 강綱, classes, 그렇게 계속 올라가면 가장 넓은 범주인 계界, kingdom에 도달하게 된다.

우리는 이 분류체계를 이해하고 기억하기로 마음먹었다. 분명 겉모습은 다르지만 다른 한편으로는 유사한 점을 가지고 있는 말*Equus caballus*과 얼룩말*Equus quagga*은 말과Equidae family에 속한다. 개*Canis familiaris*와 늑대

*Canis lupus*는 개과Canidae family에 속한다. 다음 단계로 과는 신체적인 유사성에 따라 함께 목으로 분류된다. 예로 들었던 개과에 속하는 개와 늑대는 곰과Ursidae Family에 속하는 북극곰*Ursus maritimus*, 큰곰*Ursus arctos*과 함께 식육목Carnivora order으로 분류된다. 훗날 이 7단계의 서열 모두가 동물계의 구성원으로 간주됐다. 린네의 선생님들이 이렇게 될 줄 몰랐다는 게 이상할 뿐이다.

그럼 영장류는 린네의 분류체계 중 어디에 속할까? 영장류는 개, 늑대, 북극곰, 큰곰을 함께 묶는 식육목과 같은 단계인 영장목primates에 속한다. 영장목에는 인간, 우리들의 친척인 유인원apes, 여우원숭이lemurs, 원숭이monkeys, 안경원숭이tarsiers 등이 포함된다. 북극곰과 늑대가 동일한 조상으로부터 진화했다고 생각하지 않겠지만, 이들이 먹는 음식과 신체구조, 치아 등을 고려한다면 분명 이들이 얼마나 유연관계에 있는지 알 수 있다. 영장목의 구성원인 인간과 유인원에 대해서도 똑같이 말할 수 있다.


## 우리는 얼마나 비슷할까?


우리는 영장류와 인간이 공유하는 많은 특징을 학습했다. 손과 발은 나뭇가지와 음식을 쥘 수 있도록 마주 보는 엄지손가락과 큰 발가락을 가지는 경향을 보인다. 갈고리 모양의 발톱은 손가락이나 발가락의 민감한 끝부분을 보호할 수 있도록 평평한 방패 모양의 손발톱으로 바뀌었고, 대부분의 영장류는 지문을 가지고 있다. 영장류는 안와眼窩에 의해 보호를 받는 정면을 향하는 눈과 잘 발달된 시각을 가지고 있다. 우리는 강의 주제를 고려해 영장류의 눈에 좀 더 주목했다. 청각과 후각 같은 감각은 일반적으로 다른 동물들보다 덜 발달했다. 영장류는 신체 크기에 비해 상대적으로 큰 뇌를 가지고 있다. 이 때문에 좀 더 높은 지적 능력과 더 복잡한 행동 방식을 학습할 수 있는 능력을 가지게 됐다.

'유인원apes'이란 용어는 영장류의 한 무리, 소위 상과上科, superfamily ♦ 를 가리키기 위해 사용해왔다. 더 최근에 유인원은 사람과(대형 유인원류) Hominidae, great apes와 긴팔원숭이과Hylobatidae, lesser apes로 나뉘었고, 각각 영장목의 한 과를 이룬다. 긴팔원숭이gibbon는 긴팔원숭이과에 속하고, 인간과 오랑우탄, 고릴라, 침팬지, 보노보는 사람과(대형 유인원류)에 속한다.

우리는 '대형 유인원과 원숭이는 어떻게 다를까?'라는 부끄럽지만 아주 흔한 질문에 대한 해답도 얻었다. 대형 유인원은 몸 크기와 지능에서 원숭이와 뚜렷한 차이를 보인다. 하지만 사람들에게 대형 유인원과 원숭이를 구분하는 가장 쉬운 구분 방법은 꼬리다. 거의 모든 원숭이는 꼬리가 있지만, 대형 유인원은 꼬리가 없다. 또한 원숭이는 개나 고양이처럼 가슴이 좌우로 납작하고, 흉벽의 양 측면에 견갑골이 붙어 있다. 이렇게 완벽한 호리호리한 몸통 덕분에 나뭇가지 위나 사이를 네 다리로 걸을 수 있다. 대형 유인원은 통 모양의 가슴, 등과 연결된 견갑골, 매우 유연한 어깨 관절, 더 긴 팔을 가지고 있다. 이와 같은 적응적 특징들 때문에 이 나뭇가지에서 저 나뭇가지로 몸을 그네처럼 흔들어 움직이는 더 큰 이동성을 가지게 됐다. 대형 유인원과 원숭이 모두 영장류에 속하고, 서로 유연관계에 있으며, 일부 종은 훨씬 더 가깝지만, 모두가 명백히 구분된다.

고릴라 탐방을 준비하는 동안 우리의 전략은, 우리가 열대우림을 헤매고 다닐 때 나뭇가지들을 스윙하며 스쳐갈 영장류 가운데 적어도 가장

---

♦  '초과' 또는 '초가족'이라고도 하며, 과(families)와 목(orders) 사이에 해당한다.

1  우리 모두는 대형 유인원이다

큰 고릴라에 대해서만큼은 충분할 정도로 많이 알고 가자는 것이었다. 대형 유인원류의 가족 상봉에 참여한다고 상상해보라. 초대 목록에는 다음의 4개 속에 속하는 8개 종이 포함될 것이다. 고릴라속Gorilla(고릴라), 침팬지속Pan(침팬지와 보노보), 오랑우탄속Pongo(오랑우탄), 사람속Homo(사람). 누굴 만날지 그리고 그들이 어느 정도 먼 친척인지 안다면 그 모임은 한결 덜 어색할 것이다.

## 우리는 얼마나 가까울까?

드디어 근연도relatedness 문제를 다룰 차례다. 우리가 정말 다섯 번째 대형 유인원이란 말인가? 인정하건대, 나는 캠핑에 억지로 끌려와 면도도 하지 않고 투덜대는 처남에게서 고릴라와 같은 요소를 목격한 적이 있다. 칼 린네는 우리와 영장류를 한데 묶었다. 《종의 기원》으로 유명한 찰스 다윈도 우리 인간과 영장류는 공통 조상을 가진다고 주장했다. 그리고 두 사람의 주장은 옳은 것으로 증명됐다.

화석 기록을 통해, 오래전 40개 유인원속의 100여 개를 훨씬 넘는 종들이 아프리카, 아시아, 남유럽에 이르는 열대림에 존재했음을 알 수 있다. 대부분 후손을 남기지 못하고 서서히 멸종했다. 여러 요소가 대형 유인원의 진화에 영향을 미쳤는데, 산림 축소, 포식자 출현, 경쟁 종의 출현 같은 환경변화도 그중 하나다. 과학자들은 명확한 진화 계통과 기간을 밝히기 위해 해부학적 유사성과 화석 증거를 고려하며, 더 최근에는 일종의 분자시계로서 비교 DNA 검사법comparative DNA testing도 활용하고 있다.

살아있는 대형 유인원 가운데 가장 땅을 덜 밟는 오랑우탄이 아프

우리들은 닮았다

리카 대형 유인원류(고릴라, 사람, 침팬지, 보노보)의 공통 조상과 처음으로 분화한 계통으로, 약 1500만 년에서 1900만 년 전에 갈라져 나왔다. 가계도에서의 나머지 분화는 상대적으로 가까운 시기에 일어났다. 오늘날 고릴라의 조상이 사람, 침팬지, 보노보의 공통 조상과 분화한 것은 900만 년에서 1100만 년 전이다. 그다음으로 사람이 약 500만 년에서 800만 년 전에 떨어져 나왔으며, 마지막으로 침팬지와 보노보가 최근인 80만 년에서 260만 년 전에 분화했다.

침팬지와 보노보는 놀랍게도 우리 DNA와 98.4퍼센트가 같은, 우리와 가장 가까운 친척이다. 고릴라와 오랑우탄이 바로 그 뒤를 이어 각각 97.7퍼센트, 96.4퍼센트의 DNA 유사성을 가진다. 이와 같은 놀라운 밀접성 덕분에 최근 과학자들은 역사상 가장 많은 사람을 죽음으로 몰아넣은 질병인 말라리아를 연구하며, 어떻게 말라리아 기생충이 고릴라로부터 사람에게로 옮겨왔는지에 대한 분자적 설명을 알아냈다. 과학자들은 인간과 유사한 고릴라 DNA의 5만 년 된 유전자 조각을 조사함으로써 이러한 발견을 해냈다.

이런 모든 내용을 공부하면서, 데이비드와 나는 갑자기 우리의 임무가 수의학의 최전선에 다가가는 것에서 가족 상봉을 준비하는 것으로 확대됐음을 깨달았다.

# 우리의 가장 가까운 친척

**아프리카의 대형 유인원 분포**

모로코
튀니지
알제리
리비아
이집트
서사하라
카보
베르데
모리타니
말리
니제르
차드
수단
에리트레아
지부티
감비아
세네갈
기니비사우
기니
부르키나파소
나이지리아
중앙아프리카공화국
남수단
에티오피아
소말리아
시에라리온
가나
베냉
토고
적도기니
상투메프린시페
가봉
우간다
르완다
부룬디
케냐
콩고민주공화국
앙골라
(카빈다)
탄자니아
세이셸
앙골라
잠비아
말라위
모잠비크
나미비아
짐바브웨
마다가스카르
보츠와나
코모로
에스와티니
남아프리카
공화국
레소토

- 🔴 침팬지
- 🔵 보노보
- 🟢 서부고릴라
- ⚫ 동부고릴라

**동부고릴라**
- 🔴 마운틴고릴라
- ⚫ 그라우어고릴라

## 동남아시아의 대형 유인원 분포

남중국해
브루나이
말레이시아
싱가포르
말레이시아
보르네오
적도
수마트라
인도네시아
인도양
자바
자바해

**오랑우탄의 서식 범위**
- 🔴 수마트라오랑우탄
- 🟠 타파눌리오랑우탄
- 🟡 보르네오오랑우탄

## 고릴라속 — 고릴라

고릴라속에 속하는 고릴라는 대형 유인원류 가운데 가장 크다. 성체 수 컷 고릴라의 몸무게는 230킬로그램, 성체 암컷은 100킬로그램까지 나간 다. 고릴라는 중앙아프리카 열대우림과 사바나에서 산다. 200만 년 전 그 들의 조상은 거대한 콩고강 분지 양쪽에서 두 개의 종으로 분화했다.

동부고릴라Eastern Gorilla와 서부고릴라Western Gorilla는 몇 가지 신체적 으로 유사한 특징을 가지고 있다. 큰 머리, 넓은 어깨와 가슴, 털이 없고 빛이 나는 얼굴이 그렇다. 성숙한 성체 수컷은 등에 뚜렷한 은색 털이 나 는데, 두개골 위쪽 정중선을 따라서 도드라진 눈썹뼈까지 이어진다. 이 때문에 '실버백silverback'이라고 불린다. 서부고릴라는 현재 카메룬, 중앙 아프리카공화국, 콩고공화국(콩고-브라자빌), 나이지리아의 해수면 높이 나 그 근처에서 산다. 길고 덥수룩한 검은 털을 가지고 있는 동부고릴라 에 비해, 서부고릴라의 털은 더 짧고 윤이 나며 종종 적갈색 색조를 띤 다. 동부고릴라는 르완다, 콩고민주공화국(콩고-킨샤사), 우간다에 살며, 3000미터 고도의 비룽가산맥 동쪽 끝에도 일부 서식한다.

고릴라는 덩치가 크기 때문에 다른 대형 유인원에 비해 상대적으로 질이 떨어지는 먹이를 먹는다. 위는 단순하며 음식을 발효시키지 못한 다. 먹이는 계절에 따라 다양하지만, 풀잎이나 죽순, 씨앗, 열매 등을 주 로 먹는다. 나무껍질이나 잔가지뿐 아니라 개미와 흰개미, 다른 곤충도

**위 왼쪽:** 중앙아프리카공화국 바이호코우 인근 서부저지대에 사는 성체 실버백 마쿤다. 마쿤다 무리의 수컷 우두머리다. 서부고릴라는 짧은 잿빛 털을 가지는데, 머리 위쪽에 뚜렷하게 붉은 색조의 머리털이 나는 것이 특징이다.

**위 가운데:** 르완다 화산국립공원에 사는 파블로 무리의 수컷 실버백 마운틴고릴라. 화가 났을 때 소리를 지르는 동시에 뒷발로 땅을 구르고 입과 손을 이용해 초목을 갈기갈기 찢고 흔들며 위협적인 몸짓을 한다. 동부고릴라와 서부고릴라 모두 등에 은색 털이 나지만, 동부고릴라가 더 길고 더 텁수룩한 검은색 털을 가진다.

**위 오른쪽:** 콩고민주공화국 카후지-비에가국립공원에 사는 성체 실버백 그라우어고릴라 치마누카. 치마누카 무리의 수컷 우두머리다. 그라우어고릴라는 동부고릴라의 아종으로 지구상에서 가장 큰 덩치를 가진 영장류로 알려져 있다. 수컷 성체의 경우 몸무게가 230킬로그램까지 나간다. 짧은 머리털과 좁은 안면 구조는 그라우어고릴라가 가진 고유의 특징이다.

우리들은 닮았다

먹는다. 먹이를 소화시키는 능력이 부족해 낮에는 대부분 먹고 쉬면서 시간을 보낸다. 고릴라 무리는 작은 지역에 하루이틀 머물다가 다른 곳으로 이동하며, 짓밟힌 초목들이 재생할 수 있도록 수개월 동안은 같은 곳으로 돌아오지 않는다.

  고릴라는 7~16마리의 사회적 무리를 이루며 사는데, 그 무리는 한 마리의 수컷 우두머리와 서너 마리의 암컷, 네다섯 마리의 새끼로 이루어진다. 세 살이 되면 젖을 떼는 새끼와 어미의 관계를 제외하면, 이들의

**위: 콩고민주공화국 에카퇴르주 로마코-요코칼라 동물보호구역에 사는 유년기의 수컷 보노보. 보노보는 친척인 침팬지보다 더 날씬하고 팔다리가 더 길다.**

우리들은 닮았다

사회적 결속력은 그다지 강하지 않다. 암컷 고릴라는 대략 8~9살이 되면 첫 출산을 하고, 그 후에는 4년 터울로 출산을 한다. 고릴라는 매일 저녁 잠자리를 만들고 밤에 거기서 자는데, 수컷은 바닥에서 자고, 암컷과 새끼는 바닥이나 나무에서 잔다.

## 침팬지속 — 침팬지와 <u>보노보</u>

침팬지와 보노보는 침팬지속에 속하는 두 종으로, 130만 년에서 300만 년 전에 그들의 공통 조상으로부터 분화한 것으로 추정된다. 서아프리카의 세네갈과 기니에서부터 중앙아프리카의 콩고강 북부를 거쳐, 동아프리카의 탄자니아에 이르는 폭넓은 지역에 서식한다. 침팬지는 아프리카 22개국에서 발견된다. 보노보의 조상들은 콩고강의 남쪽, 현재 콩고민주공화국이 된 콩고분지 중심부에 고립된 것으로 보인다.

침팬지와 보노보의 크기는 비슷하다. 성체 수컷의 몸무게는 30~60킬로그램 정도이고, 암컷은 약 35퍼센트 정도 더 작다. 침팬지와 보노보 모두 검은색 털, 다리와 비슷한 길이의 팔을 가지고 있으며, 성체가 되면 얼굴이 검게 된다. 보노보는 몸이 더 날씬하고 사지가 더 길며, 정수리에 난 털이 눈에 띈다. 보노보의 입술은 붉은색인 반면, 침팬지의 입술은 갈색이거나 검은색이다. 보노보는 태어날 때부터 얼굴이 검지만, 침팬지는 분홍색이다. 보노보의 두개골은 더 짧고 더 둥글며, 침팬지는 이마가 더 좁고 눈썹뼈가 뚜렷하다.

침팬지가 폭넓은 지역에 분포한다는 사실은 이들이 기회를 잘 포착하고 다양한 서식지에 잘 적응한다는 것을 의미한다. 많은 양의 나뭇잎을 소화시킬 수는 없기 때문에 주로 열매나 조류藻類, 버섯, 꽃, 씨앗을 먹는다. 또한 어린 잎이나 작은 포유동물과 무척추동물을 먹기도 한다. 보노보는 저지대 숲에 살며, 침팬지와 마찬가지로 주로 열매를 먹고, 나뭇잎, 나무속, 새싹, 버섯, 씨앗, 견과류, 꿀, 지렁이, 무척추동물, 물고기 등으로 영양을 보충한다. 때로는 새끼 다이커영양이나 날다람쥐, 박쥐 같은 작은 포유동물을 잡아먹기도 한다.

침팬지는 20마리에서 100마리에 이르는 다양한 크기의 무리를 이루어 생활한다. 때로는 단 며칠 또는 몇 시간 만에 개체들이 특정 무리로 합류하거나 갈라져 나와 무리의 크기가 변동한다. 이들은 전략적으로 정치적 연합을 하기도 하고, 오랫동안 친하게 지내기도 한다. 침팬지는 서로 친분이 있든 없든 다른 침팬지에게 동정심과 관심을 표현하며, 자신에게 중요한 다른 침팬지가 죽을 경우 슬퍼하는 것으로 알려져 있다. 보노보 무리의 크기는 50마리에서 120마리 사이로 침팬지 무리보다 좀 더 크다. 보노보는 침팬지보다 더 큰 무리 단위로 먹이를 찾아다니며, 이때 다른 무리의 구성원과 함께 다니기도 한다.

침팬지와 보노보의 가장 명확한 차이는 수컷과 암컷의 관계와 역할을 보면 알 수 있다. 침팬지 사회는 수컷이 지배하는 사회로, 사냥을 하고 영역을 지키고 수용적인 암컷과 짝짓기를 하는 데서 수컷 무리끼리 서로 협력한다. 반면 보노보 사회는 암컷 연합체가 지배하는 사회다. 암컷 보노보들은 서로 동맹을 형성해 먹이 배분을 관리하고 짝짓기 전략을 지휘함으로써 수컷의 신체적 강인함을 상쇄시킨다. 수컷의 경우 텃세가 덜하고 암컷을 두고 치열한 경쟁을 하지 않으며, 다른 무리의 수컷에 대한 공격성도 그렇게 강하지 않다.

침팬지와 보노보의 경우 수컷은 13살, 암컷은 11살이 되면 성적으로 성숙해진다. 임신 기간은 약 8개월이다. 야생에서 60살까지 사는 것으로 알려져 있으며, 밤에 나무 위에서 잔다.

**위:** 우간다 키발레국립공원에 사는 성체 수컷 침팬지가 무화과 열매를 먹고 있다. 침팬지들이 먹는 음식 가운데 거의 절반이 무화과 열매. 침팬지와 보노보는 대부분 열매와 나뭇잎을 먹지만 때로는 작은 포유동물을 사냥해서 먹기도 한다.

## 오랑우탄속 — 오랑우탄

오랑우탄속으로 분류되는 오랑우탄은 인도네시아와 말레이시아의 토종 대형 유인원으로 3개 종이 있다. 보르네오섬과 수마트라섬의 열대우림과 이탄늪림peat swamp forest에서 산다. 수마트라오랑우탄Sumatran orangutan과 보르네오오랑우탄Bornean orangutan은 110만 년에서 230만 년 전 공통 조상에서 분화한 것으로 알려져 있다. 최근에 알려진 타파눌리오랑우탄Tapanuli orangutan은 가장 앞선 약 340만 년 전에 분리된 것으로 추정된다.

성체 암컷과 수컷 오랑우탄의 몸무게는 각각 40, 75킬로그램으로 크기에서 상당한 차이가 난다. 주로 잘 익고 당도가 높은 열매를 먹으며, 어린잎, 곤충, 꽃, 나무껍질, 꿀, 나무속, 흰개미, 새알, 작은 포유동물과 같은 '구황' 음식으로 영양을 보충한다. 발로도 손처럼 뭔가를 쥘 수 있게 해주는 큰 발가락, 힘세고 긴 팔, 매우 유연한 고관절 덕분에 오랑우탄은 숲 지붕forest canopy◆ 아래서 나뭇가지나 덩굴을 잡고 몸을 흔들어 이동하는 데 명수다. 이런 특징들 때문에 식용 가능한 씨앗과 열매에 접근할 수 있다. 오랑우탄은 숲 지붕 아래서 넓은 영역을 돌아다니며 대부분의 시간을 보낸다.

눈에 띄는 넓은 뺨cheek pad은 특정 사회적 지위에 도달한 성적으로 성숙한 수컷에게서만 볼 수 있다. 이러한 소위 '뺨이 넓어진cheek flanged' 수컷이 가지게 되는 지위는 활동영역을 확보하고, 음식에 접근하며, 새끼를 낳을 암컷을 선택하는 데서 이점을 제공한다. 키가 더 작고 다부진 체격의 보르네오오랑우탄의 털은 짙은 적갈색을 띠지만, 더 날씬한 수마트라오랑우탄은 더 옅은 계피색을 띤다. 수마트라오랑우탄은 턱수염과

◆  식물 군락에서 수관(樹冠)들이 모여 형성하는 윗부분으로, '임관(林冠)'이라고도 한다.

우리들은 닮았다

**위:** 인도네시아 보르네오섬 탄중푸팅국립공원에 사는 성체 수컷 보르네오오랑우탄. 보르네오오랑 우탄은 특이한 8자 모양의 안면 구조를 가진다. 모든 수컷의 뺨이 이렇게 크게 넓어지는 것은 아니 지만, 일단 발달되면 앞쪽을 향하게 된다.

콧수염이 더 풍성하게 나는 반면, 보르네오오랑우탄은 얼굴 주위에 털이 거의 없다. 수컷 보르네오오랑우탄의 얼굴은 뚜렷한 8자 모양이고 넓어진 뺨이 전면을 향하는 반면, 수컷 수마트라오랑우탄의 넓은 뺨은 납작하고 솜털로 덮여 있다.

오랑우탄의 행동 범위, 개체 수 밀도, 사교성은 주로 과일이 얼마나 풍부한지 그리고 지속적으로 먹을 수 있는지에 따라 다르다. 항상 먹이를 서로 공유하는 지역에 사는 오랑우탄들 사이에는 영역 다툼이 거의 없다. 오랑우탄들은 다소 느슨한 사회집단을 이루며 산다. 그 집단은 친족인 암컷들과 그녀들이 짝짓기를 원하는 성체 수컷 한 마리로 이루어진 무리 하나나 그 이상으로 구성된다. 성체 수컷들은 서로에게 관대하지 않으며, 서로의 영역에 들어갈 때 주의를 기울인다. 어미와 새끼 오랑우탄 간의 유대감은 매우 긴밀하며, 5~6년 동안 계속 젖을 먹인다. 오랑우탄은 밤낮을 가리지 않고 나무에서 잔다. 그들은 숲 지붕의 높은 곳에 매일 잠자리를 만든다.

수컷 오랑우탄은 약 14살이 되면 성적으로 성숙하게 되며, 암컷 오랑우탄은 약 5년 빨리 성숙해진다. 오랑우탄의 임신 기간은 약 8개월 반이며, 출산 간격이 8~9년으로 영장류 종들 중에서 가장 길다. 야생 오랑우탄의 수명은 45~60살 정도다.

**옆 페이지:** 인도네시아 북수마트라주 부킷라왕에 있는 구눙르우제르국립공원에 사는 성체 수컷 수마트라오랑우탄. 수마트라섬에 사는 오랑우탄은 보르네오오랑우탄보다 더 뚜렷한 턱수염과 더 평평한 뺨을 가지고 있다. 대형 유인원 가운데 나무 위에서 가장 오랜 시간을 보내는 오랑우탄은 땅에 머무는 시간이 거의 없다.

우리들은 닮았다

# 2

# 무언의 약속

동부고릴라(마운틴고릴라), 르완다

비행기 계단을 내려와 공항의 긴 포장길을 걸으며 늦은 밤 연기를 머금은 습한 공기를 마시니 우리가 정말 아프리카에 와 있는 걸 실감할 수 있었다. 영하의 기온을 뒤로한 채 떠나와 26시간 동안 잠을 못 잔 상태였다. 공항 출입국관리원이 방문 목적을 묻는데, 지친 나머지 "별거 아니에요"라고 대답했다. 피로로 인해 정신이 몽롱해진 탓에 멀리서 가져온 안과 질환 치료제와 장비를 깜빡 잊을 뻔했다. 캐나다를 떠나기 전, 데이비드가 주요 제조업체들을 만나 우리의 학생들에게 제공할 최신 안과 검사 장비들을 기부받은 터였다.

키갈리공항 인근 호텔에 묵었는데 새벽녘 따오기의 날카로운 울음

옆 페이지: 르완다 화산국립공원에 사는 파블로 무리 가운데 하나인 수컷 실버백 마운틴고릴라. 암컷과 수컷이 하는 '가슴 치기'는 승리를 표현할 때, 도전하거나 위협할 때 또는 힘을 과시할 때 사용하는 하나의 의사소통 수단이다.

소리에 짧은 선잠에서 깨어났다. (시차 극복을 위해 마셨던 지역 맥주인 프리머스는 아무런 도움도 되지 않았다.) 우리는 르완다의 산악지역인 북부주를 통과하는, 2시간 이상 걸리는 또 한 번의 여행을 준비했다. 유명한 화산 국립공원 인근에 있는 고릴라 닥터스의 복합시설을 찾아가기 위해서였다. 자동차 여행은 끔찍한 경험이었다. 아찔한 커브길을 지나야 했고, 중력의 법칙에 도전하려는 듯한 과적 운송트럭들 꽁무니를 따라가야 했다.

마침내 도착한 것에 안도의 한숨을 내쉬며, 우리는 커다란 고릴라 닥터스 로고가 붙어 있는 거대한 흰색 철문 앞에 멈춰 섰다. 꼼꼼한 보안 점검을 통과한 뒤, 우리는 사방이 높다란 붉은 벽돌 담장으로 둘러싸인 대규모 복합시설로 들어갔다. 자갈이 깔린 주차장에는 고릴라 닥터스 로고를 뽐내는 흰색 토요타 랜드크루저 몇 대가 여기저기 주차돼 있었다. 곧바로 우리 앞에 벽돌로 지은 수많은 사무실로 연결되는 U자 모양의 시멘트 보도가 펼쳐졌다. 보도 위에는 비바람을 막기 위해 금속 지붕이 덮여 있었다. 일순간, 이와 같은 환경에서 일하며 정원에 핀 화려한 색깔의 이국적인 꽃들과 녹색 식물들을 즐기는 내 모습을 상상해보았다. 맑은 하늘 아래 펼쳐진 오아시스 같은 곳이었다.

작은 차에서 짐들을 내리느라 씨름하고 있을 때, 고릴라 닥터스의 공동이사인 닥터 마이크 크랜필드Mike Cranfield가 마중을 나왔다. 그는 우리가 묵을 숙소를 안내해주었으며, 가는 동안 수의사 몇 명과 직원들 그리고 훌륭한 요리사인 레온을 소개해주었다. 동물원과 야생동물 의학 분야에서 캐나다 최초이자 가장 존경받는 전문가 중 한 명인 마이크를 만나다니 너무 흥분됐다. 그는 미국으로 건너가 볼티모어에 있는 메릴랜드 동물원에서도 수년간 일했다. 많은 과학 논문을 발표한 마이크는 보전과학conservation science과 야생동물 수의학 발전에 공헌한 전설적인 인물이다. 또한 공정한 것으로 명망이 높을 뿐 아니라, 동아프리카의 동물보호단체

우리들은 닮았다

들에서 역량을 쌓은 진정한 지도자이기도 했다.

다음 날 아침 우리는 키냐르완다어, 프랑스어, 영어, 스와힐리어가 뒤섞인 흥분된 대화 소리에 잠에서 깼다. 열정적인 참가자들이—특별한 행사 때나 한자리에 모일 수 있다—근처 회의실에 모여 있었다. 여전히 부족한 잠에도 불구하고, 이번 프로젝트에 착수하면서 우리가 생각했던 것을 떠올리며, 아주 특별한 하루를 시작하기 위해 상대적으로 안전한 모기장에서 빠져나왔다.

우리의 강의를 듣기 위해 우간다, 콩고민주공화국, 르완다의 숲에서 일하고 있는 고릴라 닥터스 소속 수의사, 퇴직한 수의사, 수의간호사, 행정직원, 정부의 동물보호 담당 공무원이 참석했다. 그 후 꼬박 이틀 동안 데이비드와 나는 마이크 크랜필드가 사회를 보는 가운데 새 친구들에게 강의를 통해 우리의 전문 지식을 나누어주었다.

우리 동료 참석자들은 새로운 지식을 배우려는 열망과 갈증으로 매우 열정적이었다. 교육 세션들 사이에 휴식시간이 주어졌는데, 항상 길어지곤 했다. 참석자들에게는 담소를 나누며 숲에서의 경험담을 함께 나눌 기회였다. 그들의 이야기를 듣는데, 흥분되고 흥미진진하고 가끔은 정말 위험하게 느껴졌다. 그들은 흔히 축소해서 말했지만, 그 이야기들은 내가 한 번도 깊이 생각해본 적이 없는, 직업적 책임을 다하기 위해서 개인이 어느 정도까지 위험을 감수할 수 있는지를 보여주었다. 꾸며냈다기보다는, 끔찍한 세부 내용들이 시간이 지남에 따라 이제는 한두 번 웃으면서 이야기할 수 있을 정도로 대수롭지 않게 된 듯했다.

콩고민주공화국에서 온 고릴라 닥터스 소속 수의사 닥터 자크 이야냐Jacques Iyanya는 고릴라 닥터스 직원건강프로그램 책임자, 실험실 기술자와 함께 콩고민주공화국에 있는 한 병원으로 이동할 때 겪은 일을 들려주었다. 갑자기 무장한 반군들이 나타나서 일행이 타고 있던 랜드크루저를 길가에 세우게 했다. 그들은 휴대폰과 돈을 내놓으라고 했다. 그러고 나서 그들은 자크에게 총을 겨누며 옷을 벗어주고, 자동차 배터리도 빼라고 명령했다. 자크는 거절했다. 다른 차량이 오는 소리가 들리자 그제야 반군들은 숲속으로 사라졌다. 고릴라 닥터스 일행은 충격과 두려움에 떨렸지만 이를 이겨내고 루트슈루에 있는 임시 본부로 되돌아와 그날 계획된 활동을 이어갔다. 당사자들로부터 직접 이 이야기를 들으니 이 용감한 수의사들이 겪은 개인적 위험이 절로 실감났다.

또 다른 휴식시간에는 사람들이 숨죽인 채 정원에 모여 있는 것이 보였는데, 모두의 시선이 한 뭉치의 작은 사진들에 집중돼 있었다. 콩고 자연보호기구ICCN — 미국의 국립공원관리청에 해당한다 — 소속의 수의사 닥터 아서 칼론지Arthur Kalonji가 사진을 보여주며 조사 끝에 새끼 침팬지를 구출한 사연을 자세히 들려주었다. 중개상은 처음에 그 동물을 아기 고릴라라고 말했다. 밀렵꾼이 애완동물로 팔려다가 생각을 바꾼 것이었다. 어미는 유괴 과정에서 살해돼 지역 야생동물고기 시장에서 팔려나갔다. 일련의 비밀 접촉을 통해 새끼를 구하기 위한 조치가 이루어졌다.

영양실조에 걸린 데다 잔뜩 겁먹은 새끼에게는 침팬지 보호소에서 긴급 치료하는 것이 절실했다. 그러려면 개인 소유 소형 비행기로 운송해야 했다. 비행기로 보호소 인근의 외진 시골길에 착륙해야 했다. 다행히도 비행기 한 대를 수배했지만, 비행사의 신원이나 비행기에 무엇이 실려 있는지는 미처 확인할 시간이 없었다. 아서가 보여준 모든 사진은 구조대원 중 한 명이 커다란 위험을 무릅쓰고 비밀리에 촬영한 것이었다. 거기에는 화물이 찍혀 있었는데, 새끼 침팬지 외에도 대단히 귀중한 분쟁광물인, 불법 채굴된 콜탄coltan *자루들이 있었다. 아서의 사진을 통해 나는 그 지역 내에서 야생동물과 천연자원의 불법 거래가 얼마나 널리 퍼져 있으며 때로 얼마나 서로 뒤얽혀 있는지를 처음으로 알게 됐다.

우리들은 닮았다

마지막 오후 세션은 새로 배운 지식을 확고히 하기 위한 실습 워크숍이었다. 우리가 설명한 검사와 진단 기술이 우리가 떠난 후에도 오랫동안 현장에서 아무 문제 없이 잘 적용되는지 확인하고 싶었다. 검안경, 만년필형 손전등, 렌즈 등의 새 진단장비를 연습에 사용하도록 했다.

　　이번 행사의 참가자들과 대화를 나누면서 현장에서 발견되는 가장 많은 안과 질환은 눈이나 눈꺼풀에 발생한 외상 때문임을 알게 됐다. 일반적으로 그와 같은 손상은 다트로 약물을 주입해 고릴라가 완전히 진정된 사이에 치료한다. 데이비드와 나는 우리가 기증하는 장비가 안과 질환을 진단하고 평가하는 데 도움이 되고, 또한 눈의 감염과 손상을 치료하는 능력을 향상시킬 수 있다는 이야기를 듣고 매우 기뻤다. 우리가 나눠준 장비와 기술을 현장에서 사용할 수의사들의 모습을 그려보며 나는 작은 만족감을 느꼈다. 그것은 큰 도움은 아니었지만—사실, 아주 보잘것없다—내게는 위험에 처한 야생동물들을 돕는 데 내 수의학 기술과 인맥을 활용하는 방법을 마침내 발견한 것처럼 느껴졌다.

　　우리는 고릴라를 대신할 실습 대상으로 현지에서 개 두 마리를 준비했다. 아주 좋은 먹이를 포상으로 주어 말을 잘 듣도록 구슬려놓았다. 그러나 얼마 지나지 않아, 지나치게 열성적인 참가자들은 개는 방치한 채, 새롭게 배운 기술을 서로를 향해 연마하기 시작했다. 우리는 어둡게 만든 방에서 참가자들이 앞다투어 서로에게 동공 확대와 각막 및 망막 검사를 하는 것을 지켜보았다. (당사자들은 자신감을 얻었을지 모르지만, 아마도 일시적으로 시각 기능을 잃었을 것이다.) 그들은 완전히 제멋대로, 서로

◆　　columbite-tantalite의 준말로, 나이오븀(Nb)과 탄탈럼(Ta)의 원광이다. 특히 탄탈럼은 휴대폰, 컴퓨터 등의 전기회로에 사용되는 콘덴서의 주재료다. 세계 콜탄 매장량의 상당 부분이 콩고민주공화국에 있다. 콜탄을 수출한 돈이 반군의 자금줄이 돼 내전이 지속되자 미국과 유럽에서는 '분쟁광물'로 지정하고 사용을 금지하고 있다. 더 자세한 내용은 257~259쪽을 보라.

의 완벽한 영장류의 눈을 아주 깊은 곳까지 탐구했다. 과학의 성공을 한없는 열정이라는 단위로만 측정한다면, 우리는 노벨 의학상 최종 후보자 명단에 올랐을 것이다.


## 친척들을 만나다

이제 수의학과 전문가를 양성하는 과업은 완수했으므로, 우리는 우리의 대장정 가운데 일부인 고릴라 관찰의 권리를 얻었다고 생각했다. 아프리카에서 보호되고 있는 두 개의 마운틴고릴라 서식지는 지리적으로 명확히 구분된다. 하나는 우간다에 있는 브윈디천연산림국립공원이고, 다른 하나는 8개의 화산—2개의 활화산과 6개의 휴화산—이 완전히 이어져 있는 비룽가산맥이다. 비룽가산맥은 3개국에 걸쳐 있으며, 마운틴고릴라들을 안전하게 보호하는 3개의 국립공원을 품고 있다. 우간다의 음가힝가고릴라국립공원, 콩고민주공화국의 비룽가국립공원(내가 공부하며 읽었던 끔찍한 루겐도 무리 학살 사건에서 살아남은 고릴라들의 보금자리다), 마지막으로 우리가 오늘 가고 있는 르완다의 화산국립공원이 그것이다.

3개의 국립공원에 소속된 관리원들은 때로 생명의 위협에도 불구하고 밀렵꾼과 반군들로부터 고릴라를 보호하기 위해 지속적으로 숲을 순찰하고 있다. 정부에서 발행하는 허가증이라는 엄격한 시스템을 통해 고릴라들과 그들의 고산지 서식지에 대한 접근이 제한되고 있다.

우리는 지난 며칠 동안 서로 연결된 국립공원들의 이름과 각 국립공원에 속한 다양한 직원들의 역할, 개별 고릴라 무리들에 대해 수없이 많은 이야기를 들어서, 그들의 서식지에서 이 친척들을 드디어 만날 수 있기를 학수고대했다. 고릴라 닥터스의 복합시설 입구에 서서 국립공원

       우리들은 닮았다

## 비룽가산맥의 화산과 국립공원

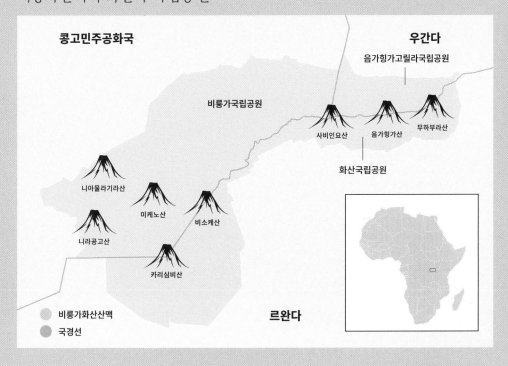

까지 데려다줄 차를 기다리는 동안, 고개를 들어 하늘로 솟은 가장 가까운 화산의 실루엣을 더듬어 가보니 산 정상은 짙은 구름으로 뒤덮여 있었다. 그 천연의 아름다움은 초현실적이었으며, 이제까지의 경험은 내가 수개월 전 공부하며 세운 계획에서 상상했던 것을 훨씬 넘어섰다.

## 다이앤 포시와 고릴라 닥터스

나는 르완다의 화산 지역에 사는 고릴라들에 대한 최근의 보호활동에 얽힌 뒷이야기, 개체 수의 급격한 감소와 회복이 고릴라 닥터스의 기원과 실제로 어떤 관련이 있는지에 관한 사연을 들었다. 모든 이야기는 루이스 리키Louis Leakey가 아내이자 동료 고고학자였던 메리 리키Mary Leaky와 함께 탄자니아의 올두바이협곡에서 인류가 아프리카에서 진화했음을 명백하게 보여주는 화석 잔해를 발견한 때로 거슬러 올라간다. 케냐에서 태어난 이 전설적인 고인류학자는 초기 사람과hominids의 행동을 이해하는 열쇠가 자연환경 속에서 현재의 대형 유인원을 관찰하는 데 있다고 확신했다. 1960년에 제인 구달을 탄자니아로 파견해 침팬지를 관찰하도록 한 바 있는 리키는 이번에는 다이앤 포시Dian Fossey를 설득해서 비룽가 산맥에 있는 마운틴고릴라에 대한 장기간 연구를 맡도록 고용했다.

포시는 1967년 벨기에령 콩고에서 현장 연구를 시작했다. 얼마 지나지 않아 무력 충돌이 발생하자 이웃 나라인 르완다로 자리를 옮겼다. 그녀는 약 3000미터 고지에 외딴 열대우림 캠프인 카리소케연구센터를 설립했다. 우리의 일정상 그곳을 방문할 수는 없었지만, 두 화산—카리심비산과 비소케산—의 능선이 말안장처럼 움푹 들어간 데 자리잡았던 그 위치는 볼 수 있었다.

1980년대 초에 포시는 마운틴고릴라의 생리와 행동에 관한 세계 최고의 권위자로 인정받았다. 논쟁적이고 활달하기로 유명했던 포시는 전 세계에 남아 있는 마운틴고릴라의 개체 수가 300마리가 안 될 정도로 급격하게 감소하고 있다고 주장했다. 그녀는 급격한 개체 수 감소의 원인으로 불법 밀렵, 덫에 의한 치명적인 부상 그리고 인간으로부터 전파된 질병을 꼽았다.

우리들은 닮았다

포시는 이런 추세를 전환하기 위해 미국인 대학 친구인 루스 모리스 키슬링Ruth Morris Keesling에게 접근했다. 그녀의 아버지는 수의사인 닥터 마크 모리스Mark Morris로, 사이언스 다이어트와 프리스크립션 다이어트◆를 생산하는 애완동물 사료 대기업의 창업자였다. 포시는 수의사 프로그램에 대한 자금지원을 요청하며 이렇게 말했다. "지구상에는 248마리의 마운틴고릴라가 남아 있는데, 모두 죽어가고 있어. 고릴라들을 위한 수의사를 파견해 그들을 구할 수 있도록 도와줘." 키슬링은 포시를 돕기로 결정했고, 모리스동물재단은 닥터 제임스 포스터James Foster를 고용해 병들고 부상당한 마운틴고릴라를 치료하는 프로그램을 만들게 했다.

그리고 나서 1985년 12월 26일, 닥터 포스터가 도착하기 불과 3주 전, 포시는 연구센터 가장자리에 있던 그녀의 오두막에서 잔인하게 살해 당했다. 그럼에도 키슬링은 친구와의 약속을 계속 지켰다. 최초의 '고릴라 닥터'인 포스터는 르완다로 가서 화산수의사센터를 설립하고, 포시가 바랐던 그대로 마운틴고릴라 개체 수 감소세를 뒤집는 것을 도울 수의사 프로그램을 개발했다. 이 프로그램은 곧 '마운틴고릴라 수의사 프로젝트'로 이름이 바뀌었다.

1997년 닥터 포스터가 세상을 떠나자, 우리의 안과 교육훈련 동안 훌륭하게 사회를 봐준 닥터 마이크 크랜필드가 곧 그의 뒤를 이었다. 크랜필드는 우간다와 콩코민주공화국의 그라우어고릴라(동부저지대고릴라)Grauer's gorilla와 마운틴고릴라, 고아가 된 고릴라, 고릴라 서식지 부근에서 일하고 살아가는 사람들을 치료하는 식으로 이 프로젝트가 점점 확대되는 것을 감독했다. 2006년 마운틴고릴라 수의사 프로젝트 측은 캘리

---

◆　힐스 펫 뉴트리션(Hill's Pet Nutrition) 사의 두 브랜드로, 개와 고양이의 나이, 질병, 건강 상태를 고려한 처방식을 표방한다.

포니아대학교 데이비스의 수의과대학원과 협력해 '고릴라 닥터스'를 설립했다.

　나는 고릴라 닥터스에서 하는 많은 활동이 마운틴고릴라의 멸종을 막기 위한 것임을 알게 됐다. 마운틴고릴라들은 여전히 취약하며, 그들이 계속 존재할지는 아직 장담할 수 없다. 2016년 마운틴고릴라 개체 수 조사에서 비룽가산맥에 사는 고릴라는 다이앤 포시가 필사적으로 탄원했던 1981년의 248마리에서 604마리로 증가한 것으로 나타났다. 2018년 조사된 브윈디국립공원에 사는 개체 수 459마리를 더하면, 지구상에는 1063마리의 마운틴고릴라가 남아 있는 것으로 추정된다. 여전히 위태로운 수준의 작은 개체 수지만, 1980년대 중반의 재앙에 가까운 감소세에서는 회복되고 있는 것으로 보인다.


## 나의 첫 가족 상봉


정부에서 발행한 고릴라 탐방 허가증과 여권을 손에 쥐고, 야외 스포츠 용품 카탈로그에서 막 뛰쳐나온 듯한 하이킹 신발과 장비를 뽐내며, 우리는 정차해 있는 사륜구동차에 올라탔다. 20대로 보이는 르완다인 운전기사가 우리를 맞이했다. 데이비드도 나도 앞으로 무엇을 보게 될지 전혀 몰랐고, 우리의 여행이 제공하는 게 모험이든 잠시의 고릴라 관찰이든 아니면 그저 기념사진이든 우리는 모든 것에 열린 마음이었다. 고릴라 닥터스와 함께 보낸 시간이 이미 우리가 여행 전에 기대했던 것 이상이었기 때문에, 이제부터 일어나는 일은 뭐든지 덤이라고 생각했다.

　배낭은 물병, 카메라 장비, 자외선 차단 크림, 우비가 들어 있어 무거웠다. 아직 오전 6시 30분이었지만, 우리 차는 끝없는 행렬을 지나치며 이동했다. 깔끔하게 교복을 차려입고 등교하는 어린이들과 머리 위에 커다란 감자 포대를 인 여자들이 길가를 따라 이야기를 나누며 걸어갔다. 야위고 셔츠도 입지 않은 모든 연령대의 남자들은 자전거에 농작물, 나무, 닭, 심지어 폼매트리스까지 기록을 경신할 정도로 높이 싣고 달려갔다. 우리는 약 50킬로미터 떨어진 키니기에 있는 화산국립공원 관리본부까지 가는 동안 깔끔하게 차려입은 수십 명의 마을 주민들을 지나쳤는데, 그들은 빠르게 달리는 우리 차량 때문에 위험할 수 있다는 생각도 잊은 채 미소로 반겨주었다.

우리는 시속 80~100킬로미터의 맹렬한 속도를 유지하며, 농가가 군데군데 흩어져 있고 약간 높낮이가 있는 경작지대 사이로 나아갔다. 등에 아기를 업은 여인들이 카리심비산—4507미터의 가장 높은 화산이다—과 비소케산의 그늘이 드리워진 곳에서 맨손으로 곡물을 가꾸고 있었고, 그 뒤로 멀지 않은 곳에 미케노산이 우뚝 솟아올라 있었다. 그 산들의 우거진 비탈이 마치《내셔널 지오그래픽》에 나오는 사진 같았다.

활기찬 마을 사람들과 작은 농장들을 지나 오르막길을 오르며, 우리가 만나러 가는 고릴라들의 생존에 가장 큰 위협이 인간이라는 사실이 믿기지 않았다. 마운틴고릴라는 수십 년 동안 대규모 전쟁과 끔찍한 사회 불안을 겪은 동아프리카 지역에 산다. 오랜 세월 동안 모든 사람이 삶의 터전을 잃고 쫓겨나, 생존을 위해 숲으로 숨어야 했다. 국립공원들은 사람들에게 점령당했다. 싸움을 벌이는 파벌들과 군인들도 고릴라들의 서식지로 들어왔다.

현재 화산국립공원의 고릴라들은 사하라 사막 이남에서 가장 인구밀도가 높은 농촌 마을들에 둘러싸여 있다. 대부분의 거주자들은 가족을 먹여 살리기 위해 애쓰는 매우 가난한 농부들이다. 경작지를 조성하기 위해 산림을 벌채하고, 장작용 나무 같은 고갈되는 천연자원을 채취하는

일은 고릴라가 살기에 적합한 서식지를 감소
시킬 뿐 아니라 숲이 지닌 가치를 훼손시킨다.
마운틴고릴라들은 가끔 국립공원을 벗어나 인
근 농경지를 어슬렁거리기도 한다. 이에 뒤따
르는 농작물 습격과 먹이 찾기는—이것은 고

위: 르완다 북부주의 화산국립공원에 인접한
비소케산 산자락에 있는 작은 농가. 화산국립
공원의 마운틴고릴라들을 완전히 둘러싸고
있는 생계형 농부들의 삶은 매우 어렵다. 환
경보호 활동가들은 인접한 지역사회의 요구
를 해결하지 않고서는 멸종위기에 처한 마운
틴고릴라들을 보호하기 어렵다고 생각한다.

릴라들을 위한 자연 서식지가 부족하다는 확실한 증거다—사람들과의
물리적 충돌 가능성을 높인다. 이 때문에 종종 마을 주민들은 성가신 동
물이라 여기며 고릴라를 죽이기도 한다.

식용으로 마운틴고릴라를 밀렵하는 경우는 드물다. 야생동물고기를
먹는 풍습이 있는 서아프리카 및 중앙아프리카와는 달리, 동아프리카 사
람들은 일반적으로 대형 유인원의 고기를 먹지 않는다. 하지만 마을 주
민들은 작은 영양이나 강멧돼지 또는 다른 야생동물을 잡기 위해 종종
무차별적으로 덫을 설치한다. 밧줄이나 철사로 만들어진 이 덫들은 호

기심 많은 대형 유인원들의 눈길을 끈다. 그 결과 아무것도 모르는 고릴라는 덫에 걸리고—철사 올무는 특히 위험하다—빠져나오려고 몸부림 치다가 사지를 잃거나 목숨을 잃기도 한다. 고릴라들은 또한 노골적으로 살해당하기도 한다. 마을 주민과 밀렵꾼들은 불법 애완동물 거래 중간상이 내린 '명령'을 수행하고자 새끼 고릴라를 포획할 목적으로 어미 고릴라나 우두머리 수컷 실버백 또는 무리에 속한 다른 고릴라들을 죽인다.

우리는 르완다의 전원생활 풍경을 아주 빠르게 훑어본 후, 국립공원 본부에서 하차해 같은 날 허가를 받은 다른 관광객들과 합류했다. 나무로 만든 큰 정자 아래서 뜨거운 커피와 차를 대접받았다. 몹시 필요했던 르완다 정부의 보호정책의 일부로서, 고릴라를 보도록 허락된 관광객의 수와 방문 기간이 엄격히 제한되고 있다. 관광객들은 매일 아침 일찍 중앙 장소에 모여 건강 검진을 받은 후, 7개의 고릴라 무리 가운데 하나를 볼 수 있도록 배정받는다. 충분한 지식을 보유한 가이드들이 각자 8명으로 구성된 일행을 산 위로 인도한다. 인근 마을로부터 고용돼 늘 요긴한 짐꾼들이 손님들을 돕는다. 길을 걸어가며 추적꾼들trackers—온종일 고릴라들을 지키고 보호하고 관찰한다—과 무선 연락을 나눈다. 해당 고릴라 무리의 정확한 위치를 파악하고 1시간 동안의 방문을 지원하기 위해서다. 고릴라 닥터스는 이 국립공원 팀들과 긴밀히 협력하는데, 조언을 하고, 정기적으로 모든 고릴라 무리의 건강 상태를 모니터링하며, 요청이 있을 경우 치료나 수술을 하기도 한다. 이 중요한 업무는 관광객의 이동경로와 분리돼 수행된다.

다행히도 지역 주민들은 고릴라를 귀중한 자원으로 인식하기 시작했으며, 고릴라를 보호하려는 르완다 정부의 노력을 점점 더 많이 지지하고 있다. 잠시 후 르완다 전통 의상을 입은 열정적인 공연자들이 춤추고 박수 치고 노래를 부르며 우리를 환영해주었다. 한 줄로 늘어선 상의를 입지 않은 남자들이 길고 폭이 좁은 북을 열정적으로 두드리는 앞에서, 밝은색 옷을 입은 두 여인이 큰 바구니를 머리 위에 이고 균형을 잡으며 즐겁게 빙글빙글 돌며 춤을 추었다.

10개 무리의 고릴라들이 화산 경사면의 비교적 구별되는 영역들에서 먹이를 찾고 잠을 잔다. 각각의 무리에 접근하는 난이도는 천차만별이지만, 국립공원 공무원들은 이를 잘 파악하고 있었다. 방문객들은 따뜻한 환영을 받았고, 그동안 국립공원관리원들이 연구한 예비 지침도 전달받았다. 그들은 졸린 방문객들의 체력과 이동성을 신중하게 평가한 다음 8명씩을 한 조로 편성했다. 일부 관광객은 더 험난한 길을 따라 다소 힘든 여행을 하도록 선택된 반면, 다른 관광객은 더 가까이에 있는 고릴라 무리를 방문하도록 지정됐다.

우리는 심사 결과에 당황했는데, 우리보다 최소 20세 연상인, 북미의 어느 실버타운에서 휴가를 온 듯한 80대의 정정한 분들과 같은 조에 편성됐기 때문이다. 그러나 국제 분란을 일으키고 싶지 않았기 때문에 우리는 같은 조에 편성된 여행객들에게 정중하게 인사했다. 적어도 언어 장벽은 없을 듯했다. 우리 조에 배정된 가이드의 뒤를 따라가니 우리를 태워다준 운전기사를 다시 만났다. 우리는 차량 호송대에 합류한 뒤 트레킹 출발지로 이동했다.

우리는 가장 가까이 있으며 접근하기도 가장 쉬운 고릴라 무리인 사비인요 무리를 만나기 위해 출발했다. 우리가 탄 랜드크루저는 화산암으로 이뤄진 바위투성이 길에서 마구 흔들렸다. 사비인요 무리는 사비인요 산과 음가힝가산 사이의 완만한 경사면에 살았다. 거구의 실버백 구혼다가 이끄는 사비인요 무리는 관광객들에게 인기가 많았다. 구혼다는 '두드린다'라는 뜻의 키냐르완다어 단어에서 따온 이름으로, 무리 내에서 가슴을 두드려 권위를 과시하는 것으로 알려져 있었다. 48살의 구혼다는

우리들은 닮았다

가장 나이가 많은 축의 실버백일 뿐 아니라 화산국립공원에서 가장 큰 고릴라로 몸무게가 대략 230킬로그램이나 되었다. 큰 덩치에도 새끼들과 많은 시간을 보낼 정도로 온순해 보이지만, 자신의 영역에 침입한 다른 실버백에게는 매우 사나운 것으로도 유명했다.

우리가 탄 차가 작은 마을을 통과했는데, 진흙으로 지은 오두막, 콘크리트 블록에 금속 지붕을 얹은 집, 제각기 공사가 한창인 벽돌집들이 보였다. 마을 아이들 한 무리가 우리 행렬에게 인사하기 좋은 자리를 서로 차지하려고 밀치며 다투었다. 들뜬 아이들은 "무준구, 무준구!"라고 외치며 쉬지 않고 손을 흔들었다. 무준구는 동아프리카에서 '백인'을 가리키는 정중한 표현이다. 오랫동안 기다려온 고릴라 탐방이 시작됐지만, 모든 것이 꿈만 같았다. 나는 모든 광경을 만끽하고 모든 세부 사항을 받아들이고 현재에 충실하고자 노력했다.

길이 사륜구동 차량으로도 지나갈 수 없게 되자 본격적인 산행이 시작됐다. 우리는 꽃이 핀 감자들이 가지런히 줄지어 심어져 있는 사이로 일렬종대로 서서 출발했다. 둥근귀코끼리와 물소가 농작물을 습격하는 것을 방지하기 위해 세워진 돌담은 화산 기슭에 있는 저지대 숲이 시작되는 곳임을 비공식적으로 의미하며, 또한 이 너머로 들어가려는 방문객은 허가를 받아야 하는 지점임을 의미한다. 모든 방문객은 정부의 인가를 받은 가이드 및 추적꾼과 동행해야 했다.

우리에게 배정된 하이킹 코스는 비교적 수월했지만, 진흙투성이 길을 따라 미끄러운 비탈을 오르는 것은 모두에게 진정한 도전이었다. 우리는 따가운 쐐기풀이 위협적으로 얽혀 있는 대나무 밀림을 뚫고 조금씩 나아갔다. 머리 위의 덩굴과 옆으로 뻗은 나뭇가지는 부주의한 사람의 목을 벨 수 있을 정도로 위험했다. 나는 눈앞에 보이는 것에 집중하고자 노력하면서도 간간이 땅에 흠뻑 젖은 옷을 가다듬기도 하고, 손과 팔에 쐐기풀로 인한 발진이 커지자 소란을 피우기도 하고, 나이 많은 일행들의 상태를 확인하기도 했다. 우거진 덤불을 지나면서는 주변광이 감소하는 것을 고려해 카메라 설정을 조정했다. 고릴라들을 사진에 담기 위해 언제나 준비된 상태를 유지하고자 했다.

가이드와 추적꾼, 짐꾼들이 구혼다와 그 무리에 근접했다고 말했을 때, 흥분은 치솟고 피로감은 싹 사라졌다. 우리는 스틱과 배낭을 내려놓고 길을 따라 계속 걸었다. 데이비드는 바로 내 앞에서 걸어갔다. 그러나 몇 분 후 빽빽하고 어둑한 덤불 속에서 무릎을 꿇고 기어가던 행렬이 완전히 멈췄다. 나는 마침 쓰러진 거대한 나무 아래를 기어가던 참이라 꼼짝없이 갇혀 버렸다.

나는 쓰러진 나무 밑에서 빠져나오기 위해 조심스럽게 앞으로 조금씩 버둥거리며 일어서려고 했다. 카메라 장비가 땅에 닿지 않도록 애쓰느라 약간 어지러움을 느껴서인지, 데이비드가 평소답지 않게 말없이 무언가를 가리키고 있는 이유를 알 수가 없었다. 이윽고 아름다운 성체 암컷 고릴라 한 마리가 몇 미터 떨어진 이동로 바로 옆 덤불 속에 있음을 깨달았다. 자연적으로 움푹 팬 곳에 혼자 평화롭게 앉아 있었는데, 울창한 녹색 초목에 대부분 가려지고 거대한 어깨와 머리만 보였다. 그녀는 길고 검은 털로 덮인 팔을 우아하게 뻗어 멀리 있는 나뭇가지를 입 가까이로 가져왔다. 그녀는 잠시도 쉬지 않고 먹이를 찾으면서 인간 방문객들을 힐끗 바라봤다. 나는 믿기지 않는 상황에 심장이 엄청나게 빨리 콩닥거려 카메라를 더듬거리기만 할 뿐 전혀 사진을 찍을 수가 없었다. 그토록 많이 준비했건만.

우리는 주어진 시간 동안 우거진 숲속에서 같은 무리에 속한 다른 고릴라들의 행동을 넋을 잃고 바라보았다. 어미와 어린 새끼 고릴라들, 레슬링을 하듯 뒤엉켜 노는 유년기의 배불뚝이 고릴라들, 이러한 평화를

깨뜨리려고 거듭 올러대는 사춘기 수컷 블랙백blackback들의 모습을 지켜보고 저마

위: 르완다 화산국립공원에 사는 파블로 무리에 속한 마운틴고릴라들.

다 사진에 담았다. 유명한 실버백 구혼다는 주변의 모든 것, 고릴라뿐 아니라 사람들도 주의 깊게 살폈다. 시간은 말 그대로 이 산비탈에서 멈춘 듯했다. 나는 내 앞에서 벌어지고 있는 광경에 완전히 넋을 잃었다. 외부 세상은 사라지고 없었다. 가끔은 카메라를 내려놓고, 그저 지켜보기만 했다. 고요한 주변환경과 나무 꼭대기를 뒤덮은 시원한 안개, 싱그러운 초목 냄새, 거대 영장류의 장엄한 존재와 그 순수함, 자신들의 국보를 공유한다는 르완다 국립공원팀의 자부심, 이 모두가 마치 마법 같았다.

이런 모습은 사진으로 담아 공유할 필요가 있었다. 나는 고릴라의 표정과 손짓, 특히 어미와 어린 새끼의 상호작용에 집중하기 시작했다.

이전에 야생동물의 사진을 찍는 탐방에서는 느끼지 못했던 묘한 친밀감을 느꼈다. 어미 고릴라들이 아직 서툴지만 호기심 많고 사랑스러운 곱슬곱슬한 새끼들에게 젖을 주고 껴안고 즐겁게 놀아주는 모습을 보며, 우리 아이들이 어렸을 때 나와 아내가 아이들을 안고 놀아주던 모습이 생각났다.

산비탈을 내려가는 길은 수월해 보였고 놀라울 만치 조용했다. 각자 미소를 띤 채 방금 목격한 경이로움을 되새기며 깊은 생각에 빠져 있어 대화는 거의 없었다. 데이비드와 나는 고릴라 닥터스의 복합시설로 복귀

우리들은 닮았다

한 뒤 밤늦도록 사진들을 검토하며 이야기를 나눴다. 내일 있을 모험이 과연 이보다 더 좋을 수 있을까 의문이 들었다.

옆 페이지: 르완다 화산국립공원에 사는 아마호로 무리의 유년기 마운틴고릴라들이 몸싸움을 하고 있다.

그날 밤 잠이 들기 전에 나는 헌신적인 고릴라 닥터스 측 인사들이 우리에게 들려준 설명을 생각해보았다. 보전생물학

위: 르완다 화산국립공원에 사는 새끼 고릴라. 조금 전에 더 큰 유년기 고릴라 둘과 놀다가 공중으로 던져졌다. 나는 최근에 아들이 손자에게 이와 같이 놀아주자 손자가 즐거워하던 모습이 떠올랐다.

conservation biology에서 고릴라는 깃대종flagship species＊으로 여겨진다고 한다. 고릴라는 일반 대중의 상상력을 사로잡아, 사람들이 보호활동을 지원하

도록 유도하는 일종의 홍보대사다. 검은코뿔소, 벵골호랑이, 아시아코끼리, 고릴라와 같은 상징적인 종들을 보호하기 위한 점진적인 조치가 중요한 것은, 그 조치들이 해당 생태계에서 마찬가지로 중요하지만 인지도가 낮은 많은 종들에게도 이로운 낙수효과를 주기 때문이다. 괜찮은 기념사진을 찍으려던 내 끊임없는 욕구가 실은 사람들의 마음과 생각에 영감을 주고 변화시키는 데 쓰일 수 있는 사진을 찍기 위한 여정이었음을 그제야 깨달았다.


## 마운틴고릴라 어미와 새끼 그리고 실버백: 사진가의 꿈

다음 날 우리는 두 번째 산행을 위해 화산국립공원 본부에 도착했다. 고릴라 닥터스 소속인 닥터 노엘이 관리소장과 이야기를 나누고 있었는데, 전날 우리가 사비인요 무리에 배정된 이유가 체력에 대한 걱정보다는 전설적인 구혼다를 만나보게 하려는 닥터 노엘의 바람이 반영돼서라는 말을 듣고 마음이 편안해졌다. 이번에도 닥터 노엘의 중재 덕분에, 데이비드와 나는 두 마리의 실버백을 포함해 열여덟 마리로 구성된 대규모 고릴라 무리인 아마호로 무리를 방문하게 됐다.

아마호로는 키냐르완다어로 '평화'를 의미하며, 이 무리는 평화롭고 단란하기로 유명하다. 우두머리 실버백 우붐웨는 성격이 너무 온순해 외부 실버백의 도전을 받고 다른 무리에게 자기 식구들을 빼앗길 정도다. 곧 있을 비소케산 등산은 꽤 힘들 거라는 이야기를 들었다. 전날의 하이

◆ 유엔환경계획(UNEP)이 만든 개념으로, 환경보전 정도를 살필 수 있는 지표가 되는 동식물종을 말한다.

킹을 떠올리며, 더 힘들다는 이번 산행에서 돌아오지 못할까 봐 은근히 걱정됐다.

다시 한 번 일렬종대로 진흙투성이 비탈길을 올랐다. 대나무와 유칼립투스 숲을 지나 이끼류와 기생 난초들이 지붕처럼 뒤덮은 원시 열대우림에 도착했다.

높은 고도와 익숙하지 않은 갑작스러운 신체 활동 때문에 내 심혈관계에 무리가 가해졌다. 폐가 더 많은 공기를 필사적으로 들여 마시는 소리에 가려지긴 했지만 내 가슴속에서 쿵쾅거리는 심장 소리가 동행자들에게 정말로 들리지 않을까 싶었다.

다리 근육을 무리해 쓰면 다음 정상까지는 갈 수 있겠지 했는데, 곧 거의 수직에 가까운 내리막이 기다리고 있다는 사실을 알게 됐다. 나는 부끄러운 사고 사례가 되지 않기 위해 아주 서툴지만 뿌리가 있는 식물이라면 뭐든지 움켜잡으며 내려갔다.

고릴라를 만나러 가는 도중에 멸종위기에 처한 황금원숭이 무리를 우연히 만났다. 원숭이들은 사진을 찍기에 좋은 자세를 기꺼이 취해주었다. 나이든 동행자 중 한 분이 고군분투했지만 자주 멈춰 서야 하는 것에 마음이 편치 않아 보였다. 우리의 동정심 많은 가이드는 그녀가 위험한 상태가 아니라는 데 안도하며, 자신과 동료들이 임시 들것을 만들어 이송해서라도 반드시 끝까지 데려가겠다고 말해 그분을 안심시켰다.

내가 임박한 심장마비에 대비한 행동 계획을 세울 무렵, 우리는 풀이 무성한 공터에서 쉬고 있는 거대한 고릴라 무리를 발견했다. 12마리가 넘는 고릴라 무리가 울창한 숲을 배경으로 완만한 호를 그리며 앉아 만족스럽게 휴식을 취하고 있었다. 공터의 반대쪽에는 옆으로 누워 잠을 자고 있는 성체 암컷 고릴라가 보였다. 한쪽 팔은 쭉 뻗어 팔베개하고, 다른 쪽 팔은 아직 깨어 있는 새끼 고릴라가 벗어나지 못하게 했다. 근처에 있던 젊은 성체 암컷 고릴라들은 책상다리를 하고 무리를 지어 어울리면서도 그 새끼 고릴라가 안전한지 눈으로 살피고 있었다. 젊은 수컷 블랙백 고릴라들은 제법 자란 새끼들과 아직 어린 유년기 고릴라들이 벌이는 시끌벅적한 장난의 심판을 보았다. 우리가 도착하고 얼마 지나지 않아 모든 것이 괜찮다고 판단한 실버백 우붐웨는 공터를 가로질러 우리 쪽으로 의기양양하게 다가와 데이비드의 왼팔을 스치며 동행자들이 있던 줄을 뚫고 지나갔다.

앞서 산행에서 어려움을 겪었던 그 여성분은 넓고 평평한 바위에 앉아 편히 쉬며 아마호로 무리를 유심히 지켜보면서 그동안의 인내에 대한 보상을 받았다. 어린 새끼를 등에 업은 어미 고릴라가 무리에 합류하기 위해 그 여성분 바로 뒤에서 평평한 바위를 따라 아무렇지도 않게 걸어갔다. 마법과 같은 순간이었다

우리의 관찰지점은 최상이었다. 나는 고릴라들의 표정을 쉽게 식별

할 수 있었고, 그들의 눈을 똑바로 바라볼 수 있었다. 우리 눈과 몹시 흡사했다. 때 묻지 않은 목가적인 환경에서 그들이 얼마나 건강하고 평화로워 보이는지에 대해 생

위: 르완다 화산국립공원에 사는 아마호로 무리에 속한 어미와 새끼 마운틴고릴라. 어미와 새끼 고릴라 사이의 사회적 유대는 강하다. 고릴라의 경우 젖을 떼는 약 세 살까지를 유아기로 여긴다.

각했다. 탐방이 거의 끝나갈 무렵, 나는 더 깊은 수풀 속 더 외진 곳으로 이동해온 젊은 암컷 고릴라의 사진을 찍기 시작했다. 그녀는 너무 아름다웠으며 빛도 완벽했다. 나는 구도를 잡은 뒤, 그녀가 카메라를 바라볼 때까지 참을성 있게 기다렸다. 완벽한 순간이 찾아왔고, 셔터를 눌렀다.

우리의 눈 맞춤은 계속됐다. 나는 전혀 위협적이지 않고 이렇게 온순한 생명체를 누가 감히 해칠 수 있는지 의아했다. 나는 그녀의 서식

지—대체할 수 없는 숲속 보금자리—가 줄어들고 있는 현실과 그것이 어떻게 그녀를 취약하게 만드는지를 생각했다. 가이드가 시간이 다 됐다고 알렸다. 일행에 합류하기 위해 짐을 꾸리면서—다시 돌아올 수 있을지는 확실하지 않았다—어떻게든 조금이라도 돕겠다고 마음속으로 그녀에게 다짐했다.

산비탈을 절뚝거리며 내려오면서 데이비드와 나는 고릴라들이 인간과의 접촉을 순순히 받아들이지 않았다면 이번 탐방이 이렇게 성공적이지는 않았을 것이라고 생각했다. 나중에 닥터 노엘에게 탐방 경험을 보고하는 동안, 습관화habituation 과정이 현대의 많은 보호 계획의 핵심 부분이라는 것을 알게 됐다. 예를 들어, 고릴라는 선천적으로 인간을 두려워한다. 그러나 수년에 걸쳐 인간과의 중립적 접촉을 거듭하면 고릴라는 습관화될 수 있다. 이렇게 습관화된 고릴라는 그들의 환경에서 인간 관찰자들을 중립적인 요소로 받아들이고, 사람이 옆에 있어도 정상적인 행동을 보인다. 정확히 말하자면, 고릴라들은 길들여지는 것이 아니라, 오히려 사람들의 존재에 무관심해지는 것이다.

습관화가 고릴라의 전반적인 웰빙에 미치는 영향이 궁금했던 나는 며칠 후 저녁 식사 때 마이크 크랜필드에게 물어보았다. 그는 2011년에 발표된 한 연구에 참여한 적이 있는데, 그 연구에 따르면 마운틴고릴라 무리 전체의 연간 성장률은 1퍼센트였다고 한다. 그중 습관화된 무리의 고릴라 수는 비습관화된 무리보다 훨씬 높은 성장률을 보였지만, 비습관화된 무리는 사실상 약간의 감소세를 보였다. 두 무리 간의 차이 중 최소 60퍼센트는 습관화된 고릴라 무리가 일상적인 관찰을 통해 밀렵꾼으

**옆 페이지**: 르완다 화산국립공원에 사는 아마호로 무리에 속한 성체 암컷 마운틴고릴라가 새끼를 등에 업고 있는 모습. 나중에 어미와 새끼 고릴라는 바위 위에 앉아 휴식을 취하고 있다가 깜짝 놀란 트레커 바로 뒤쪽의 크고 평평한 바위를 가로질러 재빠르게 지나가 무리에 합류했다.

로부터 더 많은 보호를 받기 때문인 것으로 보였다. 나는 또한 그 차이의 40퍼센트가 질병과 상처를 발견해 치료하는 것, 다시 말해 의료 활동 덕분임을 알게 됐다. 따라서 고릴라의 건강을 관리하는, 우리의 새 친구 고릴라 닥터스가 이 성공 스토리에서 큰 몫을 했음은 명백했다.

　데이비드와 나는 가이드를 따라다니며 관광객으로서 일련의 멋진 순간들을 경험하는 한편, 제대로 훈련받은 현장 직원들만 운용할 수 있

위: 르완다 화산국립공원에 사는 아마호로 무리에 속한 젊은 성체 암컷 마운틴고릴라. 그녀는 녹음이 우거진 움푹한 곳에 앉아 참을성 있게 자세를 취해주었고, 덕분에 내가 가장 좋아하는 대형 유인원 사진을 찍을 수 있었다. 우리는 한참 동안 서로 눈이 마주쳤고, 헤어지기 전 나는 그녀에게 무언의 약속을 했다.

우리들은 닮았다

는 고도로 조직화된 감시 및 모니터링 시스템도 살펴보았다. 헌신적인 추적꾼들은 각각의 습관화된 고릴라 무리들을 낮 시간 동안 지속적으로 관찰했다. 무리에 속한 각 고릴라의 건강 관련 데이터가 장치에 매일매일 기록됐다. 추적꾼들은 고릴라들의 신체 상태―분비물, 호흡, 피부, 털 및 배설물의 세부 정보, 활동 수준, 부상 등―와 그들의 GPS 위치를 기록했다. 그들은 고릴라 무리에 속한 개별 구성원들을 보았는지 여부를 표시했고, 보이지 않거나 없는 고릴라는 적어두었다.

추적꾼들은 질병이나 부상의 외적인 징후를 알아차렸다. 고릴라 닥터스는 일주일에 두 번 각 그룹에 합류해서 추적꾼이 전달하는 정보에 실시간으로 대응했다. 내과 또는 외과 치료를 제공하는 수의학적 개입은 아프거나 부상당한 고릴라에게 약물을 투여하거나, 더 복잡한 치료를 하기 위해 마취를 시키거나, 감염성 질병의 확산을 방지하기 위해 전체 개체 수 가운데 일부에게 백신을 접종하는 형태를 취했다. 이와 같은 선제적 개입 정책이 마운틴고릴라 개체 수 회복의 핵심 요소가 됐다.

몸은 많이 고단했지만 마냥 행복해하며 의기양양하게 고릴라 닥터스의 복합시설로 돌아왔을 때, 향후 있을 우간다 탐방 주최측으로부터 예정과는 달리 침팬지를 볼 시간이 충분하지 않을 것이라는 메시지를 받았다. 안과 교육과정에 참석한 우간다의 고릴라 닥터스로부터 침팬지 관련 경험을 들은 후로 우리는 우간다에서 침팬지를 볼 수 있기를 고대한 터였다. 이제 우리는 경험 있는 영장류 트레커가 됐으므로, 야생 침팬지를 탐방할 수 있는 방법을 어떻게든 찾아내야 했다.

# 3

# 더 넓은 세계에 눈뜨다

동부고릴라(마운틴고릴라), 르완다와 우간다

바로 여기 르완다에 침팬지들이 있다는 것을 누가 알았겠는가? 물론 고릴라 닥터스는 알고 있었다. 다음에 예정된 우간다 침팬지 트레킹이 취소돼 우리가 낙담하고 있다는 소식을 들은 의사들은 차로 하루 정도 이동하면 르완다의 니웅웨산림국립공원에서 침팬지를 볼 수 있다고 장담했다. 니웅웨산림국립공원은 르완다의 남서부 끝에 위치하고 있으며 남쪽으로 부룬디, 서쪽으로 키부호 및 콩고민주공화국과 인접해 있는, 르완다에서 야생상태가 가장 잘 보전된 외진 곳으로 알려져 있다. 1000제곱킬로미터가 넘는 원시 열대우림이 있는 그곳은 수많은 조류와 13종의 영장류 보금자리로, 그중에는 사람들의 존재에 습관화된 침팬지도 있었다. 완벽한 곳이었다.

**옆 페이지:** 르완다 화산국립공원에 사는 아마호로 무리에 속한 유년기 마운틴고릴라들. 고릴라의 경우 3세에서 6세 사이를 유년기, 6세에서 8세 사이를 아성체(subadult)로 간주한다.

우리의 친절한 운전기사로부터 니웅웨산림국립공원까지 데려다주 겠다는 약속을 받아내고는, "모험을 즐기는 여행객에게 매력적"이고, "인적이 드문 길을 가는 모험을 갈망하는 사람들"에게 이상적이라고 알려진 경로로 가기로 성급히 결정해버렸다. 고릴라 닥터스의 복합시설에서 유인원에 대한 모든 일에 조언해주던 분들도 그 길을 알고 있기는 했지만, 니웅웨산림국립공원에 서식하는 동물들을 치료하기 위해 여행할 때는 항상 더 직행 경로를 선택한다고 했다.

우리가 선택한 경로는 그림 같은 키부호—아프리카 대지구대大地溝 帶에 있는 큰 담수호 중 하나다—의 동쪽 연안을 따라 남쪽으로 뻗어 있었다. 처음 몇 시간 동안은 에메랄드빛 가득한 차와 커피 농장을 지나쳤고, 호변을 따라 꼬불꼬불 왔다 갔다 하는 사이 곧 풍경은 바뀌어 유칼립투스 나무 숲과 깔끔하게 정리된 계단식 언덕 여기저기로 바나나 농장들이 보였다.

매끈한 포장도로는 결국 곳곳이 달의 분화구처럼 움푹 팬 비포장 흙길로 바뀌었다. 우리는 몇 시간 동안 남쪽으로 향하며 정글과 농경지, 어촌 마을을 지났다. 활기찬 아이들이 종종 이제는 친숙한 단어인 "무준구!"라고 외치며 인사했다. 우리는 장작과 바나나, 기타 물품들의 엄청나게 큰 더미를 잘도 머리에 이고 가는 밝은색 옷을 입은 여인들을 지나치기도 했다. 대부분 등에 어린아이도 업고 있었다. 데이비드는 이 지역 여성들의 신체 조정 능력, 운반 능력, 쾌활함을 목격하고서 마찬가지로 전문 수의사인 아내 신디에게 그녀의 SUV를 처분하라고 말해야겠다고 소리쳤다. 나는 대화 결과를 꼭 알려 달라고 부탁했다.

6시간을 달리고 나니 한낮의 무더위 속에서 차가 멈춰 설 듯 느려지는 게 느껴졌다. 우리 앞의 다리가 파손돼 있었다. 호기심 많은 마을 사람들은 다리 널빤지가 부서진 커다란 틈새의 양쪽에 서서 아래의 급류를 내려다보고 있었다. 임기응변이 뛰어난 주민들은 빠진 널빤지를 대체할 중고 목재를 다듬고 있었다.

다리가 수리되면 제일 먼저 건널 수 있는 영예 아닌 영예가 우리에게 주어졌다. 우리가 대기줄 제일 앞에 있었기 때문이다. 차량에 낯선 외국인들이 타고 있는 것에 흥미를 느낀 수십 명의 마을 사람들이 곧 우리를 에워쌌다. 되도록 관심을 끌지 않으려는 보수적인 나와 정반대로 데이비드는 그들과 어울리려 했다. 그는 곧장 뒷좌석 창문을 내리고 웃고 있는 아이들과 어른들을 즉석 관객 삼아 마술 공연을 펼쳤다. 데이비드에게는 앞서 들렀던 커피 농장에서 가지고 온 커피콩 두 개가 있었다. 그가 움켜쥔 손에서 커피콩을 '사라지게' 하자 지켜보던 사람들은 놀라워했다.

데이비드의 관객은 결국 100명이 훨씬 넘게 불어났다. 그들은 데이비드의 속임수를 꿰뚫어보기 시작했고, 그가 무슨 트릭을 쓰고 있는지 아는 체하기 위해 서로 앞자리를 차지하려 다투었다. 그 순간 다리 수리팀의 기술자와 목수들이 수리가 끝났다고 외치며 가도 좋다고 손짓했다.

사기꾼 마술사에게 화난 군중에게 린치를 당하는 것이 더 나쁠지, 급조되어 검증되지 않은 널빤지 다리를 건너다가 저 아래 심연으로 곤두박질치는 게 더 나쁠지 판단할 수 없었지만, 어쨌든 우리는 두려움에 떨며 다리를 건넜다. 적어도 우리 바로 뒤에 유엔난민기구UNHCR의 대형 차량이 있었다. 훨씬 더 가벼운 우리 차량이 수리된 다리를 무너뜨린다면, 뒤에서 지켜보던 유엔 직원들이 분명히 우리의 용기를 우리 가족들에게 전할 터였다.

우리 운전기사가 '아프리카 마사지'라고 묘사한 험한 길에서 10시간 이상을 고생하고 나서야 니웅웨산림국립공원에 도착했다. 정전으로 가뜩이나 어두운데 비마저 억수같이 쏟아지고 있었다. 니웅웨 탑뷰힐 호텔

은 정말로 언덕 꼭대기에 자리잡고 있었다. 호텔까지 가는 위험천만한 오르막길은 저속 기어의 가치와 오프로드 주행 기량, 배변을 억제할 수 있도록 설계된 인체 괄약근의 튼튼함을 시험해볼 수 있는 기회였다. 다른 곳에서 묵는 것은 안전하지 않다고 우리가 고집하자 운전기사는 마지못해 우리가 얻어준 방에 체크인했다.

새벽까지 강한 폭풍우가 계속 내렸다. 해 뜰 무렵 잠이 덜 깬 채 비

위: 키부호 연안을 따라가다 보니, 키부예의 남쪽 도로 인근에 있는 작은 마을에서 다리를 보수하고 있었다. 여행을 시작한 지 몇 시간이 지났고, 목적지인 니웅웨산림국립공원까지 아직 몇 시간을 더 가야 했기 때문에 우리는 참을성 있게 기다렸지만, 두려움이 전혀 없지는 않았다. 우리 차량은 새로 수리된 다리를 건너기 위한 대기줄에서 제일 앞에 있었다.

우리들은 닮았다

칠거리며 출발지점에서 가이드들을 만났을 때, 르완다에서 대형 유인원 특집을 준비하는《내셔널 지오그래픽》사진작가 둘과 마주쳤다. 두 사람 모두 자신감으로 가득 차 있었다. 한 사진작가가 내가 사용하는 렌즈에 부착된 UV 필터는 "쓸모가 없다"라고 말하는 순간, 데이비드가 조심스럽게 무언가를 가리켰다. 다른 사진작가의 렌즈가 깎아지른 듯한 비탈을 굴러 계곡 아래로 떨어지고 있었다.

데이비드와 나는 숲의 가장 아래층에 사는 침팬지들에게 다가가기 위해 필사적으로 노력하며 우리 앞에 놓인 협곡을 건너기로 했다. 하지만 《내셔널 지오그래픽》사진작가들은 들이는 노력을 비해 얻는 게 별로 없다며 포기해버렸다. 내가 이렇게 아프리카에 오기까지《내셔널 지오그래픽》의 고릴라 학살 기사가 끼친 영향과 이 잡지의 사진들에 대한 오랜 경탄에도 불구하고, 두 사진작가에 대한 우리의 인상은 자못 실망스러웠다.

내리막길에서 볼썽사납게 곤두박질치고 젖은 진흙투성이 제방 아래로 속수무책으로 구르고 미끄러지면서도, 우리는 침팬지를 가까이서 보고 싶다는 열망으로 멈추지 않았다. 뚜껑이 벗겨진 렌즈를 더러운 손으로 조심스럽게 감싸며 나무 옆에서 쉬는데, 보호용 UV 필터에 진흙이 줄줄 흘러내렸다. 데이비드와 가이드는 내가 처한 곤경을 알지 못한 채 이야기를 나누며 앞서 나갔다.

숨이 가쁘고 속상했지만 반대편 제방으로 힘겹게 올라갔다. 하지만 여전히 침팬지는 보이지 않았다. 암울해 보이는 우리의 침팬지 탐방에 대해 논의하다가, 르완다인 가이드들의 영어 레퍼토리를 넓혀주기 위해서 친숙한 단어인 '침프chimp(침팬지)'와 운이 맞는 '윔프wimp(겁쟁이)'라는 단어를 알려주었다. 이 단어의 적절한 용법을 설명하기 위해 대단히 힘든 이번 산행에 동참하지 않은《내셔널 지오그래픽》사진작가들을 언급했다. 가이드들은 자신들에게 새로운 단어를 가르쳐준 것에 감사하며,

## 르완다 니웅웨산림국립공원으로 가는 여정

완벽한 발음으로 그 단어를 여러 번 충실하게 반복했다. 뜻밖에도 우리
는 그 근육질의 사진작가들을 다시 만났고, 가이드들은 "웜프, 웜프, 웜
프"를 외치기 시작했다. 질겁한 나는 서둘러 그만하라고 말렸다.

　　데이비드와 나는 우리의 엄청난 노력에도 불구하고 르완다에서 침
팬지를 만날 수 없다는 사실을 어쩔 수 없이 받아들였다. 이제 그만 북

　　　　　　　　　　　　　　　　　　　　　　우리들은 닮았다

쪽으로 향하여 키갈리공항으로 가서 예정된 우간다행 비행기를 타기로 했다.


## 최고의 계획

집을 나서기 전 강의 준비를 시작하면서 우리는 동아프리카의 뛰어난 고등교육센터인 우간다 마케레레대학교 산하 수의학 및 동물자원학교를 방문하는 것도 우리의 여행 일정에 포함시켰다. 수의과 학생들을 대상으로 하는 강의는 항상 재미있을 뿐만 아니라, 이번 여행에 더 많은 의미를 부여해줄 것이라고 생각했다.

데이비드와 나는 꼼꼼하게 마케레레대학교 방문 계획을 세웠다. 특히 이 지역 야생동물의학의 아이콘이며 강의 주선자이기도 한 닥터 존 보스코 니제이John Bosco Nizeyi를 만날 수 있어 매우 흥분됐다. 우리는 마지막 학년의 수의학 전공 학생들에게 일련의 강의를 하고, 학생들이 사용할 수 있도록 기증할 장비들을 가지고 실습교육 세션도 진행할 예정이었다.

우리는 예약 장소인 마케레레대학교 게스트하우스에 예정된 시간인 오후 11시에 도착했지만, 잠겨 있는 정문에는 '오후 8시 이후 출입 불가'라는 안내문이 붙어 있었다. 하지만 우리 운전기사가 직원과 연락하여 도와준 덕분에, 마침내 게스트하우스에 무작위로 배정된 아주 작은 방들에 묵을 수 있었다.

다음 날 아침 게스트하우스 직원은 예약 내역도 찾을 수 없고 우리가 여기에 온 목적도 전혀 알지 못했지만, 우리를 넓은 대학 캠퍼스를 가로질러 수의과대학 건물까지 친절하게 안내해주었다. 대학 행정실에서 우리 자신에 대해 소개했지만, 그들도 우리의 훌륭한 계획에 대해서 전혀 전달받은 것이 없는 눈치였다.

우리가 올 것이라는 사실을 그가 기억하고 있었는지는 전혀 확신할 수 없었지만, 우리는 하여튼 전설적인 닥터 니제이를 만나 장시간 즐거운 대화를 나누었으며, 간단히 학교 견학도 했다. 그는 매우 여유 있어 보였고 우리를 진심으로 환영해주었다. 언제든지 정원 손질용 가위를 빌릴 수 있는 옆집 이웃처럼 느껴졌다. 그는 강의 성공을 기원하며 우리를 학생들에게 안내해주었다.

흰 가운을 입은 시무룩한 표정의 교수들이 교실 밖에서 재빨리 소곤소곤 협의를 하더니 우리가 학생들을 만날 수 있도록 길을 터주었다. 당황한 학생들은 눈앞에 펼쳐지는, 두 백인 남자가 강의를 가로채는 광경을 예의 바르게 주시했다. 어리둥절해 말문이 막히기는 그들을 가르치던 교수도 마찬가지였다. 미로와 같은 시청각 장치 연결에 겨우 성공했지만, 우리의 노트북 커넥터와 이곳의 데이터 프로젝터가 전혀 호환되지 않아서 다른 노트북에 프레젠테이션 자료를 복사해야 한다는 사실을 곧 알게 됐다. 그러나 시작은 비록 험난했지만, 학생들과 선생님들은—아프리카인과 북미인 모두—강의를 즐겼고 빠르게 친구가 되고 동료가 됐다.

데이비드와 나는 비록 지구 반대편에 와 있지만, 우간다 수의과 학생들과 함께 있으니 마음이 아주 편안했다. 비행기를 타고 르완다로 돌아갈 준비를 하면서, 우리의 방문이 학생들이 더 나은 수의사가 되는 데 조금이나마 도움이 됐기를 바랐다.

우리들은 닮았다

## 전염병을 공유하는 인간과 고릴라

우간다에서 르완다 무산제에 있는 고릴라 닥터스의 복합시설로 돌아온 후, 우리는 전보다 더 느긋하게 머물면서 고릴라 닥터들의 일상을 목격하고 이해하며, 흥미로운 복합시설 내부도 살펴봤다.

교육강의의 모든 참가자가 주변 국가의 산림 기지로 복귀했기 때문에 복합시설 내부는 전보다 훨씬 더 조용했다. 우리끼리 주변을 돌아보다가 장비가 잘 갖춰진 수술실과 큰 탁상 부착형 현미경이 있는 방을 발견했다. 나중에 공식 견학할 때 닥터 노엘에게 들은 바에 의하면, 그 현미경은 현장에서 확보한 뒤 처리 과정을 거친 조직 생검 샘플을 실시간으로 해석할 수 있는 북미의 동물병리학자에게 전송하도록 설정돼 있다고 한다. 노엘 박사는 미로같이 서로 연결된 방을 지나 또 다른 실험실로 우리를 안내했다. 야생 대형 유인원에게 비침습적인 방법으로 얻은 샘플을 보관하는 곳이었다. 이 샘플들은 일반적으로 현장에서 외과 수술 등을 하기 위해 마취한 동물에게서 얻어지는데, 에이즈HIV/AIDS와 에볼라 바이러스 같은 중대한 질병을 이해하는 데 도움을 줄 뿐 아니라, 최근에 나타난 유행병에도 대비할 수 있도록 한다.

고릴라 닥터스의 전염병에 대한 관심, 특히 사람과 고릴라 사이에 전파될 수 있는 전염병에 대한 관심 수준에 깜짝 놀랐다. 우리가 사람들로 붐비는 마을들을 통과해 여러 산을 오갔으며, 등산로 입구에서 몇 미터 떨어진 집들에 사는 짐꾼들을 만났고, 관광객들이 트레킹에서 고릴라에게 얼마나 가까이 다가갈 수 있는지를 생각하자, 이러한 관심을 충분히 이해할 수 있었다.

나는 숲속에서 고릴라들이 편안하게 서로 교감하는 모습을 관찰하면서, 관광객들을 즐겁게 하는 이 편의성과 습관화에 심각한 위험 역시

따른다는 것을 쉽게 알 수 있었다. 습관화된 고릴라는 인간에 의한 질병 전이에 더 취약하다. 대형 유인원 관광의 인기가 높아지면, 새로운 질병을 비롯한 인간 병원체들이 취약한 야생 고릴라 개체군에 전파될 위험성도 같이 커지기 때문이다. 사람에게 코로나바이러스감염증-19COVID-19를 일으키는 SARS-CoV-2(중증급성호흡기증후군 코로나바이러스 제2형)만 봐도 알 수 있다.

가이드, 추적꾼, 짐꾼, 수의사, 연구원 등 모두가 고릴라와 가까이 있고 접촉할 기회가 많기 때문에 잠재적인 질병 전파의 원천이다. 하지만 관광객은 특히 위험도가 더 높은데, 여행 스트레스와 피로, 식단 변화, 기후 등으로 인해 질병에 걸리기 쉽기 때문이다. 관광객은 흔히 고아원이나 마을 또는 학교 같은 여러 장소를 연속적으로 빠르게 방문하고, 가축과도 접촉하며, 자신도 모르는 사이에 신종 질병 병원체에 노출된다. 현대 관광산업의 발달로 관광객은 집을 떠나 72시간 내로 야생 마운틴고릴라와 첫 만남을 경험할 수 있다. 부주의에 의한 전파는 대규모 손실을 감당할 수 없을 정도로 개체 수가 아주 작은 집단에게는 치명적인 결과를 초래할 수 있다.

그러나 고릴라에게 물리적으로 접근하는 사람들에 의해서만 모든 접촉이 이루어지는 것은 아니다. 지역 주민들이 고릴라와 같은 식수원을 쓰거나 고릴라가 다니는 숲길을 이용하면서 발생할 수도 있다. 열악한 위생, 양질의 의료를 받을 기회의 상대적 부족, 너무 많은 사람이 고릴라들에게 너무 가까이 사는 환경 때문에 질병에 취약한 고릴라에게 전염병이 쉽게 옮겨질 수 있다.

이와 같은 위협은 실제 상황이다. 고릴라 닥터스는 인간으로부터 고릴라로 전파되는, 입증된 혹은 의심되는 질병의 발생에 대처해왔다. 호흡기 질환, 인간단순포진바이러스human herpes simplex virus, 홍역 유사 질환,

옴, 위장관 기생충 및 대장균, 살모넬라균, 이질균과 같은 박테리아 등이 보고된 바 있다. 이와 같은 질병들이 마운틴고릴라 개체 혹은 각 무리 전체에 영향을 주고 있다.

## 사람도 돌보는 고릴라 닥터스

고릴라 닥터스가 재앙과 같은 결과를 낳을 수 있는 인간 질병으로부터 고릴라를 보호하는 더 효과적인 방법 중 하나는 '직원건강프로그램'이다. 고릴라와 가까운 곳에서 일하는 사람들의 건강을 평가하고 개선하는 이 프로그램의 혜택이 추적꾼, 가이드, 짐꾼, 수의사와 그들의 가족들까지 모두에게 제공되고 있다.

직원건강프로그램 관리자인 장 폴 루쿠사Jean Paul Lukusa는 항상 마을 건강센터에 상주하며, 지속적으로 건강교육과 위생교육을 실시하고 있다. 우리는 지역 마을 보건소 방문에 그와 동행할 수 있도록 초대받았고, 여간호사들은 항상 환한 미소로 그를 반겨주었다.

장 폴은 우리와 함께 회진을 돌며, 의사가 매년 직원들에게 어떻게 건강진단 서비스를 제공하는지를 자랑스럽게 설명했다. 기본 혈액 및 소변 검사와 대변 기생충 검사를 통해 직원의 기대수명과 삶의 질에 영향을 미칠 수 있는 기저 또는 만성 질환 여부를 확인한다. 흉부 엑스레이 및 혈액검사를 포함한 진단검사로는 결핵, 말라리아, HIV/AIDS, 간염 같은 특정 전염병에 감염됐는지 확인한다. 대형 유인원에게 전염될 수 있는 질병에 대한 백신 접종과 증명을 제공하기도 한다. 3개월마다 직원과 가족들에게 구충제를 투여하며, 추가 치료가 필요한 직원들은 다른 병원에 보내기도 한다.

방문이 끝날 무렵, 이 모든 일이 고릴라 닥터스에게 과중한 업무 부담을 지우고 있다는 것이 너무나 명백해졌다. 마지막 날 오후, 데이비드와 나는 식당과 게스트 숙소 앞의 편안한 고리버들 의자에 앉아 있는 동안, 그날 당직 수의사들이 해야 할 끝이 보이지 않는 업무 목록이 적힌 커다란 야외용 칠판을 쳐다보지 않으려고 애썼다. 죄책감은 장소를 가리지 않는다.


## 우리가 집으로 가지고 온 것들

아프리카와 관련된 모든 것에 새로이 자신감을 가지게 된 우리는 기념품을 살 현금을 인출하고자 우리끼리 복합시설을 나섰다. 듣기로 최고의 아프리카 가면은 콩고산이라고들 했다. 내 쇼핑 목록에는 두 아들—한 명은 의대생이고, 다른 한 명은 정신과 레지던트다—을 위한 '치료 주술사medicine man' 가면이 포함돼 있었다. 콩고민주공화국에서 르완다 국경을 넘어온 한 판매인과 연락이 닿았다.

르완다의 기세니와 콩고의 고마 사이에 있는 국경 주차장에서 은밀한 만남이 이루어졌다. 두 명의 운전기사와 한 명의 통역사 그리고 불안해 보이는 두 외국인이 판매상의 차 트렁크에서 몇 점의 가면을 구입하기 위해 협상을 벌였다. 나무로 만든 화려하고 과장된 두 가면은 위협적으로 보이도록 조각된 얼굴과 약간 타는 냄새가 나면서 천연 탈색된 듯한 길고 낡은 머리털이 특징적이었다. 그 가면들은 확실히 동아프리카

**앞 페이지:** 르완다 화산국립공원에 사는 아마호로 무리의 어미와 새끼 마운틴고릴라.

**옆 페이지:** 어미 고릴라의 감시 아래 새끼 고릴라는 약 3미터를 걷다가 멈춰 서서 정면의 커다란 양치류 식물의 길게 갈라진 잎사귀를 유심히 바라보다가 자신 있게 그 잎사귀를 잡아당겼다.

전통의학을 존중하는 것이었지만, 북미에 사는 배우자와 어머니들은 꺼리고, 어린아이들은 무서워하고, 정신과의사 진료실에 걸어놓기에는 위험하다는 단점이 있었다.

우리의 르완다인 중개상은 결국 데이비드에게 진품 르완다 전통의식용 파이프를 판매했다. 아주 싸게 샀다. 한 직원의 남편이 수집하는 파이프 컬렉션에 추가하기에 완벽했다.

위: 르완다 화산국립공원에 사는 파블로 무리에 속한 아성체 수컷 블랙백 마운틴고릴라. 두 번째 트레킹 때, 아내 다이앤이 이 블랙백의 사진을 찍고 있었는데, 갑자기 그녀에게 돌진해왔다. 그가 틀림없이 허세를 부리고 있다고 확신한 나는 그 모습을 사진에 담았다 (좋은 평을 듣기는 힘든 결정이다). 고릴라가 돌진하는 행동은 흔하지 않으며, 커다란 소음을 내거나, 관광객이 우두머리 수컷과 계속 눈을 맞추려고 하거나, 조심성 없는 관광객이 고릴라 무리에 속한 다른 고릴라의 길을 가로막는 경우에 일어날 수 있다.

우리들은 닮았다

우리 둘 다 이것은 틀림없는 진품이라고 평했다. 심지어 그 파이프는 전에 실제로 사용이 됐던 것처럼 보였다. 키갈리공항에서 집으로 돌아가는 장거리 비행기 탑

위: 르완다 화산국립공원에 사는 수컷 실버백 마운틴고릴라. 털이 은색으로 바뀌는 것은 수컷에게만 일어난다. 약 11살부터 약 16살까지 정수리의 정중선을 따라 등까지 은색 털이 난다.

승을 준비할 때, 그 파이프가 압수되지는 않았지만 마약탐지견은 상당한 관심을 보였다.

KLM 항공 에어버스 A330-300의 착륙기어가 거대한 항공기 안으로 접히고, 저 아래 보이던 키갈리공항이 점점 멀어졌다. 우리는 데이비

**위:** 르완다 화산국립공원에 사는 어미와 새끼 마운틴고릴라.

우리들은 닮았다

드의 소중한 파이프에 결국 관심을 끊어야 했던 공항 군견에 대한 감사의 뜻으로 앞으로 개를 치료할 때 특히 친절하게 대하기로 마음먹었다. 우리는 항공사 기내 수하물 표준 반입 한도를 훨씬 초과한 터무니없는 양의 책과 가면, 전자 장비를 성공적으로 실을 수 있어서 너무나 기뻤다. 우리는 집으로 돌아가는 32시간의 여정 중 첫 비행을 위해 자리에 앉자마자, 아프리카에서 눈으로 보고 몸으로 체험한 모든 것을 정리하기 시작했다.

수의사로서 우리는 이번에 새롭게 알게 된 친구들이 일하고 있는 환경이 얼마나 힘든지 알고서 깜짝 놀랐다. 그런데도 그들은 어떻게 전문성과 긍정적 사고, 배움에 대한 의지를 유지할 수 있었을까? 우리는 지난 2주 동안 불평이나 부정적인 의견을 단 한 번도 들어본 적이 없었다. 자주 육체적 고생을 무릅쓰고 심각한 개인적 위험마저 감수하며 이처럼 중요한 일을 하고 있는 아프리카 동료들을 예전에는 왜 몰랐을까?

데이비드와 나는 이번 수의학 여정에 대해 다음과 같은 세 가지 일치된 결론을 내렸다. 첫째, 마운틴고릴라들이 다양한 안과 질환을 가지고 있지는 않은 것 같았다. 이것은 두 명의 수의안과 전문의가 인정하는 엄연한 사실이다. 둘째, 지식의 전수와 관련해서 우리는 제공한 것보다 훨씬 더 많은 것을 받았다고 느꼈다. 마지막으로, 우리는 안과 질환에 대한 내과 및 외과 치료법에 대한 추가 교육을 넘어서, 우리의 새 친구들을 도울 다른 방법을 찾아보기로 했다.

우리는 또한 마운틴고릴라의 생존에 대한 매우 실질적인 위협에 대한 내용도 서로 비교해보았다. 그들이 실제로 완전히 사라질 수 있을까? 우리는 고릴라 닥터스가 수행한 건강검진 및 현장 개입에 대해 이해한 내용들도 모아서 정리했다. 세상의 나머지 사람들이 위험의 실체를 너무나 느리게 깨닫는 사이, 닥터 제임스 포스터가 시작하고 마이크와 나머지 고릴라 닥터스가 확장시킨 수의사 프로그램이 위험에 처한 고릴라들을 구해낼 수 있을까?


## 돌아왔지만 전과는 같지 않은

몇 주가 지난 후에도 내 머릿속은 여전히 동아프리카에 대한 생각으로 가득했다. 여행은 끝났고 이제 지구 반대편으로 돌아왔지만, 우리가 알게 된 문제들이 여전히 눈앞에 있었다. 내 마음의 일부는 결코 그것들을 떠나지 못했다.

나는 일상생활을 포함한 내 주변의 삶과 상황을 매우 다른 시각으로 보기 시작했다. 판촉물, 최신 의료 장비와 의약품과 수술용품에 대한 광고 또는 광범위한 교육 기회 안내들은 모두 퇴폐적인 것처럼 보였다. 우리가 아프리카에서 목격한 불평등을 확대시킬 뿐이었다. 세차를 자주 하지는 않는 편이지만, 세차를 하고 나면 수십 리터의 물이 차도를 따라 흐르는 것을 보는 것이 예전보다 더 마음이 불편했다. 아프리카의 마을 사람들, 주로 여성과 아이들이 길가를 따라 몇 킬로미터 떨어진 곳으로부터 큰 물통을 나르던 모습이 떠올랐다.

나도 모르는 힘에 의해 내 마음속 신경들이 새롭게 연결되고 있었다. 경력이 정점에 달한, 겉보기에 성공하고 분명히 특권을 누리고 있는 전문의의 마음은 불안으로 가득했다. 모든 동물을 위해 최선을 다한다는 내 가장 중요한 욕구에 비추어볼 때 수의학 분야에서 현재 내가 하고 있는 공헌의 진정한 가치를 생각하노라면 때때로 마음이 편치 않았다.

나는 수의학적 치료를 하기 위한 지식과 기술을 준비하거나 습득하는 데 한시도 게을리하지 않았다. 고등학생 때 나는 수의대 요람들을 주문하고는 샅샅이 뒤져 그곳에서 제공하는 학위과정에 대한 세부 사항들을 읽고 어느 것을 택할지 상상하곤 했다. 수의대 학비를 마련하기 위해 여름철에도 일을 했다. 자원봉사 활동도 동물—농장이나 애완동물—을 중심으로 했다. 치열하게 경쟁해야 하는 입학 과정은 학업 성취도를 높이는 촉매가 됐다. 각종 파티도 다음으로 미룰 수 있었다. 입학 제안을 받았을 때의 그 압도적인 흥분과 세계 10대 수의대에 속하는 모교의 신성한 강당에서 한껏 뽐내며 걷던 입학 첫날이 눈에 선하다. 급우들이 나를 학과 대표—교수진과 시험 일정을 협의하고 사교 행사들을 조직하는 책임을 맡게 되었다—로 선출하며 보내준 신뢰는 꿈만 같았다.

하지만 당혹스럽게도, 지금 수의사로서 나의 진정한 영향력에 의문을 가지게 됐고, 더 많은 일을 해야 한다고 느꼈다. 항상 내가 쌓은 경력들로 많은 보상을 받아왔다. 나는 사회생활을 도시의 작은 동물병원에서 시작했다. 새로 입양돼 주인 가족의 환영을 받은 후 첫 검진과 예방접종을 위해 동물병원에 온 새끼 시절부터 시작해 전체 수명 동안 애완동물들을 돌보며 사람들에게 봉사하는 특권을 누렸다. 때로는 호기심 많은 늙은 강아지와 어린 고양이가 먹지도 않고 아프기라도 하면, 고양이의 소장에서 끈 같은 것을 제거해주기도 하고, 분별없는 테리어의 내장에서 젖병 젖꼭지를 제거하기도 했다. 나무를 향해 다리를 들거나 애완동물 변기에 쪼그리고 앉아 소변을 못 보고 끙끙거리고만 있을 때, 염증이 난 작은 방광에서 통증을 유발하는 뾰족한 돌을 제거해주기도 했다. 동물들의 치아 문제, 피부 발진, 행동 문제를 치료하는 것이 나의 하루 일과였다. 무슨 일이 벌어지고 있고 그 문제를 해결하기 위해 무엇을 해야 하는지를 아는 것이 최고인 강장제보다 더 나았다. 불가피한 죽음의 위기가 찾아왔을 때에도, 애완동물과 주인 모두를 편안하게 만들어주고, 다음 단계로 나아가도록 그들의 곁을 지켜주기도 했다.

목적의식과 만족감이 내가 그전까지 살면서 경험해왔던 것과는 전혀 달랐다. 병들고 다친 동물들의 건강을 회복시킬 수 있는 능력과 생명을 구할 기회조차 내게 주어졌다.

파트너십이 변경돼 고등 임상훈련 및 안과 대학원 학위과정을 밟을 수 있는 인센티브가 제공됐다. 이후 학교에서 자리를 얻어, 10년 전에 나를 가르쳤던 분들 옆에서 학생들을 가르칠 수 있는 기회도 얻었다. 나는 다음 세대 수의사 교육에서 작은 역할을 해오고 있으며, 지금까지도 많은 수의사들과 계속 교류하고 있다. 내게 주어진 레지던트와 대학원생을 양성해야 하는 임무는 하나의 도전과도 같았지만, 한편으로는 나를 성장하게 만들었다. 나는 애완동물과 일부 야생동물의 눈을 내과 및 외과적으로 치료할 수 있는 개인 위탁 진료소를 설립했다. 내가 받은 전문 훈련을 통해 전 세계의 훌륭한 수의사들과 내 경험을 공유할 기회도 얻었다.

그런데 갑자기 뭔가 빠진 것 같았다.

옆 페이지: 우간다 브윈디천연국립공원에 사는 은쿠링고 무리의 수컷 실버백 마운틴고릴라.

우리들은 닮았다

# 4

# 팬트후트와
# 소름 끼치는 비명 소리

### 침팬지, 우간다와 콩고공화국

아프리카 여행을 마치고 집으로 돌아온 직후, 불특정 다수에게 보내진 이메일들을 정리하다가 삭제 버튼을 누르려는 순간 메일 한 통이 눈에 띄었다. 유명한 침팬지 전문가이자 환경운동가인 제인 구달 박사가 토론토에서 강연을 하고 있으며, 티켓도 아직 판매 중이라는 내용이었다. 나는 고민하지 않고 티켓 여러 장을 구입했다. 강연 당일 병원 직원들과 가족들과 함께 나는 여느 때와는 다른 아주 특별한 저녁 시간을 보냈다. 영감을 주는 그녀의 강연 내용 중에 쉽게 표현된 문구들을 상기하기 위해 행사 차례표 중간중간 여백에 메모했다. 제인 구달 박사는 인류의 실수로 인해 자연계가 변했고 더 이상 이전 상태로 되돌릴 수 없을지도 모르

**옆 페이지:** 우간다 키발레국립공원에 사는 성체 수컷 침팬지. 사춘기 수컷 침팬지를 따라다니며 사진을 찍다가, 갑자기 내가 관찰당하는 듯한 섬뜩한 느낌을 받았다. 나는 어깨너머로 우리의 모든 움직임을 지켜보고 있는 우두머리 수컷 침팬지를 발견했다.

지만, 우리가 희망을 가질 수 있는 이유들이 있다는 긍정의 메시지를 전달했다. 그녀는 유인원과 사람 그리고 환경이 어우러진 미래의 웰빙에 대한 희망을 가질 수 있는 근거로 자연의 회복력, 인간이 가진 불굴의 정신, 젊은 세대의 노력, 소셜미디어 등을 언급했다. 그녀는 우리가 하는 일상의 작은 일들이 차이를 만들어낼 것이라고 강조했다.

제인 구달 박사의 강연을 경청했던 1000명 이상의 청중들은 이번 강연을 통해 평생에 한 번 있을까 말까 한 영감을 얻었다. 그리고 참석자 가운데 한 명이었던 나는 자신도 모르는 사이에 보호활동 분야의 변방에서 중심으로 빠져들고 있었다. 밤늦게까지 장시간 운전을 하고 집으로 돌아왔는데 밤새 잠을 이루지 못했다. 다음 날 눈을 뜨면서 데이비드와 내가 소개받았던 보호 노력이 지속될 수 있도록 직접 참여하고, 내가 가진 기술과 인맥도 활용해보기로 마음먹었다. 호기심은 이제 실천으로 바뀌었다.

나는 복잡한 보호활동에 대해 더 많은 것을 배워야 했지만, 이미 가정에서부터 보호활동에 대한 인식을 높이고 업계에 있는 동료들을 지원함으로써 나도 도움을 줄 수 있다는 사실을 이해하고 있었다. 나는 항상 사람들에게 내재된 선의를 믿어왔고, 그들이 이와 같은 문제를 이해하기만 한다면 도움을 주기 위해 손을 내밀 것이라고 합리화해왔다. 이와 같은 나의 생각이 옳다는 것을 입증할 연결고리를 찾고 싶었다.

한 가정의 남편으로서, 정신과의사와 안과의사, 가정의와 물리치료사의 아버지로서, 두 명의 가정의와 한 명의 치과의사의 시아버지 혹은 예비 시아버지로서─그리고 홀로 외로운 컴퓨터 과학자의 장인으로서─나는 보호활동의 세계에 진지하게 첫발을 내디딘다는 의미가 사람과 동물의 건강과 웰빙을 돌보는 일이라는 것을 잘 알고 있었다. 이후 몇 개월 동안 나는 내 전화를 기꺼이 받아줄 살아 숨쉬는 전문가들에게 자문을 받았다. 그 결과 의미 있고 지속 가능한 지원을 위해서는 자선 형태의 비영리 등록법인의 설립이 필요하다는 결론을 내렸다. 다양한 재능을 가진 전문가들로 이사회를 꾸린다면, 활동 범위도 확장할 수 있고 서로 더 많은 것을 배울 수도 있을 것이라고 생각했다. 해야 할 일이 많았다

## 닥스포그레이트에이프스를 만들다

우리가 원하는 신생 동물보호단체의 기본적인 틀은 우리가 아프리카에서 돌아온 지 7개월 후, 오리건주 포틀랜드에서 열린 대규모 수의학 학회 중간의 점심시간에 만들어졌다. 동아프리카를 함께 여행했던 데이비드 랜지와 나는 맥주를 마시며, '닥스포그레이트에이프스'라는 이름을 도출했다. 우리의 비전은 대형 유인원 개체군의 건강과 그들을 둘러싸고 있는 지역 공동체 그리고 우리 모두가 공유하는 생태계에 관심과 열정을 가진 세계적 공동체를 만드는 것이었다. 우리는 심각한 멸종위기에 처한 종들과 그들의 서식지가 직면한 문제들에 대한 인식을 높이고자 했다. 우리는 동물과 사람에 대한 의료 역량을 키울 의료교육 제공을 목표로 사람, 아이디어, 자원을 서로 연결시키기 위해 최선을 다하기로 했다.

우리가 한 첫 번째 공식적인 결정은 오후 강의를 건너뛰는 것이었다. 자세히는 기억나지 않지만, 분명한 것은 맥주를 맛있게 마셨다는 점, 신용카드 영수증으로 보건대 점심 식사는 내가 샀다는 것이다.

그 후 몇 개월 동안 새롭게 구성된 닥스포그레이트에이프스 이사회—간호학, 약학, 산업계, 수의학 분야 및 국제적십자사 등에서 경험을 쌓은 열정적이고 유능한 분들로 구성됐으며, 내가 회장을 맡았다—는 제인구달협회와 연락하는 것을 포함해 주요 대중 인식 제고 프로그램을

시작한다는 계획을 세웠다.

제인구달협회의 최종 반응은 매우 놀라웠다. 다가오는 캐나다 강연 일정 중간에 온타리오주 런던을 방문해 달라는 우리의 초대를 제인 구달 박사가 수락했던 것이다. 나중에 캐나다 제인구달협회의 담당자는 우리의 로비 활동을 "전례 없는 일"이라고 표현했다.

나는 수호천사와 같은 한 친구의 도움으로, 웨스턴대학교 캠퍼스에 가장 큰 행사 장소를 확보했다. 그때부터 부족한 시간과 경험에도 불구하고, 동문회, 마케팅, 무대 가구, 주차, 보안, 소셜미디어 등에 몰두했다. 웨스턴대학교와 캐나다 제인구달협회 소속 담당자들로 구성된 유능하고 친절한 지원팀이 나를 인도해주었다. 이사회와 자원봉사자들의 도움을 받아 모두가 성공적인 행사를 위해 최선을 다했다.

결국 표는 매진됐으며, 구달 박사는 2100명이 넘는 학생과 교수진, 지역사회 구성원들로 이루어진 청중들에게 희망의 메시지를 전달했다. 구달 박사는 강의에 매료된 마지막 청중이 동문회관을 떠날 때까지 사인을 해주기 위해 현장에 남아 있었다.


## 침팬지 보호구역에서의 삶

제인 구달 박사와 함께한 그날 저녁 강연의 성공으로 닥스포그레이트에 이프스도 성공적으로 문을 열게 되었고, 캐나다 제인구달협회 경영진 및 직원들과 새로운 관계를 구축하게 되었다. 이후 토론토에서 열린 후속 만남에서 제인 구달 박사가 운영하는 콩고공화국(콩고-브라자빌)에 있는 침팬지 보호구역을 방문하는 후원 성격의 여행 프로그램에 대해 알게 됐고, 최근 두 차례 취소됐다는 사실도 알게 됐다.

신규 자선단체인 우리 닥스포그레이트에이프스보다 규모가 훨씬 더 크지만 유사한 관심을 가지고 있는 상징적인 야생동물보호단체인 제인구달협회의 프로그램과 구조에 대해서 더 많이 배울 수 있을 것이라는 기대를 가지고 그 여행에 참여하기로 결정했다. 나는 야생동물보호 측면에서 보호구역의 역할에 대한 통찰력이나 이해가 부족했으며, 제인구달협회 소속 수의사들의 역할에 대해 알고 있는 것이 아무것도 없었다. 나는 닥스포그레이트에이프스가 함께할 수 있는 방안에 대해 알아보고 싶었다. 또한 아내인 다이앤과 함께 침팬지도 보고 사진도 찍고 싶었다.

얼마 후 다이앤과 나는 출발 전 필수 점검사항들을 작성하느라 바빴다. 방문 비자 취득에 필요한 중요 서류인 초청장Lettre d'invitation이 콩고공화국으로부터 도착했다. 초청장에는 8개가 넘는 공식 도장이 찍혀 있었다. 그 가운데 쿠일루 지역의 감시국장과 경찰서장 알폰소 대령의 도장이 가장 화려했다.

결핵 검사와 소아질환 백신 재접종을 받기 위해 보건소를 급하게 방문했다. 이와 같은 문서 작업은 적어도 50년 동안은 내게 없었던 일이었다. 우리는 날인된 면제 서류와 개인 정보 양식, 비자 그리고 새로 갱신된 백신 체크리스트를 가지고 콩고공화국의 푸앵트누아르행 에어프랑스 항공편에 탑승했다.

침풍가 자연보호구역은 울창한 열대우림과 사바나의 해안평야에 위치하고 있어 약 1000마리의 아프리카 둥근귀코끼리와 2000마리의 서부저지대고릴라, 8000마리의 중부침팬지의 이상적인 서식지가 됐다. 1992년 제인구달협회는 이곳 자연보호구역의 일부에 침풍가침팬지재활센터를 설립했다. 이 센터는 아프리카에서 가장 큰 보호소로 150마리 이상의 중부침팬지를 수용해 돌보고 있다. 대부분 불법 애완동물 거래를 통해 내다 팔려는 밀렵꾼들로부터 콩고 당국이 압수한 침팬지들이다.

## 콩고공화국의 침풍가 자연보호구역

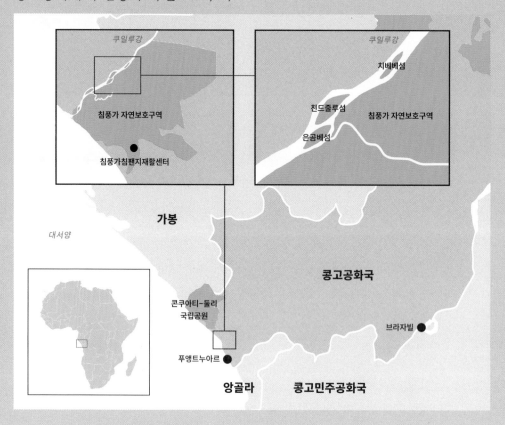

서아프리카 지역은 마운틴고릴라를 탐방한 동아프리카와는 확연히 달랐다. 출국하기 전에 콩고공화국의 문화에 대해 조사한 결과, 그들이 얼마나 야생동물고기에 의존하고 있는지 알고 놀랐다. 서아프리카와 중앙아프리카 지역의 육식 문화권에서는 열대우림에서 사냥한 야생 포유류, 양서류, 파충류, 조류 등 야생동물고기가 식이 단백질의 주요 공급원이다. 지역 주민들이 자신들이 먹기 위해 사냥하는 야생동물고기는 큰

우리들은 닮았다

문제가 되지 않는다. 하지만 콩고의 인구 절반 이상이 거주하고 있는 푸앵트누아르와 브라자빌 같은 남부 대도시의 인근 시장에 공급하기 위해 상업적으로 야생동물고기를 거래하는 행위는 침팬지를 포함한 많은 야생동물의 생존에 위협을 가하는 중요한 요소다

대형 유인원 고기의 미신적이거나 의학적인 효과에 초점을 맞춘 현지 전통도 이들의 생존에 영향을 미친다. 예를 들어, 콩고 북부지역 소수 부족들은 젊은 남성을 위한 할례 의식의 일환으로 고릴라 고기를 먹는다. 어떤 지역에서는 아기들의 힘과 건강을 증진시키기 위해 침팬지와 고릴라의 뼈와 머리카락을 가루로 만들어 목욕물에 섞어서 사용하기도 한다. 하지만 또 다른 지역에서는 대형 유인원 고기를 먹는 것을 금기시하며, 침팬지가 사람의 환생이라고 믿는다.

나는 집중적이고 반복적인 벌목으로 인해 산림 생태계가 교란되고, 침팬지들의 서식지가 황폐화된다는 사실을 알게 됐다. 침팬지는 특정한 나무열매를 먹고 잠자리를 만들 때도 특정 나무를 이용한다. 벌목용 도로가 만들어지면 건조한 바람과 햇빛에 의해 숲에 산불 발생 가능성이 높아지며, 야생동물고기 사냥꾼들이 접근할 수 있는 기회도 증가하게 된다. 숲에 사는 다른 동물들을 쫓아다니는 평범한 사냥꾼들조차도 침팬지나 고릴라를 발견하면, 높은 고기 가격을 생각하고 사냥에 나설 수도 있다. 잠시 전화 한 통만 하면 대기 중인 택시를 타고 조용히 숲을 빠져나올 수도 있다.

석유 추출과 지표 광물 채굴 때문에 지역 생태계가 황폐화되기도 한다. 그 결과, 이전에는 접근할 수 없었던 숲이 개방된다. 야생동물고기는 이러한 상업 활동에 참여하는 수많은 노동자를 위한 편리한 식품 공급원이 되기도 한다. 그리고 그런 노동자 중에는 대형 유인원 고기를 먹는 것을 금기시하지 않는 문화권 출신도 포함돼 있다.

땅이 부족한 농부들 또한 이전에 울창했던 숲에 대한 접근이 개선된 점을 이용한다. 농부들이 숲으로 들어오게 되면, 필연적으로 숲은 더 많이 파편화되고, 농장과 마을이 군데군데 들어서면서 취약한 침팬지들에게 질병도 옮기게 된다.

피곤하고 잠이 부족했던 아내와 나는 마음 푹 놓고 토요타 랜드크루저에 타고서 콩고공화국 남서부 모퉁이에 있는 푸앵트누아르에서 북쪽으로 약 50킬로미터 떨어진 침풍가로 이동했다. 좋게 보자면 참 도전적인 도로라고 할 수도 있겠지만, 곧 어두워질 것이기 때문에 여행의 안전이 우려되는 상황이었다. 수풀로 우거진 사바나를 가로질러 달리는 동안 우리 차량은 수없이 비틀대고 흔들거렸지만, 마지막 언덕은 아주 쉽게 올라 마침내 보호소 입구에 도착했다. 우리는 보호소 본관에 있는 방을 배정받은 뒤, 첫 연회를 위해 식당 맞은편에 서 있는 웅장한 나무 그늘 아래 커다란 직사각형 나무 테이블로 안내됐다.

이 침팬지 보호소는 울창한 숲 부분만 제외하면 풀이 무성하고 끝없이 펼쳐진 사바나의 멋진 전망을 가지고 있으며, 크게 솟아오른 고원 위에 자리하고 있다. 신중하게 선별된 무리에 속한 성체 침팬지들은 보호소 주변에 인접한 숲 지역과 경계를 이루며 잘 관리되는 큰 야외 울타리 안에서 하루 중 대부분의 시간을 보낸다. 침팬지들은 식사 시간에 관리인caretaker이 접근하는 모습을 보면 울타리가 쳐진 미로 통로를 통과해 우르르 몰려든다. 이 통로는 티끌 하나 없이 청결한 급식소와 그물침대가 완비된 수면공간으로 연결된다.

어린 침팬지들도 야외로 나갈 때나 야간에 숙소에서 안전하게 잠을 잘 때 함께 무리지어 관리된다. 우리가 걸어서 큰 야외 울타리를 따라 지나갈 때, 고아가 된 어리고 장난기 많은 침팬지 무리(그룹 4)가 손에 쥘 수 있는 흙이나 돌 등을 우리 쪽으로 던지기 좋은 자리를 서로 차지하고

자 팬트후트* 소리를 내며 요란하게 경쟁을 벌였다.

학교 운동장에서 노는 아이들처럼 침팬지들도 무리를 지어 놀았다. 내가 제일 앞쪽에 있는 유년기 침팬지들에게 집중하는 동안, 다이앤은 자신도 그 침팬지들과 함께 놀면 좋겠다고 말했다. 그녀를 꼭 안아줄 수 있는 조용하고 사랑스러운 침팬지들과만이라도……. 저 큼직한 귀 좀 봐! 일부 침팬지들의 유쾌한 익살과 새끼 침팬지의 사랑스러운 모습을 볼 수 있었다. 하지만 이 어린 고아 침팬지들이 이전에 어떤 충격적인 일들을 겪고 살아남아 여기까지 왔을지를 생각하면 너무나 슬펐다.

열매와 채소로 채워진 커다란 천 자루들이 음식을 준비하고 배분하는 건물 벽에 가지런히 기대어 놓여 있었다. 준비와 계량, 분류가 끝난 음식들은 푸른색 손수레들에 실려 급식소로 운송되었다. 우리는 가장 보기 드문 침팬지의 행렬 모습을 보기 위해서 손수레들 사이로 비집고 들어갔다. 울타리 밖으로 출입하는 것은 어린 고아 침팬지들에게는 엄격하게 제한돼 있으며, 출입시는 관리인과 함께 손을 잡고 가야 했다. 그들은 인접한 숲으로 이동하면서 우리 바로 앞쪽으로 지나갔다. 숲에서는 관리인의 감시 아래 한 나무에서 다른 나무로 스윙하며 놀았다.

침풍가에는 관리인, 수의사팀, 행정직원, 국립공원관리원, 물류팀, 유지관리직원 및 교육팀을 포함해 대부분 현지 출신의 135명이나 되는 많은 직원이 일하고 있다. 우리는 보호구역에서 밀렵을 방지하고 수용돼 있는 침팬지를 보호하기 위해 고용된 생태감시원ecoguard도 종종 만날 수 있었다.

장비가 잘 갖춰진 현장 진료소에서는 침팬지들에게 재활치료 및 일

---

◆　　pant-hoot. 침팬지들이 처음 만나거나 멀리 떨어져 있을 때 서로의 존재를 알리는 소리로, 흥분했을 때에도 낸다.

상적인 의료 서비스를 제공한다. 최근 압수된 침팬지들 중에는 가끔 쇠사슬이나 다른 구속장치에 부상을 입고, 탈수 증세와 영양실조 같은 고통 속에 보호소로 오는 경우도 있다고 한다. 모든 침팬지는 특히 다른 무리로 재배치될 때는 정기적으로 감염성 질병과 기생충 검사를 받아야 한다.

관리사무실은 콩고 전역에 세워진 70개가 넘는 광고판과 TV, 라디오, 학교 프로그램, 지역 법 집행기관과 정부 관리들과의 의사소통 등을 포함한 지역 인식 제고 캠페인 때문에 매우 분주했다.


## 침팬지를 위한 중간 집

침풍가에서 침팬지 재활이 끝나면, 다음 단계를 위해 보호소를 떠나야 한다. 자연보호구역의 일부로 좀 더 야생적인 환경의 산림이 우거진 3개의 섬, 은곰베, 친드줄루, 치베베 중 한 곳으로 침팬지를 재배치시킨다. 3개의 섬에는 현재 94마리의 침팬지가 준감시상태에서 살고 있다.

침팬지는 복잡한 동물이다. 이 '재배치된' 개체군 중 많은 침팬지가 과거에 겪은 공포 때문에 심리적인 상처를 입은 상태였다. 새로운 섬에 살 준비가 된 적응력을 갖춘 침팬지들이 하나의 공동체를 만들기 위해서는 수년에 걸친 신중한 선택이 필요하다.

각 섬에는 침팬지들을 위한 울타리와 숙소, 여러 개의 생태감시원 관찰초소, 관련 직원들이 섬으로 들어갈 수 있는 접근지점 등이 마련돼 있다. 침팬지는 수영을 하지 않으므로 주변에 있는 강은 자연적인 경계가 될 뿐만 아니라, 밀렵꾼이나 야생 침팬지 개체군, 인간 유래 질병으로부터 침팬지를 보호하는 장벽 역할을 한다. 앞서 언급한 3개의 섬은 침

우리들은 닮았다

팬지들을 야생으로 방사시키기 전에 적응력을 키우는 예비장소로, 좀 더 자연 친화적인 임시보호소 역할을 한다. 침팬지들을 야생으로 되돌려 보낼 수 있는 최적의 장소를 찾기 위해 집중적인 생물학적 조사연구 프로젝트들이 곧 완료될 예정이다.

다이앤과 나는 섬을 방문해 재배치된 침팬지를 관찰하고 싶었던 터라 섬으로 초대를 받자 즉각 수락했다. 새벽에 우리는 대서양 연안과 쿠일루강 입구까지 울퉁불퉁한 길을 따라 이동하기 위해 랜드크루저에 몸을 실었다. 우리는 울창한 숲을 벗어나 풀이 무성한 여러 언덕을 넘어, 끝없이 펼쳐진 자연 그대로의 오염되지 않은 모래사장에 도착했다. 일부 안개가 낀 상태에도 불구하고, 매끄러운 겨자색 모래 위로 거친 파도가 부서지는 모습이 보이고 소리도 들렸다. 현실 세계를 떠난 듯한 한적한 해변에서 우리 일행은 제인구달협회 직원들과 함께 완벽한 자리에 위치한, 잘 닳은 유목流木 통나무 위에 앉아서 보온병에 담긴 뜨거운 커피와 머핀을 즐겼다.

몇 분 후 우리는 작은 알루미늄 보트에 편안하게 앉아 힘들이지 않고 쿠일루강 상류로 이동하며, 강둑을 따라 형성된 공터에 있는 작은 어촌 마을들을 지나쳐 갔다. 초가지붕이나 강철지붕을 인 도색되지 않은 목조 주택들이 햇볕에 말리고 있는 밝은 색상의 옷들과 대조를 이뤘다. 여기저기서 아이들이 놀고 있었다. 물가에 빽빽하게 자란 맹그로브 덤불과 비틀린 뿌리에 의해 강물과 경계를 이루고 있는 울창한 열대우림은 통나무를 깎아 만든 작은 나무 카누인 마상이pirogue를 탄 어부들에게 쉼터를 제공했다.

친드줄루섬에 도착해 닻을 내리고, 우리 배에 실려 있던 신선한 과일과 야채가 해안의 침팬지들에게 분배되는 것을 우리는 흥미롭게 지켜보았다. 보호구역 직원들은 먼저 신중하게 우두머리 수컷에게 먹이를 주

**위:** 콩고공화국 침풍가 자연보호구역의 친드줄루섬에 사는 성체 암컷 침팬지 '운다.' 그녀는 압수됐다가 재활을 받은 침팬지로서, 이 섬을 새로운 서식지로 삼아 방사될 때 처음 만난 제인 구달을 안아준 것으로 유명하며, 록스타에 버금가는 인기를 누리고 있다.

**옆 페이지:** 콩고공화국 침풍가 자연보호구역의 친드줄루섬에 사는, 이전에 압수됐다가 재활을 받은 성체 침팬지. 재배치된 침팬지는 보호구역 직원이 일부 먹이를 제공하며, 섬에서 자유롭게 먹이를 찾아다닐 수 있다.

우리들은 닮았다

었다. 가지, 카사바, 수박, 질경이, 오이, 고구마, 잭프루트 등 침팬지들의 하루치 식량이 준비돼 있었다.

우리와는 다른 세계에서 '록스타'와 같은 지위를 누리고 있는 암컷 침팬지 '운다'를 관찰하기 위해서 우리는 3개의 섬 중 친드줄루를 방문하기로 결정했다. 밀렵꾼들에게 납치됐지만 결국 당국에 압수된 운다는 사경을 헤맨 채 침풍가로 오게 됐다. 운다는 사상 최초로 여겨지는 침팬지 대 침팬지 수혈 방식으로 수의사와 직원들의 집중적인 치료를 받고 호전되기 시작했다. 이후 운다는 친드줄루섬으로 옮겨졌다. 운다는 섬에

**위:** 콩고공화국 콩쿠아티-둘리국립공원에 서식하는 맨드릴원숭이. 제인구달협회의 침풍가 자연보호구역 맨드릴원숭이방사프로그램 측의 도움으로 압수된 후 재활을 받은 여러 마리의 맨드릴원숭이들이 보호가 잘되고 있는 이 국립공원에 방사됐다.

우리들은 닮았다

방사되는 순간 몸을 돌려 한 번도 만난 적이 없는 제인 구달에게 와서 그녀를 껴안았다. 그 모습이 영상에 담겼다. 이제 우두머리 암컷 침팬지가 된 운다는 장기 피임 조절 임플란트 장치가 고장나, 현재 '호프'(희망)라는 유년기 침팬지의 엄마가 돼 잘 살아가고 있다.

우리는 강가의 보트 안이라는 유리한 곳에서 작은 무리의 침팬지들이 다가와서 서로 어울리고, 주변 숲을 오가며 흩어지는 모습을 보았다. 강물만이 유일한 경계였다. 탁 트인 하늘 아래 모래사장에서 휴식을 취한 침팬지들은 유목에 앉아 다리를 무릎 위로 꼬고, 등을 대고 누워서 자신들의 방식으로 과일을 먹기도 했다. 그 장면은 너무나 가슴 뭉클했으며, 모든 것이 갖춰진 아일랜드 리조트를 연상시켰다.

## 우리의 화려한 팔촌

침풍가 자연보호구역에서는 많은 맨드릴원숭이*Mandrillus sphinx*도 재활을 시키며 돌보고 있다. 모든 포유류 중 가장 화려한 종으로 추정되는 맨드릴원숭이는 파란색과 빨간색의 눈에 띄는 얼굴 표식을 가지고 있다. 이 유순한 영장류도 서식지 파괴로 멸종위기에 처해 있으며 밀렵꾼의 주요 표적이 되고 있다.

우리는 보호구역 내에서 맨드릴원숭이들이 뛰어다니는 것을 관찰한 후, 맨드릴원숭이방사프로그램을 지휘하고 있는 베이스캠프와 인근 콘쿠아티-둘리국립공원 내에 여러 마리가 방사된 적이 있는 사이트를 방문할 수 있는 기회를 얻었다. 대서양 연안에 위치한 콘쿠아티-둘리국립공원은 5050제곱킬로미터 규모의 대형 국립공원으로, 침풍가와 함께 마음베 산림 구역에서 쿠일루강 분지의 일부를 이룬다. 쿠일루강 분지는 세계에서 두 번째로 큰 분지로 앙골라, 콩고공화국, 콩고민주공화국 및 가봉을 아우르고 있다.

그 당시 나는 이미 아프리카의 험난한 지형을 경험한 바 있었고, 그 이후로도 많은 힘든 장거리 여행 경험을 쌓아가고 있다. 그렇기는 하지만, 솔직히 이번 드라이브는 최악이었다. 다이앤과 나 그리고 제인구달 협회 직원들은 종종 눈에 보이지도 않는 울창한 숲을 뚫고 이어지는 흙길을 따라 이동하며 공포에 휩싸였다. 우리가 타고 있던 랜드크루저가 갑자기 멈추면서, 경험 많은 콩고인 운전기사가 차에서 내렸다. 우리는 더 이상 앞으로 나갈 수 없을 것이라고 생각했다. 하지만 놀랍게도 운전기사는 바퀴의 허브를 잠그고 타이어에서 약간 공기를 빼내며, 앞으로 더 힘들어질 것이라고 말했다. 마침내 베이스캠프에 도착했을 때, 요실금이나 내장 파열 흔적이 없다는 사실에 감사했다. 다이앤은 만보기 앱이 3만 보를 기록했다고 말했다. 비록 잘못 측정된 것일지라도 충분히 받을 자격이 있는, 이날까지 자주 일어나지 않았던 성과였다.

우리는 베이스캠프를 지나 응공고강 기슭까지 하이킹했다. 캠프는 여러 가지 색깔의 돔형 텐트가 깔끔하게 배열돼 있었고, 길고 좁으며 경사진, 주름진 금속판 지붕에 의해 숲 지붕으로부터 보호를 받고 있었다. 우리는 텐트와 텐트 사이에 지상 케이블같이 형성된 붉은 개미 줄 위를 조심스럽게 지나갔다. 우리는 보트를 타고 방사 사이트로 이동한 뒤, 좁은 문을 열고 정교하게 울타리가 쳐진 통로로 진입했다. 그 통로는 보트가 묶여 있는 시멘트로 만들어진 작은 부두에서부터 이어져 있었다.

눈에 띄지 않을 정도로 작은 크기의 무선 목걸이 장치를 한 맨드릴 원숭이들은 자유롭게 돌아다닐 수 있었지만, 방문객들은 통로와 연결된 연구 건물로만 이동이 제한돼 있었다. 우리와 같은 보트를 탄 다른 방문객들도 다소 역설적이라고 생각했다. 좁고 폐쇄된 통로에 제한된 채, 쇠

줄로 연결된 울타리를 통해 원숭이들의 세상을 관찰해야 한다는 것이 상당히 부자연스럽게 느껴졌다. 나는 맨드릴원숭이들이 자신들의 영역 안에 갇힌 인간들을 보기 위해 종종 되돌아오는 '운명의 역전'을 상상해보았다. 최근 방사된 어미에게서 새로 태어난 새끼 맨드릴원숭이들이 어미 옆에 계속 붙어 있는 모습을 볼 수 있었다. 야생으로의 복귀가 성공적임을 보여주는 신호였다.

## 침팬지와 함께 놀다

제인구달협회는 야생 침팬지를 다루거나 개입하는 것을 다른 사람에게 위임하지 않는다. 실제로, 관리인이나 의료진이 아닌 사람이 보호소 내 침팬지들과 상호작용하는 것은 매우 드문 경우다. 따라서 별도의 울타리에서 고아가 된 2마리의 새끼 침팬지가 함께 놀고 있을 때, 짧은 시간이지만 새끼 침팬지들과 시간을 보낸다는 것은 상당한 특권이 주어지는 것을 의미했다. 다이앤과 나는 늘어진 밧줄로 둘러싸인 놀이공간 중심부에 있는 큰 나무 플랫폼에 다리를 꼬고 앉았다. 나는 새끼 침팬지 한 마리가 다이앤에게 반복적으로 키스하기 위해 입을 오므리는 것을 목격했다. 새끼 침팬지는 다이앤의 머리카락과 옷을 조심스럽게 가지고 놀다가 어느 순간 집게손가락으로 다이앤의 바지를 따라 주머니를 더듬거렸다. 왼쪽 팔뚝을 잃은 다른 새끼 침팬지는 조심스럽게 다이앤의 신발 끈을 풀었다.

나도 수의사였기 때문에 나에게도 관심을 가질까 봐 긴장했는데, 마침내 새끼 침팬지 한 마리가 나에게로 접근하는 것을 보자 흥분됐다. 한동안 우리는 서로의 눈을 호기심 어린 눈으로 바라보았다. 나는 어색한 시선을 거두고 새끼 침팬지가 다이앤에게 한 일을 상기시키기 위해 입술을 오므렸다. 하지만 새끼 침팬지는 다른 생각을 하고 있었다. 내 어깨 위로 뛰어올라 위아래로 뛰면서 봉고를 연주하듯 내 머리를 토닥거리기 시작했다. 나는 우리를 지켜보고 있던 관리인들을 힐끔힐끔 쳐다보았다. 그들은 참을 수 없다는 듯 웃으며, 모든 것이 잘되고 있다며 나를 안심시켰다.

인간은 다른 영장류와 많은 감정을 공유한다. 우리 모두가 제한된 행동 방식을 가지고 있으므로 그런 감정들이 매우 유사한 형태의 신체 표현으로 나타나기도 한다. 내가 새끼 침팬지 옆에 앉아 그 침팬지의 밝고 맑은 눈을 바라보았을 때, 우리가 서로 소통하고 있다는 사실에 의심의 여지가 없었다. 물론 비언어적인 소통이다. 이번 경험은 오묘했으며, 내가 치료하던 동물들의 눈을 바라보는 것과는 전혀 다른 느낌이었다. 직원들은 침팬지가 나와 다이앤에게 대조적인 행동을 한 것은 의도적이며 분명히 인간의 성별을 구별하는 능력이 침팬지에게도 있다고 말했다. 유동적이고 유연한 여성의 움직임보다 남성의 움직임은 더 무뚝뚝하고 단호한 경향이 있다. 우리만 할 수 있다고 생각하는 많은 행동과 몸짓이 영장류도 일반적으로 하는 행동이라고 한다.

이 침팬지 보호소는 책임자이자 수석 수의사인 닥터 레베카 아텐시아Rebeca Atencia의 헌신 덕분에 크게 번성해왔다. 작은 체구로 두 아이의 엄마인 레베카의 침팬지에 대한 열정과 에너지는 강력하다. 그녀는 뒤로 묶은 긴 검은 머리에 거의 닿을 정도로 항상 미소를 짓는다. 스페인 국적의 레베카는 14년 전 '침팬지에게 숲의 자유를 돌려주자'라는 생각으로 침풍가에 왔다. 당시 침풍가에서는 그녀가 침팬지의 생존에 중요하다고 인식한 대규모 벌목이 진행되고 있었다. 성실하면서 아무런 두려움이 없는 레베카는 우리들 대부분이 필수라고 생각하는 생활 편의시설 없이도

우리들은 닮았다

잘 지낸다.

　레베카가 처음 여기로 왔을 때에는 보호소가 매달 들어오는 한두 마리의 고아가 된 침팬지들로 가득 찰 것이라고 생각했다. 하지만 상황은 개선됐고 압수 건수도 많이 줄었다. 사실, 현재 레베카는 콩고로부터 아주 적은 수의 침팬지만 받고 있다. 대부분이 인근 가봉이나 앙골라로부터 옮겨온다. 레베카와 직원들은 보호소의 궁극적인 목표인 야생에 방사된 침팬지를 추적하고 보호할 수 있게 해주는 최신 전자 목걸이에 대해 많은 기대를 하고 있다. 전자 목걸이를 통해 심박수, 체온, 수유 및 휴식 기간, GPS 좌표와 같은 중요한 모니터링 정보를 수집한다.

　레베카는 동물보호에 대한 3각 접근법을 다음과 같이 설명한다. 첫째는 법 집행 및 규제, 둘째는 압수된 침팬지의 보호, 마지막은 지역사회 참여와 교육이다. 결과적으로, 이제는 임박한 침팬지 압수 전에 법에 초점을 맞춘 이글네트워크EAGLE Network(거버넌스 및 법 집행을 위한 환경운동가 단체Eco Activists for Governance and Law Enforcement)의 회원이 침풍가에 먼저 연락을 한다. 이글네트워크는 콩고의 제인구달협회와 함께 침팬지에 대한 범죄 감소에 많은 영향을 주었다. 두 조직은 최근 세간의 이목을 끈 사건에도 관여한 바 있다. 14년 동안 우리에 갇혀 살았던 침팬지 벤자민이 탈출해 현지 지역 시장에서 배회하고 있었다. 벤자민은 붙잡혀 재활을 위해 보호소로 보내졌고, 벤자민의 주인이었던 육군 대령은 기소돼 결국 감옥에 수감됐다.

　지역 주민들의 의식도 바뀌고 있다. 5년 전만 해도 어느 시장에서나 거래됐던 침팬지나 고릴라 고기 판매는 이제 주로 암시장에 국한돼 있다. 만화 캐릭터들이 그려진 수십 개의 거대 광고판이 주요 도로를 따라 설치돼, 불법 매매에 대한 징역형과 벌금에 대해 경고하고 있다. 레베카는 국가 차원에서 특히 공항 탐지견을 활용하면 천산갑(아프리카 및 아시아에 서식하고 몸은 비늘로 덮여 있으며 주로 개미를 먹는, 세계에서 가장 많이 밀매되는 동물)이나 상아 또는 침팬지 고기 등의 불법 거래를 줄이는 데 도움이 될 것이라고 믿는다.

좋은 소식은 이 모든 보호 노력들이 효과를 발휘하고 있는 것처럼 보인다는 점이다. 인근 앙골라의 고위 정부 관리들이 콩고공화국에서 레베카가 거둔 성공 스토리를 재현하고 싶어할 정도다. 레베카는 거대한 마욤베 산림 지역을 공유하고 있는 4개국이 합의에 도달하는 날을 손꼽아 기다리고 있다.


## 호기심 많고, 사려 깊고, 전투적인 우간다의 야생 침팬지

다이앤과 나는 시차와 음식의 변화에 적응해가며, 침풍가에서 침팬지 압수 및 재활 그리고 야생으로의 방사 및 적응 등 복잡한 과정에 대해 많은 것을 배운 후, 실제로 자연환경 속에서 살고 있는 침팬지들과 함께할 수 있기를 학수고대했다. 우리가 보호소에서 목격한 행동 중 일부를 숲속 야생 침팬지에게서도 관찰할 수 있는지 확인하는 것은 흥미로운 일이었다.

여행을 떠나기 전에 나는 우간다 고릴라 닥터스에게 야생에서 침팬지를 볼 수 있는 가장 좋은 장소에 대한 조언을 구했다. 답은 명확하고 확실했다. 우간다 남서부 모서리에 위치한 키발레국립공원이 그곳으로, 아프리카에서 영장류가 가장 많이—총 13종—서식하는 곳 중 하나다. 높은 산과 저지대 숲 모두를 가진 몇 안 되는 지역 가운데 하나로, 남쪽의 퀸엘리자베스국립공원까지 약 180킬로미터 정도 이어지는 야생동물 회랑wildlife corridor을 형성하고 있다. 1993년에 설립된 이 공원의 면적은 약 780제곱킬로미터로 코끼리, 파란다이커영양과 붉은다이커영양, 부시

우리들은 닮았다

## 콩고공화국 푸앵트누아르에서 우간다 키발레국립공원으로의 여행

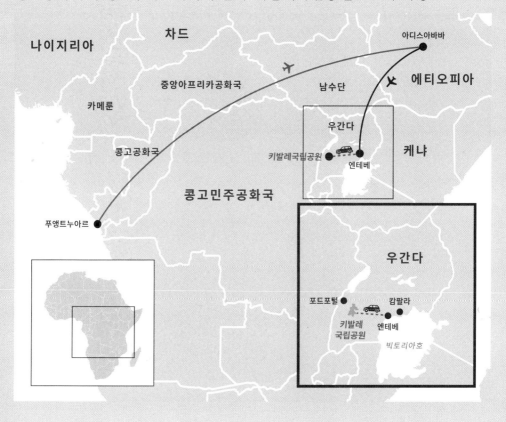

벅영양, 시타퉁가영양, 강멧돼지, 숲멧돼지, 혹멧돼지, 아프리카물소가 서식하고 있다. 육식 동물로는 표범, 아프리카황금고양이, 서벌, 몽구스, 수달 등이 서식하고 있다. 가끔 사자도 볼 수 있으며, 조류들도 많이 살고 있다. 하지만 이 중에서도 특히 우리의 관심을 끄는 것은 습관화된 여러 침팬지 군집이다.

키발레는 일직선으로 보면 푸앵트누아르와 침풍가 자연보호구역에서 불과 2400킬로미터 정도밖에 떨어져 있지 않지만, 에어에티오피아 항공기로는 에티오피아의 아디스아바바를 중간 기착지로 삼아 두 번의 비행이 필요하다. 10시간의 여정에 앞서 정부 공무원들은 우리들의 사진 가방을 검사하며, 각각 별도의 철저한 수색을 받았다.

공항 보안검색대를 통과할 때 뇌물을 주지 않은 사람에게는 다음과 같이 우리가 경험한 일들이 벌어진다. 나는 다이앤과 함께 기내 반입용 수화물 검사를 받기 위해 별도의 줄로 안내됐다. 나는 순순히 카메라용 배낭에 있는 여러 개의 수납 포켓을 열었다. 그러자 조사관들은 몇 개의 렌즈와 카메라 본체를 내게 건네며 이 물건들은 "너무 무겁다"라고 말했다.

그들은 가방을 되돌려줄 생각도 없이, 배낭의 무게—15킬로그램 정도였다—가 기내 반입 허용 한도를 훨씬 초과한다는 사실을 자신들이 알고 있다는 점을 내가 알아챌 때까지 머뭇거렸다. 그중 선임 조사관이 곧 휴식을 취할 것이며, "그냥 커피 한잔이나 마실 것"이라고 말했다. 나는 조심스럽게 10달러 지폐를 건네며 그 돈으로 커피를 사라고 정중하게 제안했다. 그는 내 소중한 카메라 장비를 돌려주면서 미소를 지었다. 우리가 다시 만났을 때, 다이앤도 비슷하게 어색한 곤경에 처했다가 결국 그들의 요구를 조건부로 들어주었다고 했다. 커피값은 기꺼이 내겠다고 반복해서 설명하고 가방을 돌려받았지만, 현금은 모두 내가 가지고 있었다. 현금을 내가 가지고 다니겠다고 한 결정이 실제로 우리에게 이득이 될 것이라고는 꿈에도 생각하지 못했다.

다음 날 우리는 등산화 끈을 묶고 배낭을 메고 카메라 장비를 들고, 며칠 동안 우리를 안내해줄 우간다야생동물관리국 국립공원관리원인 보스코를 따라 숲으로 향했다. 몇 분 지나지 않아 멀리서 들려오는 시끄러운 침팬지들의 팬트후트 소리에 이른 아침의 고요함이 깨졌다. 어

우리들은 닮았다

린 수컷 침팬지들이 열매가 주렁주렁 달
린 나무에 성체 수컷 침팬지가 도착했음
을 알리며 예의를 표하기 위해 일제히 내

위: 우간다 키발레국립공원에 사는 성체 수
컷 침팬지. 침팬지는 먹이가 있는 곳에 도착하
면, 팬트후트 소리 ─ 먼 곳까지 들리는 일련
의 복잡하고 시끄러운 발성 ─ 를 내곤 한다.

는 소리로, 수컷 침팬지의 지위를 확인시켜주며 동료들을 끌어모으고 무
리와 연락을 유지하는 데 도움이 된다.

　　음식을 공유하는 것은 서로 주고받는 침팬지식 경제의 일부로, 그루
밍, 교미, 전투 지원 등도 여기에 포함된다. 침팬지들은 과거에 자신들에
게 친절했던 다른 이들과도 음식을 공유한다. 먹이를 찾아 나서는 활동

은 야생 침팬지에게는 계획된 이벤트에 해당한다. 침팬지들은 도구를 모으고, 그 도구를 몇 시간 동안 가지고 다닌다. 가령, 특정 흰개미 집으로 갈 때 현지에서 더 이상 구할 수 없는 경우 그 도구들을 이용한다.

트레킹을 하는 동안 한 차례 속도를 조절해 겉보기에 느리게 움직이는 것처럼 보이는 침팬지 무리로부터 안전하고 적정한 거리를 유지했다. 어려 보이는 수컷 침팬지 한 마리가 다리를 절뚝거리고 있었다. 그 침팬지는 종종 발바닥에 난 커다란 상처를 깨끗하게 핥아내기 위해 잠시 멈추곤 했다. 이런 경우 일반적으로 침팬지들은 부상당한 일행을 걱정하며 때로는 무리의 이동 속도를 늦추고, 심지어 음식을 가져다주기도 한다.

우리는 음지에서도 잘 자라는 관목과 허브, 양치류, 활엽수 등으로 우거진 식물 군락 아래, 침팬지들의 채집활동으로 잘 형성된 이동로를 따라 매일 몇 시간씩 걸었다. 침팬지를 관찰하는 동안 보스코는 주변 자연 세계에 대한 광범위한 지식과 생각들을 우리에게 들려주었다. 그의 열정을 잘 알 수 있었다. 그와 나누었던 생물다양성—특정 지역에서 동물, 식물, 균류, 미생물을 포함한 다양한 생물—의 보존에 관한 대화가 생각난다. 그는 보전이 필요한 목록 가운데 생물다양성을 가장 중요하게 생각했다. 보스코는 열대우림에서 대형 유인원은 맥◆, 코끼리 등과 함께 식물 종자 확산에 중요한 역할을 한다고 말했다. 동물들이 과일을 섭취하고 씨앗을 배설함으로써 주요 산림 종을 퍼뜨리는 것이다. 이를 통해 많은 식물 종들은 모체 나무에서 멀리 떨어진 곳에서도 싹을 틔울 수 있게 된다. 보스코는 대형 유인원은 식사를 하거나 잠자리를 만들 때 잎과

◆　tapir, 중남미와 서남아시아 열대우림지역에 사는 코가 뾰족한 돼지 비슷하게 생긴 포유동물.

**옆 페이지:** 우간다 키발레국립공원에 사는 성체 수컷 침팬지. 수컷 침팬지 한 마리가 숲길을 따라가다가 자주 멈춰 발바닥의 큰 상처를 혀로 핥았고, 무리의 나머지 침팬지들은 기다려주었다.

가지를 이용한다고 덧붙였다. 이와 같은 채집활동으로 숲 지붕에 틈이 생기고, 작은 초본 식물이 숲 바닥에서 자랄 수 있게 된다.

우리와 함께 하이킹을 하는 동안 보스코는 식물의 이름과 전통적인 의약 용도에 대한 정보도 알려주었다. 나는 연구자들이 고릴라와 침팬지가 섭취하는 열대우림 식물 종을 연구하고, 인간에게도 잠재적인 의약적 가치가 있는 식물들을 조사하고 있다는 내용의 글들을 읽은 바 있었다. 보스코는 숲 바닥에 손을 뻗어 잘 알려지지 않은 식물의 잎사귀 몇 개를 따서 보여주며, 지역 주민들이 그 잎사귀를 씹어 먹으면 위장 장애가 완화된다는 사실을 발견했다고 말했다. 침팬지가 동일한 잎사귀를 주기적으로 먹는 걸 보면, 서양 의학을 전공한 우리 두 사람도 실제로 거기에 무언가 있음을 의심할 수 없었다.

조용하게 긴 시간 이어진 산책은 침팬지 무리들을 여러 차례 목격하면서 중단되곤 했다. 무리들마다 서로 다르기는 했지만, 모두가 아주 즐거워했다. 한번은 우연히 소규모 침팬지 무리를 발견했는데, 갑자기 숲 지붕에서 퍼져 나온 간담이 서늘해지는 괴성 때문에 침묵이 깨졌다. 우두머리 수컷 침팬지 마게지를 대체하기 위한 싸움을 벌이고 있던 수컷 침팬지 토티가 한 나뭇가지에서 다른 나뭇가지로 스윙하면서 무거운 돌덩이들을 들어올려 주위로 던지며 자신의 공격성을 과시하기 시작했다. 이와 같은 위협 표시는 침팬지 행동에서 불가피한 부분으로 라이벌의 힘을 시험하는 역할을 한다. 아니에그레 *Aningeria altissima*라는 속이 빈 나무 밑동을 반복적으로 발로 차고 두드리면서 한바탕 난리를 친 후, 토티는

**옆 페이지 위**: 우간다 키발레국립공원에 사는 성체 수컷 침팬지. 여행 중 한 지점에서 우리는 가이드인 보스코와 함께 공상에 잠긴 이 침팬지를 흉내 냈다. 우리는 땅에 누워 하늘을 바라보았다.

**옆 페이지 아래**: 우간다 키발레국립공원의 어미와 새끼 침팬지. 유아기 침팬지는 최대 5년 정도 어미 침팬지의 보살핌을 받으며, 유년기에는 어린 형제자매를 돌보며 몇 년 더 긴밀한 접촉을 유지한다.

큰 나뭇가지를 손에 들고 다이앤에게로 돌진
했다. 보스코가 그 큰 나뭇가지를 자신에게 향
하게 만들고 토티를 쫓아냄으로써 위험할 수
있었던 상황을 모면했다. 성체 수컷 침팬지의

위: 우간다 키발레국립공원의 어미와 새끼
침팬지. 그루밍은 매우 중요한 사회적 기능을
가지고 있다. 이는 개별 침팬지를 진정시키고
위안을 주며, 침팬지 간의 유대를 강화하는
역할을 한다.

힘은 비슷한 체구를 가진 사람보다 몇 배나 강하기 때문에 대수롭지 않
게 생각할 일이 아니었다.

　　다이앤은 그 상황을 심각하게 받아들이지 않았지만, 남편인 나는 그
난리 중에 일행이 피할 곳(숨을 곳)을 찾지 못했다는 사실에 다소 당황스
럽고 괴로웠다. 다행히도 내게 기사도 정신이 부족했다는 점을 아무도
눈치채지 못했다. 다음에는 더 잘하자고 다짐했다.

우리들은 닮았다

한 시간 후, 우리의 친절한 가이드 보스코는 배낭에서 우비 판초를 꺼내 숲 바닥에 펼쳐 놓으며, 나와 다이앤에게 침팬지 활동이 멈추는 정오 휴식 시간에 맞춰 휴식을 취할 것을 권했다. 그는 소총을 치워놓고 우리 옆에 앉아서 함께 점심을 먹었다. 얼마 후 그는 손을 내밀어 내 팔을 두드리며, 우리에게 카메라를 준비하고 인접한 공터 너머를 보라고 속삭이듯 말했다.

우리는 성숙한 암컷 침팬지가 녹음이 우거진 숲 바닥에서 어린 새끼를 그루밍하는 모습을 감명 깊게 지켜보았다. 새끼 침팬지 옆에 앉은 어미 침팬지는 몸을 굽혀 어린 침팬지의 목을 토닥였다. 곧이어 어린 침팬지는 팔을 들어 팔꿈치를 하늘로 향하게 해 어미와 가장 가까운 쪽으로 겨드랑이를 드러냈다. 어미는 엄지와 검지로 벌레와 부스러기를 꼼꼼히 집어내고, 새끼는 가만히 앉아 꿈을 꾸는 듯

위 왼쪽: 우간다 키발레국립공원의 성체 수컷 침팬지들. 성체 수컷 침팬지는 암컷이나 사춘기 수컷보다는 다른 성체 수컷과 더 자주 그루밍을 한다. 그루밍은 동맹관계의 발전과 유지를 위해 중요하다.

위 가운데: 우간다 키발레국립공원의 성체 수컷 침팬지들. 이렇게 '손을 들어 올려 잡은 채로 하는 그루밍' 행동은 매우 일반적이다. 침팬지들은 팔을 들어 손목을 서로 건 채 자유로운 손을 이용해 서로의 털을 손질해준다.

위 오른쪽: 우간다 키발레국립공원의 성체 수컷 침팬지들. 침팬지 한 마리가 다른 침팬지의 눈 주위를 주의 깊게 살피고 있는 모습을 보았을 때, 시력 검사를 마무리할 수 있도록 검안경을 건네주고 싶은 충동을 느꼈다.

한 눈빛으로 나무를 바라보고 있었다. 대부분의 암컷 침팬지는 방문객들이 있으면 어린 새끼 침팬지와 함께 숲 지붕에서 내려오지 않기 때문에 이것은 선물과도 같은 보기 드문 광경이었다. 보스코도 수년 동안 이런 광경을 본 적이 없다고 했다. 우리는 사람에게서나 볼 수 있는 애정표현을 어미 침팬지를 통해 목격할 수 있다는 사실 그리고 그 모습을 사진에 담을 수 있다는 사실에 흥분과 감사의 마음을 억누르기 힘들었다.

모든 영장류는 사회생활의 필요성을 공유한다. 집단생활, 협력, 유대감, 공감 등은 생존을 위한 핵심 요소들이다. 서로 털 손질을 해주는 그루밍은 침팬지 무리, 특히 수컷들 사이에서는 매우 중요한 사회적 상호작용 중 하나다. 우리는 한 쌍의 수컷이 나란히 또는 앞뒤로 앉아 한 마리가 조용히 다른 침팬지를 그루밍하는 것을 자주 보았다. 항상 엄지와 검지로 다리, 등 또는 얼굴에 있는 벌레들을 잡아주었다. 우리는 매우 운 좋게도, 두 침팬지가 서로의 팔을 꼭 잡거나, 손목을 움직이지 못하게 하거나 서로의 손을 잡아서 공중으로 들어 올린 다음, 자유로운 팔로 서로의 털을 손질하는 '손잡고 털 손질하기grooming handclasp' 행동도 관찰할 수 있었다.

나는 그런 행동이 왜 그렇게 자주 수컷들 사이에서 발생하는지 궁금했다. 느긋한 사회 환경 속에 있는 남자들 사이에서 나타날 수 있는 일반적인 행동은 아니다. 행동과학자들이 그루밍은 서로의 관계를 강화시키고 무리 내에서의 지위를 향상시키며, 협동 사냥, 영역 경계 순찰, 수용적인 암컷 보호 또는 짝짓기에 중요한 동료 침팬지들 간의 연대를 형성하는 역할을 한다고 주장하는 글을 나중에야 읽었다. 그루밍은 우리가 만난 많은 성인 수컷 침팬지들이 선호하는 오락놀이인 듯 보였다. 침팬지는 2마리에서 25마리까지 무리를 지어 몸단장을 하는 것으로 관찰되었으며, 가장 일반적이고 가장 긴 그루밍은 2마리에서 5마리가 한 무리를

우리들은 닮았다

형성하며 이루어진다. 그루밍 세션 동안 일어나는 완전한 무아지경의 고요함 덕분에 독특한 얼굴표정과 족집게 같은 손 움직임을 포착해 사진에 완벽하게 담을 수 있었다.

키발레 숲에서의 마지막 날이 저물 무렵, 보스코는 우리가 우두머리 수컷인 마게지를 보지는 못했지만 많은 것들을 봤다고 말했다. 보스코는 최근에 마게지가 며칠 동안 혼자였다는 점을 언급하면서, 해당 무리를 지배하기 위한 지속적인 전투가 마게지와 토티 사이에 벌어지고 있음을 암시했다. 보스코의 입에서 이런 말이 나오자, 나는 곧 "마게지를 찾으러 가자"라는 말을 아내가 듣게 되리라 짐작했다. 그 시점에 나는 수십 차례 경이로운 침팬지와의 조우를 통해 얻은 수천 장의 이미지를 가지고 있다. 카메라 장비의 무게가 허리와 팔에 부담을 주고 있는 상황이라 이쯤에서 마무리했으면 하고 속으로 바랐다. 확실히 나보다 더 나은 사진가인 다이앤은 항상 훨씬 적은 장비를 들고 다니면서도 더 좋은 사진들을 지속적으로 찍었다. 보스코와 다이앤이 마게지를 정말 찾아낼 것이라는 데는 의심의 여지가 없었다. 내가 쓰러진 나무 위에 앉아서 상처를 보듬으며 그들이 돌아오기를 기다리는 동안, 다이앤이 '이번 여행의 최고 사진'을 촬영할 것이라 생각하니 나만 가만히 있기는 어려웠다.

마게지가 아프거나 상처를 입었을 수도 있다고 걱정하면서, 우리는 그가 자주 찾던 국립공원 내 다른 지역으로 이동했다. 보스코는 표시가 잘 안 된 오솔길을 오랫동안 하이킹한 후, 움직이는 소리와 갈색 물체 식별을 통해 마게지의 위치를 파악하는 데 성공했다. 우리가 볼 수 있을 정도로 가까이 다가가면 마게지는 다른 방향으로 이동했으며, 우리에게 좋은 사진을 찍을 수 있는 충분한 시간을 주지 않았다. 마게지는 건강해 보였지만 우리에게는 전혀 관심이 없었다. 마게지는 확실히 계속 움직이며 사진 촬영 거리를 벗어나 있을 정도로 충분히 강인했다. 우리는 적어도 마게지에게 우리의 모습을 보여주었다는 사실에 만족하며, 해가 곧 질 것이 걱정되어 마게지의 뒤를 쫓는 것을 포기했다.

우두머리 수컷 침팬지가 홀로 지배력을 탈취하기 위해 반드시 무리에서 가장 크고 강한 구성원일 필요는 없다. 정상에 오르기 위해서는 다른 침팬지들의 도움이 필요하다. 일반적으로 우두머리 수컷은 약자를 보호하고 평화를 유지하며 고통받는 침팬지들을 안심시킨다. 우두머리 수컷 침팬지는 안정적인 리더십으로 암컷들에게는 위안을 주고, 부하 수컷들에게는 안전감을 주어 무리 내 질서를 유지하고 강화한다. 싸움이 일어나면 모두가 어떻게 할지 우두머리 수컷의 눈치를 살핀다. 왜냐하면 우두머리 수컷이 화해도 책임지고 있기 때문이다. 유능한 우두머리 수컷이 정상에서 물러나면, 일반적으로 무리와의 관계를 유지하며, 무리 내 지위는 낮지만 암컷들에게는 인기 있는 그루밍 파트너이자 유년기 침패지들에게는 사랑스러운 존재로 남는다. 좋은 우두머리일수록 통치의 끝이 잔인할 가능성은 낮다. 우두머리 수컷이었던 마게지가 고립됐다는 것은 아마도 그의 리더십 스타일에 결함이 있었고, 지배력이 무너지면서 기가 죽었음을 의미했다. 그날 우리가 보았던 수컷들의 싸움 직후에 토티가 우두머리 지위에 올랐다는 소식을 나중에 전해 들었다.

**옆 페이지:** 우간다 키발레국립공원에 사는 유년기 수컷 침팬지.

우리들은 닮았다

왼쪽: 우간다 키발레국립공원에 사는 성체 수컷 침팬지. 이 국립공원에는 13종의 영장류가 살며, 야생에서 침팬지를 볼 수 있는 최고의 장소 중 하나로 알려져 있다.

## 국립공원관리원의 삶

국립공원관리원인 보스코는 우리에게 우간다에서 벌어지고 있는 힘든 환경보호 투쟁의 표상이 됐다. 우리가 나눈 수많은 대화 가운데 한번은 우리가 콩고공화국에 있는 제인 구달의 침팬지재활센터를 방문한 일에

**위:** 우간다 키발레국립공원에 사는 성체 침팬지. 침팬지는 나무에 잠자리를 만들고 밤에 8~9시간 동안 잠을 자지만, 종종 숲 바닥에서 낮잠을 자는 경우도 있다.

**옆 페이지:** 우간다 키발레국립공원에 사는 성체 수컷 침팬지. 키발레의 침팬지는 의도적으로 흙을 먹는다. 점토를 먹기 전이나 먹은 후 섭취하는 특정 잎이 말라리아 예방 효과를 증가시킬 수 있다. 이 침팬지의 입술 주위에는 최근에 점토를 먹었다고 생각하기에 충분한 증거가 남아 있다.

우리들은 닮았다

대해 이야기했다. 보스코는 자신이 야생동물보호에 관심을 갖게 된 이유가 제인 구달 때문이라고 밝혔다. 그는 가장 최근에 출간된 책을 제외한 그녀의 모든 책을 읽었고, 그녀가 '자신의 숲'에 와본 적이 없다는 사실을 슬퍼했다. 그는 가정의인 다이앤이 제인 구달을 캐나다 강연장까지 태워다줬다는 말을 듣고 "맙소사, 내가 제인 구달의 운전기사를 안내하고 있다니!"라고 외쳤다.

국립공원관리원이 되려면 모집 단계에서부터 치열한 경쟁이 펼쳐진다. 합격한 후에는 4~5개월의 훈련 기간이 이어진다. 군대에 준하는

우리들은 닮았다

**옆 페이지**: 우간다 키발레국립공원의 성체 수컷 침팬지. 침팬지는 놀랍게도 근육 성능의 차이로 인해 비슷한 크기의 사람보다 최대 4배 더 힘이 강하다. 특히 상체의 힘은 나무를 오르거나 덩굴에서 흔들거리는 데 유용하게 사용된다.

**위**: 우간다 키발레국립공원의 성체 수컷 침팬지.

군사 기술에 중점을 두고, 야생동물 및 관광객 관리에 대한 교육도 일부 하지만, 보존 및 자연 설명에 대해서는 거의 강조하지 않는다. 자격을 갖춘 지리 교사였던 배경과 지칠 줄 모르는 지식에 대한 갈망 그리고 자기 주도적인 성격 때문에 보스코는 방문자들에게 가르쳐줄 수 있는 엄청난 지식과 의사소통 기술을 갖출 수 있었다. 그는 국립공원관리원의 이직률이 높다며, 다른 일자리가 없는 사람들만 남아 있다고 말했다.

　보스코는 일반적으로 꼬박 한 달 동안 일하고, 약 100킬로미터 떨어진 자신의 마을로 돌아가서 8일 동안 쉰다. 왕복 택시비는 자기 부담이다. 가족들과 떨어져 있을 때는 국립공원관리원 캠프에서 생활하며, 먹은 음식에 대한 식비를 별도로 지불한다. 최근 육아 기술이 향상된 그의 아내 해리엇이 오랫동안 홀로 어린 자녀들―여덟 살의 바라카와 여섯 살의 스펜서, 갓 태어난 딸 나타샤―을 돌봐왔다.

　슬프게도 그의 마을에서는 정글에서 일하는 국립공원관리원을 '하찮고' 급여가 낮은 직업이라고 생각한다. 우간다야생동물관리국으로부터 받는 급여는 전체 소득의 30퍼센트에도 못 미치고, 나머지는 대부분 팁에서 나온다. 나는 보스코와 같은 가이드들이 제대로 된 생활을 한다는 것이 얼마나 힘든 일인지 비로소 알게 되었다. 적절한 보상이 이루어지지 않고 있을 뿐만 아니라, 야생동물관리국 내에 상당한 위험 요소가 있음도 알게 되었다. 보스코는 숲에 사는 영장류로부터 전염될 수 있는 질병들에 대한 예방접종을 못 받을까 봐 걱정했다. 하지만 그는 관광객들이 그의 안내를 높이 평가한다는 사실에 보람을 느꼈다.

　아내와 나는 이후 계속된 방문과 오랜 시간 동안 이어진 우정 때문에 보스코를 친구라고 부를 수 있는 특권을 누리게 됐다. 우리는 계속 연락하고 지내고 있으며, 방문 기회가 생기면 제인 구달의 최신 책을 포함해 그와 그의 가족을 위한 선물을 챙겨간다. 제인 구달은 보스코의 헌신

　　　　　　　　　　　　　　　　　우리들은 닮았다

에 감사하며, 그가 태어나기 훨씬 전에 '그의 숲'에 정말로 가본 적이 있다는 개인적인 메모를 책 속에 써주었다. 보스코가 제인 구달의 메모를 읽던 모습은 결코 잊지 못할 순간이었다. 다음 날 아침 지쳐 보이던 보스코는 밤새도록 책을 읽었다고 털어놓았다.

# 5

# 텁수룩한 붉은 영장류와
# 걱정스런 위험신호

오랑우탄, 보르네오섬

보르네오섬에 대해 내가 가진 지식은 헤드헌터와 바람총, 독화살, 무성한 열대 정글, 세계에서 가장 키 큰 나무들로 이루어진 원시림 사이를 날아다니는 선사 시대 코뿔새가 전부다. 보르네오섬이 오랑우탄―긴 오렌지색 털을 가진, 아시아에서 유일한 대형 유인원의 고향이라는 것을 알기 전까지는 그랬다.

　　동아프리카에서 야생 침팬지와 마운틴고릴라를 촬영하고, 그들이 공유하는 신체 및 행동 특성을 목격하며, 그들이 처한 환경에 얼마나 잘 적응하는지를 살펴본 후로 멀리 떨어진 아시아에 살고 있는 또 다른 사촌인 오랑우탄에 대한 호기심도 생기기 시작했다. 아프리카에서 살고 있

**옆 페이지:** 인도네시아 보르네오 탄중푸팅국립공원 내 탄중하라판에 사는 암컷과 새끼 보르네오오랑우탄. 태어날 때 무게가 약 1.4킬로그램인 신생아 오랑우탄은 곧 그들의 유일한 이동 수단인 어미의 가슴을 움켜잡을 수 있을 정도의 손가락 힘을 갖게 된다. 두 살쯤 되면 어미의 등에 올라타기 시작하고, 세 살쯤 되면 혼자 여행을 시작한다. 4살 정도의 유년기가 되면 나무에 오르기 시작한다.

# 인도네시아 보르네오섬 탄중푸팅국립공원 내 오랑우탄 전망대로의 여행

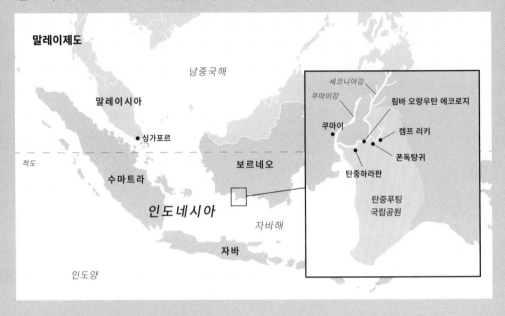

는 다른 대형 유인원들과 달리 오랑우탄은 어떻게 지리적으로 분리됐을까? 결국 고릴라, 침팬지, 보노보, 사람과 함께 오랑우탄도 분류학상 같은 사람과에 속하므로 공통 조상에서 유래했을 텐데, 오랑우탄이 아시아 지역의 태평양 남서쪽에 있는 두 개의 섬에 제한되어 살고 있는 유일한 대형 유인원이 된 이유가 무엇일까?

돌이켜 생각해보면, 보르네오섬을 방문해서 오랑우탄의 사진을 찍기로 한 결정은 인간을 포함한 한 가족으로서(또는 동일한 과科로서) 대형 유인원류를 이해하는 데 중요한 역할을 했다. 더 접근하기 쉽고 더 많이 알려진 동아프리카 가족들을 넘어서 나의 경험을 넓혀주었다. 흔히 그렇

듯 우연한 사건이 기회를 만드는 데 결정적인 역할을 한다.

오랫동안 고생만 해오던 아내이자 가장 좋아하는 여행 파트너이자 동료 사진작가인 다이앤의 중요한 생일이 다가오고 있었다. 다이앤은 헌신적인 가정의이자 네 아이의 엄마로서 항상 자녀와 환자들을 우선순위에 두며 자신만을 위한 시간을 가진 적이 없었다. 가족이라는 사다리에서 가장 낮은 위치에 머물러 있던 내 위상을 좀 더 높이고 싶은 마음이 간절했던 나는 이번 생일에는 이전과는 다른 특별한 선물을 하기로 결심했다. 이번 일급비밀 작전의 출발점은 싱가포르에 살고 있는 다이앤의 친구로 인도네시아 출신인 메이 우Meiliany Wu에게 비밀 이메일을 보내는 것이었다.

지구 반대편의 완전히 다른 문화에서 자라고 살아왔음에도 불구하고, 미얀마의 사진 워크숍에서 만난 다이앤과 메이는 그동안 친밀한 우정을 쌓아왔다. 믿을 수 없을 정도로 재능이 뛰어난 사진작가로, 겸손하고 여행에도 능숙했던 메이는 사진 촬영을 위한 완벽한 휴가를 계획하는 데 많은 도움을 주었다. 결론은 두 개의 인도네시아 섬을 여행하는 것이었다. 그중 한 곳인 보르네오섬은 탄중푸팅국립공원을 방문하기 위해서고, 다른 한 곳인 동자바(자와티무르)섬은 사진 촬영으로 유명한 활화산 브로모를 방문하기 위해서였다. 보르네오섬이라고 하면 덥고 습한 열대 우림, 강 위를 오가는 나무로 만든 전통적인 주거용 보트 클로톡klotok, 야생동물 사진을 의미했고, 동자바섬은 영하의 기온, 겨울옷, 높은 고도, 등반 및 풍경 사진을 의미했다. 아무도 이번 계획을 알지 못했다. 다이앤은 토론토공항에서 수속을 밟기 전까지 자신이 '사진 촬영 여행'을 간다는 사실만 알고 있었다. 그리고 메이가 인도네시아 자카르타의 호텔 방문을 두드렸을 때에야 그녀가 개입됐다는 사실을 알게 됐다.

계획을 밝히고 나서, 메이도 전에 보르네오섬에 가보거나 오랑우탄을 본 적이 없다는 사실에도 불구하고, 나는 야생동물들의 사진을 찍을 수 있다는 점에 매우 흥분됐다. 앞선 여행들을 마친 이후 고릴라와 침팬지 사진을 사람들과 공유하면서, 고릴라와 침팬지에 대한 사람들의 인식을 높이는 것이 얼마나 중요한지를 깨닫게 됐다. 나는 '과연 우리 셋이 어떤 사진을 찍을 수 있을까?'라는 생각만 했다.


## 오랑우탄은 어떻게 아프리카에서 보르네오섬으로 갔을까?

세계에서 세 번째로 큰 섬인 보르네오는 아시아와 호주를 잇는 불완전한 다리인, 태평양과 인도양 사이에 6120킬로미터 이상 뻗어 있는 광대한 말레이제도의 일부에 속한다. 인도네시아의 1만 7000개 이상, 필리핀의 약 7000개 이상의 섬을 포함해 제도 내의 거의 모든 섬은 적도에서 10도 이내에 위치하므로 동식물이 풍부하다. 보르네오섬은 서쪽의 수마트라섬과 남쪽의 자바섬과 얕은 바다로 분리돼 있다.

　보르네오섬은 적도성 기후를 띠고 일반적으로 따뜻하고 습하며 일년 내내 강우량이 많다. 산이 많지만 숲이 우거진 저지대도 드넓게 펼쳐져 있다. 해안을 따라 있는 이들 숲 대부분은 늪지대다.

　내 머릿속에서 과학적 궁금증이 꿈틀거리기 시작했다. 아프리카와 아시아의 대형 유인원들이 공통된 조상의 후손들이라면 왜 지금은 서로 멀리 떨어져 살고 있으며, 또 서로 다르게 생겼을까? 그들은 어떻게 인도네시아의 두 섬을 둘러싸고 있으며 대륙을 분리시키고 있는 거대한 수역을 건널 수 있었을까? 공부를 하면 할수록 현대 오랑우탄속의 진화의 흔적을 추적하는 일이 매우 복잡한 만큼이나 흥미진진하다는 사실을 알게 됐다.

여기서 잠시 선생님 모드로 바꿔서, 영장류의 흥미로운 진화에 대해 내가 수집한 정보들을 정리해서 공유해보려 한다. 이 진화의 역사는 2000만 년 전 아프리카에 살았던 조상들로부터 시작해서 현재 수마트라섬의 수마트라오랑우탄*Pongo abelii*과 타파눌리오랑우탄*Pongo tapanuliensis* 그리고 인근 보르네오섬의 보르네오오랑우탄*Pongo pygmaeus*으로 끝을 맺는다.

영장류목 내에서 살펴보면 안경원숭이와 갈라고를 포함하는 원원류原猿類, prosimians 계통과 원숭이와 유인원과 인간의 조상들을 포함하는 진원류眞猿類, anthropoids 계통이 서로 분리돼 진화했다. 유인원 가지 이외에 대부분의 측가지에 속한 이들의 친척들은 멸종했지만, 고대 유인원 가운데 강인한 생존자들은 결국 긴팔원숭이과(긴팔원숭이와 샤망원숭이)와 사람과(오랑우탄, 고릴라, 침팬지, 보노보 및 인간)라는 두 개의 과로 분화했다.

마지막으로 사람과(대형 유인원류) 조상을 계속 살펴보면, 사람과는 두 개의 아과subfamilies 즉 아시아로 향한 오랑우탄아과Ponginae(오랑우탄)와 아프리카로 향한 사람아과homininae(인간, 보노보, 침팬지, 고릴라)로 나뉜다. 따라서 누가 누구와 더 근연관계에 있는지 알 수 있다. 그렇다면 언제 이런 일이 발생했으며, 이 모든 친척들을 멀리 떨어져 살게 만든 지구상의 변화는 무엇이었을까?

일반적으로 1400~1600만 년 전에 오랑우탄이 사람과에서 먼저 분기했고, 두 번째로 고릴라가 약 900만 년 전에 분화했으며, 마지막으로 인간과 침팬지속(침팬지와 보노보)의 조상이 700~800만 년 전에 분화한 것으로 알려져 있다.

가계도에서 이 모든 분화는 오래전에 발생한 것처럼 보이지만, 큰 그림에서 보면 우리 사람과는 비교적 최근에 진화한 것을 알 수 있다. 진화는 지리적으로 그리고 기후적으로 주요 변화가 발생한 시기에 일어났다. 이러한 변화들은 종의 생존과 적응 그리고 한 지역에서 다른 지역으로의 이동에 커다란 역할을 했다.

이제 고대 오랑우탄들과 현대 후손들의 연결고리가 언제 만들어진 것인지 조금 이해했으므로, 그들이 어떻게 이동했는지를 이해하는 데 도움이 되는 화석 기록을 살펴보도록 하자. 오랑우탄이 진화해 나온 오랑우탄아과에는 한때 유라시아에 다양한 유인원 계통이 있었다. 가장 오래된 오랑우탄아과에 속하는 시바피테쿠스속Sivapithecus과 코라트피테쿠스속Khoratpithecus은 태국의 석탄 매장층과 파키스탄의 모래와 점토 퇴적층에서 발견된 가장 오래된―1250만 년 전―화석 가운데 하나다.

수마트라와 보르네오에 살고 있는 오랑우탄을 포함하는 오랑우탄속은 약 500~600만 년 전에 나타나 200~400만 년 전 보금자리 영역의 최남단에 도달한 것으로 알려져 있다. 한때 오랑우탄속에 속한 여러 종의 오랑우탄들이 현재의 중국 남부와 동남아시아 본토, 순다대륙붕―당시에는 지금의 자바, 수마트라, 보르네오 섬들을 동남아시아 대륙과 연결해주고 있었다―에 존재했다. 약 1만 8000년 전 마지막 빙하기가 끝날 때 북극의 얼음이 녹으면서 해수면이 높아졌고, 그 때문에 인도네시아 대륙이 오늘날과 같은 일련의 섬으로 나뉘게 됐다. 해수면의 변화로 인해 동남아시아 대륙, 수마트라, 보르네오 사이에 육로 접근이 차단돼 오랑우탄속의 서식지는 원래 영역의 20퍼센트 미만으로 제한되었다.

그럼, 지난 1500만 년 동안 오랑우탄의 유전자가 유라시아에서 보르네오로 이동한 것이 된다. 하지만 모든 유인원이 아프리카에서 기원한 것이 아니라는 말인가? 조금 더 이전으로 가보자. 2000만 년 이전의 화석 기록에 따르면 원시 유인원이 실제로 아프리카에서 번성했음을 알 수 있다.

아프리카 대륙이 시계 반대 방향으로 회전하면서 유라시아 대륙과 충돌했고, 두 대륙 간에 동물들이 이동하는 것을 막아왔던 장벽인 테티

스해가 사라지기 시작했다. 많은 사람들은 사람과의 초기 구성원들이 현재의 동아프리카에서 사우디아라비아까지 북서쪽으로 영역을 확장한 다음 결국 유럽으로 건너갔다고 믿고 있다. 대략 1150~1700만 년 전 화석들이 헝가리, 루마니아, 터키에서 발견됐다. 당시 유럽은 아열대 기후였다. 대형 유인원은 일 년 내내 열매를 먹어야 한다는 점을 감안하면 이는 중요한 사실이다. 대형 유인원 개체 수의 팽창과 축소는 수백만 년에 걸쳐 발생했으며, 대부분 생태학적 조건들의 영향을 받았다.

유라시아 기후가 더 시원해지고 건조해지면서 계절도 뚜렷해졌기 때문에 많은 유인원 계통이 멸종했다. 적어도 두 개의 무리가 적도를 향해 남쪽으로 후퇴하는 데 성공했다. 하나는 아프리카 열대 지방에 정착해 고릴라와 침팬지, 보노보, 인간으로 진화한 사람아과 무리이고, 나머지 하나는 중국 남부, 동남아시아, 순다대륙붕을 향해 계속해서 내려가 결국 오랑우탄이 된, 시바피테쿠스속을 포함한 오랑우탄아과 무리다.

이상으로 오랑우탄이 어떻게 보르네오로 이동하게 됐는지에 대한 자체 조사를 마치겠다. 끊임없이 드는 의문에 대한 답은 이쯤으로 마무리하고, 나는 가보지 않은 길을 택한 오랑우탄의 조상들에게 존경심을 표하며, 오랑우탄과의 첫 만남을 준비했다.


## 비루테 갈디카스 박사: 오랑우탄 보호에 앞장섰던 전설적인 여성


우리가 만나게 될 오랑우탄은 이탄늪림과 건조한 딥테로카르푸스 숲, 맹그로브 숲과 이차림◆을 포함하고 있는 전체 면적이 4100제곱킬로미터에

◆    숲이 산불, 홍수, 벌채 등으로 파괴된 뒤 남아 있는 씨와 뿌리로부터 다시 자연 상태로 복원된 숲.

이르는 탄중푸팅국립공원에 살고 있었다. 이곳은 1936년 오랑우탄과 코주부원숭이 *Nasalis larvatus*─붉은잎원숭이 *Presbytis rubicunda*와 함께 보르네오 숲에서만 볼 수 있다─를 보호할 목적으로 네덜란드 식민 정부가 처음 보호구역으로 지정한 곳이다. 1977년 유네스코 생물권보전지역Biosphere Reserve으로 지정되었으며, 비루테 갈디카스Biruté Galdikas 박사의 연구에 힘입어 1982년 국립공원으로 지정됐다.

전해오는 이야기에 따르면 1971년 11월 6일, 젊은 대학원생이었던 비루테 갈디카스는 어둠 속에서 통나무로 만든 카누에서 내려 남편과 함께 버려진 오두막에 캠프를 설치했다. 그녀의 멘토인 루이스 리키─이전에 제인 구달과 다이앤 포시를 고용했던 고인류학자─박사는 우리 자신의 먼 조상이 누구였는지 밝혀줄 것이라는 희망으로 이 붉은 대형 유인원을 연구하는 데 관심을 가지고 있었다. 갈디카스는 멘토의 이름을 따 '캠프 리키'라는 이름의 연구 기지를 건설했다. 그녀는 오랑우탄이 무엇을 먹고 어디서 자는지, 어떻게 새끼를 키우는지에 관한 획기적인 연구를 했고, 이것으로 박사학위를 받았다. 거의 50년이 지난 지금까지도 그녀의 연구는 캠프 리키에서 계속되고 있다.

리투아니아에서 태어난 캐나다인이었던 비루테 갈디카스는 자신의 연구를 '종단연구longitudinal research'라고 말한다. 종단연구는 수십 년 동안 동일한 오랑우탄 개체군으로부터 자료를 수집해야 하는 관찰 연구다. 그녀는 수많은 오랑우탄의 삶의 자취를 확보하고 있다. 수십 년 전 인도네시아에 처음 도착해서 오랑우탄의 행동을 관찰하고 그 결과를 보고하면서 유명해졌던 때부터 지금까지도 그녀의 종단연구는 계속 이어지고 있다.

당시 세계 최고의 오랑우탄 전문가이자 인정 많은 젊은 여성이었던 갈디카스는 그에 걸맞은 열정을 발전시켜 나갔다. 그녀는 계획에 없던 오랑우탄들을 전 세계에서 입양하고 재활 훈련을 시켰다. 아마도 마지못해서, 선한 의도에서 그랬을 것이다. 1985년까지 불법 사냥 등으로 포획됐던 오랑우탄들은 재활 과정을 마치고, 그녀가 살았던 캠프 리키 인근 숲으로 방사되곤 했다. 현재 탄중하라판과 폰독탕귀와 마찬가지로 캠프 리키도 급식소를 운영하고 있으며, 관광객에게도 개방하고 있다. 급식소를 통해 이전에 포획된 적 있는 반야생 오랑우탄들에게 먹이도 제공하며 모니터링도 하고 있다.

## 오랑우탄 먹이주기

12월의 어느 쌀쌀한 저녁 열대우림 지붕 너머로 해가 지고, 황혼의 빛이 어둠에 자리를 내주고 있을 무렵, 다이앤과 메이와 함께 나는 인도네시아의 수로를 여행하는 데 사용되는 일종의 집배인, 전통 목조 클로톡의 뱃머리에 함께 모여 있었다. 우리는 쿠마이에 있는 어느 상업 부두에서 좀 전에 출발해, 탄중푸팅국립공원에 있는 세코니어강까지 5시간 동안 이동하기 위해 대기하고 있었다. 그곳에 도착하면 가이드 투어를 시작할 예정이었다.

길고 좁고 꽤 높은 배로 숲 지붕을 통과해 들어오는 별빛과 달빛만으로 항해하기에는 너무 힘들었다. 한 선원이 커다란 휴대용 조명으로 앞쪽의 구불구불한 수로를 탐색해 나갔다. 간혹 강가에 있는 거의 물속에 잠긴 악어의 눈을 비추기도 했다. 보트에 장착된 모터가 내는 단조로운 '통통통' 소리는 어두워서 보이지 않는 미확인 열대우림 생물체들의 울음소리에 묻히곤 했다.

우리는 길고 신비한 보트 여행을 마치고, 림바 오랑우탄 에코로지

숙소가 있는 방파제에 도착했다. 그 숙소는 초가지붕의 소박한 목조 건물들로 1991년에 지어졌으며, 겉보기에 끝없이 높이 솟아 있는 나무판자들로 서로 연결돼 있었다. 태양열 온수 샤워기, 실내 화장실, 모기장으로 덮여 있는 침대는 외딴 열대우림 환경에는 어울리지 않게 다소 호사스럽게 느껴졌다. 그리고 불과 몇 시간 후, 동트기 전 열대 조류들이 지저귀는 소리와 지붕 위에서 한 무리의 원숭이들이 내는 쿵쾅거리는 소리는 다음날 시작될 모험을 암시해주었다.

우리는 최적의 사진 조명을 이용하기 위해 동이 트자마자 바로 급식소로 출발했다. 수로가 너무 얕거나 좁은 곤경에서 우리를 구출하기 위해 뱃사공이 종종 긴 삿대를 이용하기도 했지만, 우리가 탄 목조 보트는 차 색깔의 강을 잘 헤쳐나갔다. 리본 모양의 강을 따라 있는 강둑은 커다란 야자수들 때문에 대부분 보이지 않았지만, 커다란 가지를 가진 나무들은 아침 안개를 뚫고 솟아 있었다. 튼튼한 나뭇가지들은 좋은 자리를 놓고 경쟁하며, 때때로 바로 우리 앞에서 강을 건너뛰기도 하는 짧은꼬리원숭이와 긴팔원숭이, 코주부원숭이 무리들을 지탱하고 있었다.

사명감이 투철한 보트 승무원은 우리가 가이드와 함께 목가적인 광경을 둘러보며 사진을 찍을 수 있도록 보트를 여러 번 강변으로 이동시켰다. 공원의 울창한 숲에는 희귀한 구름표범과 멧돼지, 말레이곰, 거대한 나방, 독거미 타란튤라 등이 서식하고 있으며, 이 숲 1헥타르에는 캐나다와 미국 전체를 합친 것보다 더 많은 종의 나무가 있다.

우리는 강 가장자리를 따라 서 있는 숲 지붕에서 처음으로 오랑우탄을 발견했지만, 가장 기억에 남는 장면은 이후 탄중하라판 급식소에서의 만남이었다. 클로톡에서 내려 나무판자로 된 산책로와 이동로를 따라 이탄 늪과 이차림을 지나 공터에 도착했다. 긴 나무 가판대 위에 과일이 든 자루들이 올려져 있었다. 직원들이 숲을 향해 큰소리로 외쳤고 우리는

우리들은 닮았다

잠시 기다렸다.

곧 주변의 나무들이 흔들리고 휘면서 움직이기 시작했고, 반야생에 매우 익숙해진 오랑우탄들이 하나씩 나무 아래로 미끄러져 내려와 자신들이 먹을 과일을 선택하려고 나무 가판대를 따라 정신없이 오갔다. 대부분의 오랑우탄들은 가능한 한 많은 과일을 가지고 숲으로 돌아갔다. 우리는 정신없이 급식이 이루어지는 동안 어린 오랑우탄, 새끼와 함께 온 어미 오랑우탄, 성체 암컷 오랑우탄 등을 지켜보며 사진을 찍었다.

좋은 사진을 찍기에는 다소 어려움이 있었지만 꽤 흥미진진했다. 나는 사람들이 자연 서식지에서 살고 있는 동물들을 보면 동물보호 노력

위: 인도네시아 보르네오 탄중푸팅국립공원에 사는 코주부원숭이 무리. 멸종위기에 처한 코주부원숭이는 보르네오에서만 서식하며, 강과 맹그로브 숲에 인접해 산다. 수컷은 특히 큰 코를 가지고 있는데, 그 코는 암컷을 유혹하는 역할을 한다.

에 더 많은 관심을 가지게 된다는 사실을 알고 있었기 때문에 숲에 살고 있는 오랑우탄의 사진을 찍고 싶었다. 역설적이게도 3미터쯤 떨어져서 오랑우탄을 방해하지 않고 지켜볼 수 있었던 것은 매우 자연스럽지 못한 급식 가판대 덕분이었다. 눈앞에 있는 가판대에 앉아 있는 오랑우탄의 모습을 사진으로 찍는 것이 훨씬 쉽고 좋은 기회이긴 했지만 일부러 피했고, 급식 플랫폼 쪽으로 이동하기 위해 나무 위에 있거나 급식 가판대를 떠나는 오랑우탄들의 모습을 찍는 데 최선을 다했다. 메이와 다이

**옆 페이지:** 인도네시아 보르네오 탄중푸팅국립공원 내 탄중하라판에 사는 암컷과 새끼 보르네오오랑우탄. 어미 오랑우탄은 새끼들과 놀며, 때로는 놀이의 일부로 과일 조각을 먹기도 한다.

**위:** 인도네시아 보르네오 탄중푸팅국립공원 내 탄중하라판에 사는 암컷과 새끼 보르네오오랑우탄. 새끼 오랑우탄은 최대 6년 동안 어미에게 전적으로 의존하며 젖을 먹는다. 생후 11개월경에는 단단한 음식을 먹는 훈련을 받는다.

**오른쪽**: 인도네시아 보르네오 탄중푸팅국립 공원에 사는, 성숙한 넓은 볼을 가진 수컷 보르네오오랑우탄. 수컷에게서 발견되는 완전히 발달된 볼 패드와 목 주머니는 악명 높은 긴 울음소리를 증폭시키는 역할을 한다.

앤은 나와 같은 생각을 하지는 않았기 때문에 말할 것도 없이 '보존할 만한' 사진을 더 많이 촬영했다.

조용하고 예의 바르게 급식 가판대를 구경하던 10여 명의 관광객에게는 실망스럽게도, 커다란 볼을 가진 수컷—성숙한 수컷에게는 지배력과 관련된 커다란 볼 패드가 발달한다—이 도착하자 주변이 정리되었다. 어미와 새끼 오랑우탄과 유년기의 오랑우탄들은 가져갈 수 없는 과일들은 포기하고 황급히 나무로 되돌아갔다. 암컷 오랑우탄은 새끼 오랑우탄과 수년간 함께 지낸다. 수컷들, 특히 볼이 넓은 수컷들은 대부분 혼자 시간을 보내기 때문에 일반적으로 환영을 받지 못한다. 우리는 다소 실망했지만 오랑우탄들을 눈으로 직접 보고 사진도 찍었기 때문에 나머지 두 곳의 급식소에서 더 많은 기회가 있기를 기대했다.

다음 급식소인 폰독탕귀로의 여행은 더 굶주린 모기들과 더 많은 수의 개미들 그리고 수많은 관광객들과 함께했다. 우리는 여러 장의 멋진 사진을 찍을 수 있을 것이라고 기대하며, 무더위와 높은 습도에도 이동로를 따라 2.4킬로미터 정도 이동해 급식소에 도착했다. 관광객들이 유발하는 소음에도 불구하고, 우리는 오랑우탄들이 불안할 때 내는 경고음과 같은 끽끽거리는 소리를 들을 수 있었다. 먹이를 주는 곳과 낮은 울타리로 분리된 나무 관람석에 20~30명의 관광객이 자리를 잡고 있었다.

우리는 그날 늦게 캠프 리키를 방문했다. 가장 규모가 크고 붐비는

---

**옆 페이지 왼쪽:** 인도네시아 보르네오 탄중푸팅국립공원에 사는 성숙한 수컷 보르네오오랑우탄. 지역 내 우두머리 수컷에게만 볼 패드가 발달하며, 일부 수컷은 수년 동안 커다란 볼이 생기지 않기도 한다.

**옆 페이지 오른쪽:** 인도네시아 보르네오 탄중푸팅국립공원 내 폰독탕귀에 사는 보르네오우랑우탄. 나는 사람이 만든 인공 플랫폼에서 먹이를 먹고 있는 오랑우탄보다는 나무에 있는 오랑우탄을 촬영하기 위해 의식적으로 노력했다. 하지만 다이앤과 우리의 좋은 친구 메이는 그런 생각 없이, 멈추지 않고 계속해서 '보관할 만한' 사진을 더 많이 찍었다.

곳으로 원시 열대우림에 위치하고 있다. 부두에서 내린 후, 우리는 담수 늪 위에 설치된 나무판자길을 따라 400미터 정도 이동했다. 미로 같은 숲길들이 이어진 광활한 지역이었다.

오랑우탄은 내가 예상했던 것보다 훨씬 더 크고 나무 위에서 더 자유자재로 이동했으며, 이제껏 본 고릴라와 침팬지보다 더 민첩해 보였다. 오랑우탄은 모든 대형 유인원 중에서 가장 많은 수상樹上생활을 한다. 즉 거의 대부분의 시간을 나무 위에서 보내며 땅에서는 거의 활동하지 않는다. 높은 나무 위에 있을 경우 일반적으로 밝은 하늘이 피사체를

우리들은 닮았다

역광으로 비추기 때문에 사진을 찍을 수 있는 기회가 제한적이었다.

오랑우탄은 나무 위에 잠자리를 만들고 잠을 잔다. 그들이 섭취하는 열매들을 보면 서식지에 어떤 나무들이 있어야 하는지 알 수 있다. 오랑우탄은 보르네오와 수마트라의 저지대 해안 지역에서 발견되는 저지대 숲 중에서도 특히 이탄늪림에서 번성한다. 오랑우탄orangutan이라는 이

**옆 페이지**: 인도네시아 보르네오 탄중푸팅국립공원 내 캠프 리키에 사는, 성숙한 넓은 볼을 가진 수컷 보르네오오랑우탄. 근처에 사는 오랑우탄뿐만 아니라 관광객도 나무판자길을 통해, 많은 오랑우탄이 살고 있는 열대우림 속을 여행할 수 있다. 몇 가지 독특한 사진을 촬영하기에는 확실히 쉽긴 했지만, 근접해서 촬영하는 것은 대부분의 보존 관행과는 모순되는 것처럼 느껴졌다.

**위**: 인도네시아 보르네오 탄중푸팅국립공원에 사는 사춘기 또는 아성체 암컷 보르네오오랑우탄. 암컷 오랑우탄은 11살에서 15살 사이에 성숙해진다.

름이 말레이어와 인도네시아어로 '사람'을 의미하는 오랑orang과 '숲'을 의미하는 후탄hutan이 합쳐져 만들어졌다는 점을 고려하면 오랑우탄에게

산림 서식지가 얼마나 중요한지 알 수 있다.

이탄은 물에 잠긴 상태에서 일부가 부패하면서 형성된 유기물 덩어리다. 이탄 늪으로 이루어진 숲은 동남아시아의 열대 저지대에서 수천 년에 걸쳐 많은 강우량과 고온 조건에서 부패한 나무 파편들로 형성된 생태계다. 이탄은 매년 약 5센트짜리 니켈 동전 두께로 서서히 형성된다. 깊이가 20미터나 된다는 기록도 있지만, 대부분의 열대성 나무들은 9~12미터 두께의 이탄 위에 서 있다.

이탄 늪으로 이루어진 숲을 걷는 것은 한편으론 독특하고 도전적인 경험이지만, 때로는 축축한 느낌도 경험할 수 있다. 수위가 거의 지표면이거나 지표면 부근이다. 아래의 땅은 건조해 보이지만 확실히 스폰지와 같은 느낌이 든다. 나는 한 지점에서 길을 헤매다가 움푹 팬 작은 구덩이에 발을 디뎠다가 무릎까지 빠진 적이 있었다. 늪 속에 완전히 빠져들지 모른다는 두려움에 큰 소리로 가이드를 불렀다. 가이드는 내가 처한 끔찍한 곤경에서 능숙하게 나를 구해냈고, 등산화 속을 비울 때 나를 똑바로 잡아주었다. 그곳에 어떤 생물이나 잔해가 있는지 상상하기조차 싫었다.

이탄 숲을 통과하는 우리의 힘든 여정은 젊은 오랑우탄, 어미와 새끼, 성체 암컷 오랑우탄 등 모든 연령대의 반야생 오랑우탄들을 만남으로써 보상을 받았다. 나는 심지어 적절한 거리를 두고 긴 나무판자길 가장자리에 앉아 있는, 큰 볼을 가진 수컷 오랑우탄의 사진도 찍을 수 있었다. 다이앤과 메이와 함께 보트로 돌아왔다. 내가 등산화를 벗을 무렵, 어깨 너머로 보니 우리가 방금 지나왔던 길에 거대한 수컷 오랑우탄이 앉아 있었다. 나는 양말만 신은 채 카메라를 들고 배에서 뛰어내려 수심 어린 그 수컷 오랑우탄에게 조심스럽게 다가갔다. 눈을 마주치진 않았지만 실제로는 사진을 위해 포즈를 취하고 있다는 느낌이 들었다.

귀국하고 몇 달 후, 나는 갈디카스 박사를 인터뷰할 수 있었다. 그녀는 현재 캠프 리키에서 살고 있는 오랑우탄 대부분이 수년 전 그녀가 방사한 오랑우탄들이 야생에서 낳은 새끼들이라고 말했다. 그녀는 주변 숲이 '보호되고' 있음에도 숲의 약 3분의 2가 훼손될 정도로 고갈되고 있어 야생 오랑우탄들이 종종 공급되는 음식을 가져가기 위해 출현할 것이라고 덧붙였다.


## 편안함을 느끼기에는 너무 가까워

사람들이 급식소에서 벌어진 광경에 몰입돼 있는 동안, 나는 다이앤과 메이와 함께 급식소를 벗어나 정적이 흐르는, 잘 알려지지 않은 길을 선택해 이동했다. 이런 우리의 계획에도 불구하고, 관광객들이 오랑우탄과 함께 셀카를 찍겠다고 주장하는 목소리가 여전히 우리를 방해했다. 사람들은 다른 야생동물이나 가축보다는 오랑우탄을 비롯한 대형 유인원과 함께 사진을 찍어야 한다는 강박관념을 가지고 있는 듯하다. 관광객이 셀카로 찍은 사진이 멸종위기에 처한 야생동물의 곤경에 대한 인식을 높이기 위해 자연 속 오랑우탄의 모습을 찍은 이미지만큼 가치가 있거나 훌륭하다고 보기에는 어려움이 있었다. 아마도 그와 같은 나의 냉소주의는 무거운 장비로 아픈 내 허리와 팔에 비해 그들의 가벼운 스마트폰 카메라가 제공하는 편의성에 대한 부러움 때문인지도 모른다.

　우리는 인내심을 가지고 오랑우탄의 손, 움직임과 몸짓, 얼굴표정 등을 관찰하고 사진에 담았다. 어미와 새끼 오랑우탄들의 인간다운 행동은 너무나 경이로웠다. 나무 사이에 매달린 해먹처럼 새끼들을 품에 안고 있는 어미들, 어미 목에서 목말 타기를 하고 있는 오랑우탄들, 기대에 차 귀여운 눈으로 어미를 응시하고 있는 새끼 오랑우탄들. 우리는 오랑

우탄들이 열매를 먹고 난 후 아무렇지도 않게 손가락을 핥고 있는 모습을 부러운 듯 지켜보았다.

위: 인도네시아 보르네오 탄중푸팅국립공원에 사는 성체 암컷과 새끼 보르네오오랑우탄. 성체 오랑우탄들은 인접한 나무 사이 또는 나무의 가지 사이로 팔을 뻗어 공중에 매달려 일종의 해먹처럼 만들어서 아기를 태워준다.

인간과 유사한 모습을 포착하고, 오랑우탄의 모습을 촬영할 수 있는 기회를 찾으면서도, 한편으로는 주변에서 일어나는 일들이 매우 혼란스럽기도 했다. 그날 나는 멋진 오랑우탄들의 모습을 사진에 담기로 결정하고, 행복해 보이는 습관화된 반야생 오랑우탄들 사이를 걷는 수십 명의 사람들과 같이 한 명의 관광객으로서 그곳에 있었다.

고릴라와 침팬지 여행에 대한 나의 경험과 고릴라 닥터스와 제인 구달의 동료들로부터 얻게 된 인식들에 비추어보면, 이 모든 것이 틀렸다

우리들은 닮았다

고 말하고 있었다. 이들 오랑우탄은 너무 습관화되어서 이제는 사람에게 지나치게 의존하게 됐고, 그런 사람과의 접촉은 그들의 건강에도 위협이 될 수 있다. 고릴라와 침팬지와 마찬가지로, 유전적으로 유사한 인간과 오랑우탄 간에도 감염병이 실제로 전염되고 있다. 설상가상으로 이러한 질병은 캠프 리키에서 멀리 떨어진 야생 오랑우탄 개체군에게도 전염될 수 있다. 나는 또한 지역 주민을 위한 고용의 기회가 될 뿐만 아니라, 최소한 일부 보존 노력과 연구 노력조차도 관광객들이 뿌리는 자금 없이는 존재할 수 없다는 생각을 하며 현실과 타협해보려 애썼다.

다이앤과 메이는 내가 왜 사진을 찍기 위해 '더 가까이 가지' 않으려 하고, 왜 관광객들이 오랑우탄에 가까이 다가가는 것을 반대하는지 의아해했을 것이다. 나는 인간과의 근접성과 질병 전염, 인간 접촉 및 급식에 의한 부자연스러운 의존에 대한 타고난 불안감을 억눌르면서도, 자진해서 적절한 거리를 유지하며 그 순간을 즐겼다. 유명한 오랑우탄들을 직접 관찰할 수 있는 기회를 가졌다는 것과 그 장면에 대한 내 자신의 반응에 감사했다.


## 야생으로 오랑우탄 되돌려 보내기: 항상 좋은 일일까?

이번 여행을 떠나기 전에 오랑우탄 서식지 방문과 사진 촬영 계획에 대해 이야기하자, 환경보호를 생각하는 몇몇 친구들은 약간 경계하는 표정을 지으며 특히 보르네오섬에서 진행되고 있는 오랑우탄 프로젝트의 '비정통적'이거나 '논란이 되는' 방식에 대해 언급했다. 최초 보호구역이자 내가 우려를 하기 시작한 곳인 캠프 리키에서는 일반적인 보존 원칙에 부합하지 않는 많은 관행이 벌어지고 있는 것으로 드러났다. 오랑우탄에

대한 대중의 제한 없는 접근, 급식소에서 제공되는 음식에 대한 의존, 습관화된 오랑우탄이 야생 개체군과 섞일 가능성 등은 실제로 내가 기대한 것과는 정말 너무나 달랐다.

집으로 돌아온 후, 너무 가까운 인간과의 접촉에 여전히 불안함을 느낀 나는 그런 상황을 좀 더 조사해보기로 했다. 수십 년 동안 보르네오에서 오랑우탄의 행동과 생태를 연구한 캐나다 심리학자이자 영장류학자인 앤 러슨Anne Russon 박사에게 연락했다. 앤은 원래 오랑우탄 재활 프로젝트의 기능은 불법 포획됐다가 압수된 오랑우탄을 수용하는 시설을 운영하는 것이었다고 말했다. 종종 자격도 없이 호의를 가진 개인들이 오랑우탄들이 살아가는 데 필요한 사항이나 적절한 영양공급, 건강, 심리적 요구사항 등에 대한 지식도 거의 없는 상태에서 적은 예산으로 운영했다고 한다.

앤은 그들이 최선을 다했고, 야생에서 태어났지만 압수돼 붙잡혀와 '재활을 받은' 오랑우탄들을 결국 기존의 오랑우탄들이 있는 지역에 대부분 방사했다고 생각했다. 방사된 많은 오랑우탄은 사람들에 의해 살해된 어미 오랑우탄들의 새끼였다. 대부분 7살 미만으로 서식지 상실이나 불법 사냥으로 피해를 입은 오랑우탄들이었다.

모든 센터가 새로운 지침을 따르지는 않을 것이라는 앤의 우려에도 불구하고, 초창기 이후로 많은 것을 배웠고, 또한 많은 변화도 있었다. 1970년대 후반 무렵, 전문가들은 재활을 받은 오랑우탄으로 야생 개체군을 보충하는 것이 그 오랑우탄들을 지원한다기보다는 오히려 스트레스를 줄 수 있음을 인식하기 시작했다. 야생에는 이미 서식지 자원이 감소해 지원을 받아야 하는 오랑우탄이 너무 많이 있었기 때문이다.

옆 페이지: 인도네시아 보르네오 탄중푸팅국립공원에 사는 유아기 보르네오오랑우탄. 새끼 오랑우탄의 약 90퍼센트는 다른 대형 유인원들보다 긴 5~6년 동안 어미에게 의존한다.

초기에 꼭 필요한 자금과 보존교육을 제공하기 위해 장려된 관광업이 이제는 특히 포획된 적이 있는 오랑우탄에게 가까이 접근할 수 있는 시설의 경우 잠재적인 질병의 원인으로 확인됐다. 연구자들은 다른 아종에 속하는 오랑우탄이나, 진단되지 않은 질병에 걸린 오랑우탄을 야생으로 방사할 경우 발생할 수 있는 건강상의 위험이나 유전적 영향에 대해 우려하고 있다.

재활센터에서 야생으로 방사되기를 기다리고 있는 오랑우탄이 2000마리가 넘는다고 하며, 그 수가 계속 늘어나고 있다고 한다. 앤은 다행히도 적절한 검사를 거치고 재활을 받은 오랑우탄들을 야생으로 재정착시키는 사업이 이전에 오랑우탄 개체가 한 번도 서식한 적이 없는 곳 가운데 신중하게 선택된 보르네오 저지대 숲에서 방사후지원사업과 함께 합리적으로 이루어지고 있다는 점도 지적했다.


## 팜유 — 오랑우탄에게 가장 큰 위험

포획된 적 있는 오랑우탄들이 다루어지고 야생으로 다시 보내지는 방식에 대해서는 여전히 논란이 있지만, 팜유palm oil가 오랑우탄의 생존에 가장 큰 단일 위협이라는 데는 아무도 이의를 제기하지 않는다. 황폐화의 자취는 어디에나 존재한다. 비행기 창을 통해 맨눈으로도 농장이 어떻게 열대우림을 대체했는지 볼 수 있으며, 야자수 열매를 높이 쌓아 올린 긴 트럭 행렬이 고속도로를 따라 줄지어 서 있다.

1960년대 인도네시아와 말레이시아 정부는 팜유 생산이 원주민의 생활 수준을 향상시키기 위한 경제 전략 가운데 큰 비중을 차지할 것이라고 판단했다. 오늘날 이들 두 국가는 전 세계 팜유 공급량의 85퍼센트

우리들은 닮았다

이상을 생산하고 있다. 원래 서아프리카에서 유래한 기름야자나무*Elaeis guineeinsis*는 연간 500억 달러에 이르는 산업의 중심을 차지하고 있다.

시장에서 가장 인기 있는 식물성 기름인 팜유는 생산 측면에서 다른 기름보다 훨씬 더 경제적이다. 콩의 경우 작물 한 줄당 수확량은 훨씬 적고 매년 다시 심어야 하는 반면, 기름야자나무에는 20년 동안 기름이 풍부한 열매가 계속 열리기 때문이다. 실온에서 안정적이고 아무런 맛이 없어 쿠키, 누텔라, 샴푸, 화장품, 치약, 마가린 등 거의 모든 제품에 사용된다. 또한 공업적 용도로도 사용되고 있다.

연구자들은 2000년에서 2018년 사이 보르네오에서 일어난 600만 헥타르의 산림 손실 가운데 최소 39퍼센트가 팜유 산업 때문이라고 믿고 있다. 정부에서 산림 손실의 확장세를 제한하기 위해 각종 규제를 쏟아 내자, 대기업들은 이에 대응해 수천 개의 소규모 생산자에게 기름야자나무 재배와 경작지 개발을 떠넘기며, 규제 시행을 거의 불가능하게 만들고 있다. 대기업이나 소작농이나 모두 기름야자나무 경작용 토지를 개간하기 위해 저렴한 방법인 화전 기술을 사용한다. 이로 인해 화재가 발생하면 통제 불가능한 상태로 타오르기도 한다.

이탄은 인화성이 매우 강해 표면 위아래 양쪽에서 모두 발화 및 연소가 일어난다. 아래로 깊은 곳까지 번진 불은 진압이 불가능할 수 있으며, 몇 달 후에도 연기를 피우다가 다시 불이 붙기도 한다. 이탄 습지로 이루어진 숲은 저지대 숲보다 최대 20배 더 많은 탄소를 저장하는 거대한 탄소 저장소로, 그중 90퍼센트가 지표면 아래에 있다. 전문가들은 인간의 활동으로 인한 전 세계 이산화탄소 배출량 가운데 최대 3퍼센트 정도가 주로 동남아시아에서 기름야자나무를 심기 위해 이탄 습지에 있는 물을 배수 처리한 뒤 숲을 불태우기 때문에 발생하는 것으로 추정하고 있다.

**위:** 인도네시아 보르네오 탄중푸팅국립공원에 사는 유년기 보르네오오랑우탄. 성체 암컷 오랑우탄들은 가끔 눈으로 쳐다보기만 할 뿐 주로 유년기 오랑우탄들끼리 함께 시간을 보낸다.

우리들은 닮았다

대규모 개간지와 셀 수 없이 많은 기름야자나무에 둘러싸여 있었던 나는 최근까지만 해도 원시 이탄 늪으로 이루어진 숲들이 아무런 제지도 없이 파괴되는 속도에 압도당했다. 보르네오섬에서 발생하는 통제 불가능한 대규모 화재는 지역 야생동물과 마을 주민들뿐만 아니라, 다른 지역사회의 건강과 경제에도 영향을 미치고 있음이 자명하다. 나는 매년 11월부터 5월까지 중국 동부와 아시아 남부 지역을 뒤덮는 '갈색구름brown cloud'에 관한 뉴스에서 나온 표현을 떠올렸다. 그것은 의심의 여지 없이 팜유 생산을 위해 이탄 숲을 개간하려고 화석연료와 생물자원을 태웠기 때문이다. 보르네오섬을 방문했을 때, 우리는 생태 위기의 그라운드 제로(사고의 진원지)에 서 있었다. 그해에 소각과 개간이 다시 일어나지 않도록 하려는 그 어떤 노력의 흔적도 보이지 않았다.

보르네오섬에서 불미스러운 화재가 특히 많았던 2015년, 그해 전 세계 온실가스 배출량의 약 30퍼센트가 보르네오섬에서 발생한 화재 때문이라는 기사도 읽은 적이 있다. 인도네시아의 거대한 탄소 흡수원이었던 보르네오섬이 이제 전 세계적인 문제의 진앙지로, 우리 모두에게 영향을 미치고 있는 기후 변화에 기여하고 있다. 우리는 정말로 점점 더 상호의존적인 세상에 살고 있다.

또 다른 비극적인 대규모 오랑우탄 서식지 손실은 점점 심각해지고 있는 식량 부족 문제를 해결하려는 시도가 실패함으로써 발생했다. 1990년대 후반, 인도네시아 정부는 100만 헥타르의 '비생산적인' 이탄 습지를 논으로 전환하는 메가라이스프로젝트Mega Rice Project를 실시했다. 나는 인도네시아에 있는 동안 실패로 끝난 당시 계획에 대해 이야기를 들었고, 계획된 파괴 규모에 충격을 받아 집에 돌아와서 더 자세한 내용을 조사했다.

칼리만탄—보르네오섬에서 인도네시아에 속한 지역—남쪽의 광대한 지역에서 4000킬로미터가 넘는 '관개' 운하를 파는 것과 더불어, 합법 및 불법 벌목, 소각 작업으로 인해 이탄 습지가 건조화되면서 생태학적 재앙이 발생했다. 이탄에서 방출된 황산으로 인해 어류가 떼죽음을 당함으로써 지역 주민들에게 가장 중요한 단백질 공급원이 사라져버렸다. 메가라이스프로젝트는 공식적으로 중단됐다. 한때 해발 3000미터까지 보르네오섬을 뒤덮었던 저지대 열대우림의 50퍼센트가 사라졌다.

1999년에서 2015년 사이에 10만 마리의 보르네오오랑우탄이 사라진 것으로 추정되며, 공개된 보고서에 따르면 대부분의 손실은 천연자원 개발 때문에 발생했다고 한다. 오랑우탄이 살고 있는 칼리만탄에 속한 수백 개의 마을에서 수천 명의 응답자를 대상으로 한 최근 인터뷰 기반 설문조사 결과, 우려되고 깜짝 놀랄 만한 사실이 드러났다. 설문 응답자들의 일생 동안 연평균 약 2000~3000마리의 오랑우탄이 직접적으로 살해됐다고 한다. 실제로 해가 되거나 해가 될 것이라는 두려움 때문이거나, 실제 피해를 입었다거나, 활동에 방해가 된다거나 하는 등의 충돌에 기인한 살해는 보호단체들도 이미 잘 알고 있는 내용이다. 하지만 놀랍게도 오랑우탄을 살해한 주된 이유는 어떤 충돌 때문이 아니라 식량을 얻기 위해서였다.

오랑우탄의 멸종이 극심한 빈곤과 기아 때문이라고 생각하니 너무나 슬프다. 메가라이스프로젝트라는 이름 아래 기아를 완화하려는 잘못된 시도로 엄청난 수의 오랑우탄이 목숨을 잃었다. 무엇보다 숲 인근에서 살며 법을 알지만 대안이 없는 평범한 사람들의 손에 수많은 오랑우탄이 죽고 있다. 나는 야생동물 보호가 종종 사람에 대한 지원으로 귀결되기도 한다는 사실을 다시 한 번 배웠다. 바로 여기에 닥스포그레이트에이프스에서 프로그램을 설계할 때 고려해야 할 중요한 메시지가 담겨 있었다. 지역사회를 중심으로 활동하는 보호단체들은 취약한 야생동물의 손실을 막으려면 우선 지역 주민의 요구사항을 해결해야 한다는 사실을 오래전부터 인식해왔다.


## 현장보고서: 인도네시아 젊은이들이 '이해'하다

세코니어강을 따라 여러 번 하이킹과 여행을 하는 동안, 인위적인 변화가 우리 주변에 있는 자연의 아름다움을 위협한다는 사실이 점점 더 분명해졌다. 오랑우탄은 황폐화된 숲이나 이차림, 또는 화재 이후 복구되고 있는 숲에서 살아남아야 한다. 오랑우탄이 살고 있는 열대우림의 파괴는 오래전 먼 곳에서 일어난 일이 아니다. 그리고 감춰져 있지도 않다. 여러분은 전기톱 소리도 들을 수 있고, 수천 헥타르의 기름야자나무 농장도 볼 수 있으며, 고속도로를 따라 야자 열매를 가득 실은 트럭을 뒤따라갈 수도 있다.

다행히 지금은 야생 오랑우탄 개체 수를 유지하기 위한 전면적인 노력들이 이루어지고 있다. 서식지를 보존하는 것이 가장 중요하다. 비루테 갈디카스 박사가 조직한 국제오랑우탄재단Orangutan Foundation International은 지난 2년 동안 30만 그루 이상의 나무를 심었다. 또한 탄중푸팅국립공원과 라만다우 자연보호구역 사이에 위치한 오랑우탄 레거시 포레스트Orangutan Legacy Forest용 토지도 매입했다. 토지 매입자가 기름야자농장으로 전환하지 않고 열대우림으로 유지하기를 바라는 현지 다야크족 농부들이 내놓은 토지였다.

2018년 8월부터 수도 자카르타에서 멀리 떨어진 곳까지 190개 학교에서 3만 7000명의 학생들에게 교육 프로그램이 전파됐다. 갈디카스 박사는 젊은 인도네시아인들이 이런 상황을 '이해하고' 변화가 필요하다고

생각하고 있다고 확신한다. 그녀는 많은 인도네시아 대학원생을 교육시켰으며, 그중 일부 졸업생들은 정부에서 일하고 있다. 그녀는 그들이 정부정책에 영향을 미칠 수 있기를 희망한다. 그녀는 또한 가장 최근에 발생한 화재들을 진압할 때 인도네시아 정부가 제공한 대폭적으로 개선된 지원정책에 감명을 받기도 했다.

연구자들은 희망이 사라졌던 불타버린 지역에서 오랑우탄 개체 수가 복원되고 있음을 눈으로 확인하고 있다. 그리고 과학자들은 오랑우탄 번식 패턴과 엘니뇨 현상이 오랑우탄에게 미치는 영향, 심지어 어떤 종류의 과일나무가 산림 복원 노력에 가장 적합한지를 파악하고자 서로 협력하고 있다.

우리는 호기심 많은 우리의 붉은색 친척의 사진을 찍고자 하는 단순한 한 사람의 관광객으로서 여기에 왔다. 우리는 실제로 원하는 사진을 찍을 수 있었다. 하지만 이제 단순한 관광객이 아니라, 현장에서 목격하고 배운 것에 관심을 가진 환경보호 활동가가 돼 여기를 떠나게 됐다. 나는 다이앤과 메이와 함께 동자바의 브로모산과 그곳의 추위에 대비해 짐을 꾸리면서, 보호가 절실히 필요한 사랑스럽고 덥수룩한 붉은 털 사촌들을 곤경에 처한 열대 저지대에 남겨두고 떠나야 한다는 생각에 마음이 무거웠다.

옆 페이지: 인도네시아 보르네오 탄중푸팅국립공원에 사는 성체 수컷 보르네오오랑우탄. 수컷 보르네오오랑우탄은 90퍼센트 이상의 시간을 혼자 보내는 생활방식을 선호한다.

# 6

# 콩고분지의 심장부에서

보노보, 콩고민주공화국

대형 유인원에 대해서 이야기를 나누면서 대부분의 일반인은 이전에 보노보에 대해 들어본 적이 한 번도 없다는 사실을 알게 되었다. 나는 보노보 사진을 찍어본 사람은커녕 보노보를 본 사람도 만난 적이 없었다. 대부분의 사람은 침팬지와 고릴라, 오랑우탄에 대해 들어본 적은 있을 것이다. 하지만 보노보는 그들의 대형 유인원 친척들과 달리, 그들에게 다가갈 기회는 물론이거니와 야생 보노보 사진을 찾기도 매우 어려웠다. 이런 사실들이 내게는 좀 의아했으며 '완전히 이해하지는 못했지만 결국 따라잡으리라는 것을 알아'라는 또 다른 내 이상한 강박관념을 확고하게 만들었다. 다음 목표는 보노보였다. 대형 유인원 보호단체의 수장으로서

옆 페이지: 콩고민주공화국 킨샤사의 롤라야 보노보 보호소에 사는 성체 암컷 보노보. 보노보는 대부분의 먹이를 숲속 높은 곳, 일반적으로 지면에서 25~40미터 높이에서 구하며, 하루 중 최대 20퍼센트의 시간을 먹이를 찾는 데 보낸다.

## 콩고민주공화국 로마코에 사는 보노보를 보기 위한 여정

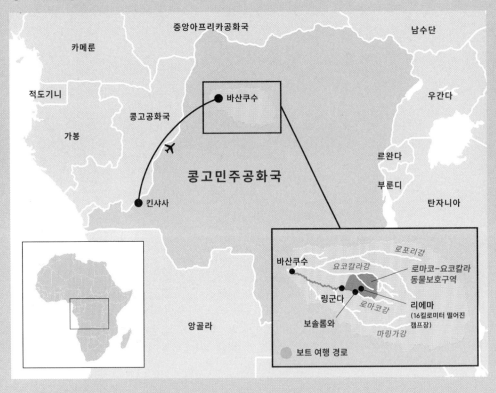

나는 대중에게 잘 알려지지 않은 이 대형 유인원과 그 보호에 대해 더 많이 이해해야 한다고 생각했다.

내가 처음 배운 것은 '보노보'라는 이름에 아무런 과학적 의미가 없으며, 자이레(콩고민주공화국의 옛 이름)의 볼로보Bolobo로 배송되는 상자에 인쇄된 글자에서 유래된 것으로 추정된다는 것이었다. 침팬지속에 속하는 두 종 가운데 하나인 보노보Pan paniscus는 밀접한 근연성을 가지고 있

　　　　　　　　　　　　　　　우리들은 닮았다

는 또 다른 종인 침팬지*Pan troglodytes*와 외관상 매우 비슷하게 생겼다. 일반적으로 보노보는 침팬지보다 작고 날씬하며, 더 짙은 색을 띠고 머리카락이 중앙에서 양쪽으로 갈라져 있다. 보노보의 몸무게는 30~45킬로그램, 키는 1.2미터 정도다. 보노보 무리는 침팬지 무리보다 더 평화롭고 일반적으로 암컷이 무리를 이끈다.

나는 보노보를 찾아 사진을 찍는 것이 매우 어렵다는 사실도 알게 됐다. 보노보는 콩고민주공화국 에카퇴르주에 위치한, 약 20만 제곱킬로미터로 영국 크기 정도 면적의 콩고분지 중에서도 가장 개발이 안 된 가장 외딴 지역에 살고 있다.

나는 르완다 무산제에 위치한 국제고릴라보전프로그램International Gorilla Conservation Programme 소속의 보전과학자이며 친구이기도 한 제나 히키Jena Hickey 박사에게 연락했다. 그녀를 지난 번 본 이후 줄곧 야생에서 사는 침팬지와 오랑우탄의 사진을 찍는 나의 여정을 공유해왔다. 그녀에게 보노보의 사진을 찍을 수 있는 방법이 있는지 문의했다. 제나는 영장류학자이며 아프리카야생동물재단African Wildlife Foundation 소속 대형 유인원 코디네이터인 제프 뒤팽Jef Dupain 박사를 소개시켜주었다. 그에 따르면, 보노보에 접근하기는 매우 힘들겠지만, 기대 정도에 따라 보노보를 찾아 사진을 찍는 여행은 가능하다고 했다.

그가 나에게 이메일로 보낸 일정은 간단했다.

콩고 열대우림 깊숙한 곳에 위치한 로마코-요코칼라 동물보호구역 내 리에마라는 조사현장으로 향하게 될 것입니다. 전기도 없고 도로도 없어 보트로만 접근 가능합니다. 콩고 킨샤사행 국제선을 내려 수상용 경비행기로 갈아타고 바산쿠수까지 간 다음, 링군다에 있는 순찰대까지 마상이를 타고 260킬로미터를 더 이동해서 하룻밤을 보냅니다. 다음날 마상이로 보솔롬와까지 3시간 동안 여행한 후, 리에마까지 내륙으로 16킬로미터를 하이킹합니다. 준비하는 데 도움이 되길 바랍니다. 우기입니다. 텐트를 가져오세요.

수상용 경비행기와 비포장 활주로, 나무속을 파내고 만든 카누를 타고 콩고강에서 보내는 날들, 위험한 늪지대, 긴 하이킹, 가장 외진 곳에 사는 대형 유인원을 보기 위한, 목숨까지 잃을 수 있는 위험한 콩고 열대우림 탐험.

나는 '완벽하다'라고 생각했다.

다이앤은 이번 여행에 대해 "흥미로울 것이 전혀 없다"라고 단호한 어조로 말했다. 내가 사람들에게 같이 갈 기회를 주겠다고 하자, 사람들은 믿을 수 없다는 표정으로 쳐다보며 눈에 띄게 창백해졌다. 마치 내가 현실 감각을 잃었다고 확신한 듯, 모두가 나의 초대를 정중하게 거절했다.

결국 나는 고릴라 닥터스로 유명한 닥터 마이크 크랜필드에게 이번 모험을 같이하자고 설득했다. 마이크는 모교인 궬프대학교로부터 명예박사 학위를 수여받고, 수의대 졸업생들에게 학위수여식에서 연설을 하기 위해 최근 동아프리카에서 캐나다로 귀국한 상태였다. 그의 명예박사 학위 수여를 기념하는 바베큐 파티에서 그는 시원한 캐나다 맥주로 수분을 충분히 섭취한 상태에서 그날의 축하에 힘입어 나의 초대를 수락했다. 우리는 콩고민주공화국의 수도 킨샤사에 있는 은질리공항에서 만나기로 했다. 그는 콩고 동부 고마에 있는 고릴라 닥터스 사무실에서 국내선 비행기를 타고 오기로 했고, 나는 파리를 경유하는 국제선 항공편으로 은질리공항에 도착했다. 더할 나위 없이 흥분됐다.

우리들은 닮았다

## 험난한 출발

나는 킨샤사의 은질리국제공항에 있는 문이 닫히고 이미 어두워진 국내선 터미널의 활주로를 믿을 수 없다는 표정으로 응시했다. 도움을 주는 짐꾼은 고마에서 출발하는 항공편을 포함해 그날 예정된 모든 항공편이 도착했다고 확신했다. 그러나 마이크는 그 어디에서도 찾을 수 없었다.

너무나 당황한 나는 마이크가 예정된 약속 장소에 분명히 없는 것이 맞는지 사방을 살펴보았다. 공항에 도착한 사람들의 소란이 가라앉고 사람 수가 줄어들자, 나는 마지못해 몇 대 안 남은 택시 중 한 대에 소지품들을 싣고 우리의 연락책인 타티가 미리 준비한 호텔로 이동하려고 했다. 소형 택시는 공식 번호판도 없고 휠캡 몇 개도 없었으며, 다양한 완성도의 차체 보수가 있었음을 보여주는 대형 모자이크를 자랑했다. 앞유리에도 여러 개의 균열이 있었고 내부에는 여러 색상의 스티커가 겹쳐져 있었다. 과묵한 택시기사는 우리가 혼잡한 킨샤사로 향할 때 목적지에 대해 완전히 확신하지 못한 것처럼 보였으며 영어는 한마디도 못 했다. 태양이 수평선 아래로 사라지자 이번 열대우림 여행에 대한 나의 기대도 함께 사라지는 듯했다.

벨기에 식민지 개척자들이 한때 레오폴드빌이라고 불렀던 킨샤사에는 1100만 명이 넘는 사람들이 살고 있는 것으로 추산된다. 킨샤사는 이 도시의 수원이자 모든 하수가 모여드는 콩고강 남쪽 제방에 위치하고 있다. 이 거대 중심지는 두 차례의 콩고전쟁을 포함해 수십 년간의 정치적 불안정으로 높은 수준의 빈곤과 궁핍 상태에 빠졌다.

대부분의 사람들은 생존을 위해 안간힘을 쓴다. 도시 인구의 70퍼센트 이상이 적절한 식량 공급을 받지 못하고 있다. 2만 명이 넘는 것으로 추산되는 거리의 어린이 갱단과 거리를 배회하는 깡패들 때문에 높은 수준의 범죄율을 보이고 있다. 경찰과 군대를 포함한 정부 당국의 부패도 만연해 있다. 행정부는 도시의 일부 지역에 수도, 전기 및 위생과 같은 기본 서비스를 적절하게 제공할 수도 없는 상태다. 예외적으로 눈에 띄는 곳은 곰베라는 지역의 강변이다. 이곳은 인구 밀도가 훨씬 낮고 높은 담장들과 나무가 늘어선 포장된 대로도 있다. 이곳에는 엘리트 콩고인과 유럽인, 대사관 및 정부 행정청사들이 한데 모여 있다.

킨샤사에는 별도의 교통 규칙이 없다. 우리는 무더위 속에서 평균 시속 10킬로미터의 속도로 숨 막히고 곳곳이 움푹 팬 거리에서 공간을 확보하기 위해 분주하게 움직였다. 통근을 하는 사람들은 붐비는 버스를 타기 위해 사투를 벌이기도 하고, 택시의 개방형 해치백 위에 올라타기도 했다. 경적 소리가 끊임없이 울려 퍼졌다. 더 가난한 동네를 지나갈 때 양철 지붕의 콘크리트블록 집들을 오염된 안개 사이로 볼 수 있었고, 길가에 길게 늘어선 나무로 만들어진 노점과 노점상들이 운전을 방해하기도 했다.

온갖 종류의 자전거와 모터 스쿠터, 나무 수레, 개조된 트럭들이 길가에 불규칙하게 주차돼 있었고, 행상인들의 광란스러운 상업 활동도 목격했다. 우리는 흙길로 연결돼 있고 나무로 조잡하게 만들어진 쉼터들이 있는 구역을 지나갔다. 여기저기 사람들로 붐볐다. 옆에 있는 불에 타버린 자동차의 전복된 차체나 이른 아침에 불에 타버린 쓰레기 더미는 잊은 채 사람들은 주차된 오토바이 위와 사교장소인 길가에 걸터앉아 있었다.

해가 진 지 꽤 오랜 시간이 지난 후, 택시기사는 사람들이 북적거리는 대규모 야외 시장에 모인 군중 사이로 능숙하게 차를 몰아 세운 뒤 아무 설명도 없이 차에서 내렸다. 그러고는 갑자기 엄청난 군중 속으로 사라졌다. 수많은 콩고 사람들이 불법 주차된 우리 차량을 피하기 위해 방향을 바꾸곤 했다. 많은 사람이 차량에 혼자 있는 백인 탑승자의 모습에 의아해했다. 그 순간 나는 매우 두려웠다. 콩고민주공화국으로 가는 불필요한 여행을 모두 피하라는 정부의 권고, 몸값 때문에 납치된 유럽인 이야기, 킨샤사의 중앙 감옥 근처에서 총격전으로 12명이 사망했다는 최근 언론 보도 등 암울한 일들만 떠올랐다.

약 20분 정도가 흐르자, '택시기사가 빨리 돌아오지 않으면 낯선 오른쪽에 위치한 핸들을 잡고 차를 운전해야 할지도 모르는 상황에 대비해야겠다'라는 생각이 들었다. 인파를 헤치고 길을 찾거나 자동차의 시동장치를 찾으려던 나의 헛된 노력은 택시기사가 미소를 지으며 중년 여성과 함께 되돌아오면서 끝이 났다. 그는 하루 일과가 끝난 아내를 데리러 간 것이었다. 그녀는 곰베시에 있는 마리넬 호텔로 이동하는 1시간 동안 우리와 함께했다.

고마에서 킨샤사로 오는 마이크의 비행기는 당일 이른 시간에 취소됐고, 그날 저녁에 도착하도록 일정이 변경된 것으로 확인됐다. 마이크가 콩고민주공화국에 있는 고릴라 닥터스 소속 동료들에게 자신이 휴대폰을 가지고 오지 않았다는 내용의 긴급 이메일을 보내 겨우 서로 연락이 닿을 수 있었고, 우리 계획은 다시 정상 궤도로 되돌아오게 됐다.

다음 날 아침 일찍, 우리의 트윈 프로펠러 전세기는 킨샤사 중심부에 위치한 은돌로공항에서 바산쿠수로 출발했다. 중간에 연료를 보충하고, 세멘두아라는 마을까지 태워주기로 약속한 아이와 그 아버지를 내려주기 위해 잠시 멈췄다. 조종사 닉과 브레트는 모두 캐나다 출신이었다. 그들은 지구상에서 가장 외딴 서아프리카 지역에서 인도주의 기관들과 고립된 선교사들, 마을 원주민들에게 서비스를 제공하는 단체인 항공선교회Mission Aviation Fellowship에서 일하고 있었다.

우리 비행기는 동화책에 나올 듯한 하얀 솜털 구름 사이를 미끄러지

듯 비행했고, 바산쿠수까지 560킬로미터 동안 거대한 콩고 열대우림의 놀라운 전망이 아래로 펼쳐졌다. 바산쿠수는 보노보 서식지 중심부인 로포리분지와 로마코강으로 가는 도중에 있는 마지막 항구다.

드넓게 펼쳐진 콩고분지를 비행하면서 나는 왜 보노보가 고릴라와 침팬지가 발견되는 지역과 완전히 다른 지역에서 살고 있는지 궁금했다. 집에 돌아와서 그 이유를 조사했다. 중앙아프리카 서부에 있는 거대한 콩고강은 적도에 걸쳐서 거꾸로 된 U자 모양을 하고 있다. 보노보가 살고 있는 열대우림 늪지대는 콩고강 남쪽의 '왼쪽' 제방에 있다. 따라서 보노보의 서식지는 강 북쪽의 '오른쪽' 제방에 사는 침팬지나 고릴라의 서식지와 겹치지 않는 것이다.

침팬지와 마찬가지로 보노보는 허리 높이의 물속에는 들어가는 것으로 알려져 있지만, 수영을 하지 않는다. 홍적세(250만 년 전에서 1만 2000년 전까지)에 콩고강의 출현으로 보노보와 침팬지의 공통 조상은 지리적으로 분리된 상태에서 결국 두 개의 다른 종으로 진화했다는 것이 다수의 의견이다. 하지만 최근 과학자들은 콩고강이 실제로 약 3400만 년 전에 형성됐고, 이는 침팬지와 보노보가 분기된 시점보다 훨씬 이전이므로 그 당시 보노보의 조상들이 왼쪽 제방에 살지는 않았을 것이라고 추정한다. 훗날 보노보의 조상들이 드물지만 수위가 낮아졌을 때 콩고강을 건넜을 가능성도 있다.


## 잔인한 식민 지배의 중심지

콩고강은 아프리카 보노보의 진화뿐만 아니라 인류의 역사를 형성시켜 온 강력한 원동력이다. 아프리카, 특히 이곳 콩고에서 수세기 동안 존재

우리들은 닮았다

해온 착취와 식민지화의 뼈아픈 유산은 이 지역의 지속적인 불안정과 절망 그리고 폭력의 근원이기도 하다. 우리가 곧 착륙할 바산쿠수는 마링가강과 로포리강의 합류 지점이며, 콩고강의 지류인 루룽가강 주변에 있다. 이곳은 19세기와 20세기 초 고무 수확의 중심지였다. 그 기간 동안 해당 지역을 식민지로 삼았던 벨기에 왕 레오폴 2세의 콩고 행정부 군인들로부터 지역 주민들은 끔찍한 학대를 당했다. 아비르 콩고 회사Abir Congo Company에게 대규모 허가구역이 할당됐고, 주민에게 고무 형태로 세금을 부과할 수 있는 권리가 주어졌다.

수도에서 콩고강을 따라 이어진 최초의 교역소인 바산쿠수는 그 대규모 허가구역 내에서 교역의 중심지가 됐다. 일련의 교역소를 악용해 세금을 징수하는 시스템이 개발됐다. 세금을 내지 못한 사람들은 신체 절단이나 납치, 잔인한 구타, 심지어 살인까지 당했다.

그러한 역사적 집단 트라우마의 결과는 킨샤사에서 고통스럽게 나타났다. 콩고의 끔찍한 식민지 역사의 중심지였음에도, 수도와 멀리 떨어진 바산쿠수 마을 주민들의 삶이 더 나았을지는 확신할 수 없었다. 이제 곧 알게 될 것이다.

우리의 소형 비행기가 소규모 야외 터미널 근처에 모인 수많은 마을 사람들이 지켜보는 가운데 긴 자갈 활주로를 달리다 멈춰 섰다. 여권과 '여행 명령ordre de mission' 서류—7개 이상의 공식 도장이 찍힌 공증된 초청장—를 제출한 뒤, 대기 중이던 픽업트럭을 타고 마을 끝에 위치한 게스트하우스인 마만쿠치로 이동했다.

우리는 한때 위풍당당했지만 식민지 시대부터 빛이 바래 유물이 된 건물의 '일반' 객실을 배정받고 여행가방을 옮겼다. 시멘트 바닥과 내벽은 오래전에 페인트가 모두 벗겨져 흙 색깔과 별 차이가 없었다. 하나뿐인 전등 스위치는 철창과 찢어진 방충망이 쳐진 작은 창 옆의 벽에 설치돼 있었다. 스위치는 천장에 고정장치 없이 노출된 두 개의 전선에 매달려 있는 콘센트와 연결돼 있었으며, 무더운 방에서 제일 먼 구석에 위치해 있었다. 조명이 없는 공동 화장실에는 국자 같은 냄비가 부착된 커다란 금속 드럼통에 물이 채워져 있었으며, 그 건너편에는 건식 구덩이 변기가 있었다. 한편으로는 실망스러웠지만, 다른 한편으로는 오래된 숙박 시설에 도전하고픈 의욕을 동시에 느꼈다. 나는 객실에 있는 유일한 가구인, 바닥에서 30센티미터 높이의 나무 프레임에 깔려 있는 얼룩진 매트리스 위에 배낭을 올려놓고, 현금과 카메라를 그 매트리스 아래에 숨겼다.

마이크와 나는 기온이 섭씨 37도나 되는 오후에 코코아와 커피, 파스타, 정어리, 쌀, 콩, 생수와 같은 보급품을 구입하기 위해 바산쿠수 시장으로 출발했다. 구매 목록에는 앞으로 우리 여행에 필요한 것—일반적인 캠핑용 음식물—과 캠프 내 창고를 채울 물품들이 포함돼 있었다. 보급품을 배송받을 기회가 많지 않기 때문이었다. 마이크는 여행 동안 마실 프리머스 맥주를 구입할 수 있어 기뻐했다. 우리는 보트 여행 마지막 지점에서 리에마에 있는 캠프로 물품들을 이송하는 데 필요한 짐꾼을 추가로 고용하기로 했다. 우리는 발효 옥수수에서 증류한 지역 술인 로토코 구입을 권유받았으나 정중하게 거절했다. 우리는 그것이 옥수수 속대에서 나오는, 높은 수준의 독성 메탄올을 함유하기도 한다는 사실을 나중에 알게 됐다.

우리가 캠프 보급품을 구하는 동안, 아프리카야생동물재단 담당자인 앨프리드는 항해에 적합한 마상이 한 대와 75마력의 선외 모터(하루 미화 75달러), 운전기사(하루 미화 15달러), 선원(하루 미화 10달러), "석유를 섞지 않은 양질의 연료" 1000리터, 기름 40리터, 여벌 점화 플러그 가격을 협상하기 시작했다. 우리의 목적지가 멀리 떨어진 곳에 위치하고 있었기 때문에 모든 것이 입이 떡 벌어지는 비싼 가격이었다. 예를 들어, 1000리터의 연료는 할인 없이 리터당 미화 2달러에 팔았다.

우리는 바산쿠수 경제에 활력을 불어넣은 후, 객실이라는 현실 세계로 돌아왔다. 부엌 공간으로 가는 모험은 하지 않기로 했다. 점심과 저녁, 다음 날 아침 식사로 방 바깥에 돌출된 지붕으로 생긴 그늘에 앉아 집에서 가져온 그래놀라 바와 살라미 소시지를 먹었다. 다음 날 아침, 침침한 눈으로 밤새 매트리스에서 끔찍한 기생충에 감염되지나 않았을까 하는 걱정과 함께 잠에서 깨어났다. 가져온 침낭은 위험에 노출시키지 않기 위해 사용하지 않기로 했다. 하지만 기괴하고 검은 털이 많이 난 손바닥 크기의 거미가 근처 시멘트 벽에서 나를 내려다보고 있는 것을 보자마자, 기생충에 대한 우려는 사라졌다.

## 연필 모양의 배로 콩고강 유람하기

우리의 지침은 명확했다. 해가 지기 전에 링군다 마을 순찰대에 도착하기 위해 우리는 오전 6시까지 강에 도착해야 했다. 지름이 2미터이고 키가 50미터까지 자랄 수 있는 톨라 나무 한 그루를 깎아 만든 좁고 긴 형태의 카누 모양의 통나무배가 제대로 역할을 해주었다. 사용 가능한 거의 모든 바닥 공간은 연료, 식량 보급품 및 사람들이 차지하고 있었다. 어린애부터 노인에 이르기까지 마을 사람들은 인근 마을까지 무료로 이동할 수 있는 보기 드문 기회에 모두 기뻐하며, 선장 바로 앞에 밝은 주황색 방수포로 덮인 화물 더미 주위에 자리를 잡았다. 뱃사공은 검은색 75마력의 선외 모터에 쉽게 닿을 수 있는, 12미터 길이의 연필 모양의 보트 측면에 위태롭게 앉아 있었다. 뱃머리에는 화물 운임을 지불한 사람만 앉

을 수 있는 낡은 나무 의자 두 개가 한 줄로 놓여 있었고, 양쪽 측면에는 공간이 없었다. 카메라 장비와 가방들, 마이크의 프리머스 맥주는 안전하고 건조한 곳에 보관했다. 마침내 모든 물품과 사람이 보트 안에 자리를 잡았고, 우리는 어둠을 뚫고 탄닌이 풍부한 마링가강을 헤쳐나갔다.

전설적인 콩고강의 지류에서 나무속을 파내서 만든 카누를 타고 13시간 동안 이동하는 여행은 눈이 즐겁고, 영혼이 치료되는 듯한 경험을 선사했다. 하지만 엉덩이에게는 비극이었다. 울창한 열대우림을 개간해서 만들어진 마을들이 해안선을 따라 흩어져 있었으며, 간소한 목조주택들이 눈에 띄었다. 수상가옥도 몇 채 있었고, 지붕은 모두 초가지붕이었다. 요리용 화덕에서 잿빛 연기가 피어올랐고, 수십 명의 어린아이들이 놀고 있었으며, 빨랫줄에 걸린 밝은색 세탁물들이 보였다. 빠르게

우리들은 닮았다

흐르는 강은 놀라울 정도로 폭이 좁아 양쪽 강둑을 쉽게 볼 수 있었다. 작은 만 내에 드리워진 거대한 나무들 때문에 대부분이 보이지 않던 강변 쪽으로 작은 마상이들이 끼어들었다.

**옆 페이지:** 콩고민주공화국 에카퇴르주 마링가강에서 해질 무렵 나무로 만든 마상이를 타고 이동하는 콩고 여성.

**위:** 콩고민주공화국 에카퇴르주 마링가강 유역에 있는 어촌 마을.

　　강에서의 생활은 바쁘다. 사람들은 멀리 떨어진 마을로 농산물을 운송하기 위해 여러 개의 마상이를 함께 묶어 만든 뗏목을 타고 한 번에 몇 주 동안 여행하기도 한다. 뗏목에 설치된 개방형 초가 오두막은 내부에서 잠자는 가족을 보호하고, 낮에는 세탁을 위한 건조대 역할을 한다. 아이들이 학교로 발길을 옮기는 사이, 어부들은 작은 마상이 위에 서서 능숙하게 그물을 다루고 있었다. 여성들은 짚으로 만든 바구니에 깔끔하게 담긴 농산물과 연료로 채워진 큰 노란색 플라스틱 용기를 카누에 신고서 노를 저었다. 화려한 야자수와 잔잔한 물 위에 반사된 거의 완벽에 가까운 풍경과 함께 울창한 녹색 밀림의 숨 막히는 아름다움에 모든 사람이 움직이지 않는 것처럼 보였다.

몇 번이나 엔진이 털털거리는 소리를 내며 제대로 작동하지 않거나 완전히 멈춰 서 버려서 강력한 물살을 헤치고 앞으로 나아가던 우리의 발길을 되돌리곤 했다. 점화 플러그를 교체하거나 연료 탱크를 교체하는 동안 우리는 반대 방향으로 표류하곤 했다. 어둠이 내려오자 마을에서 피운 불빛을 통해 보였다 안 보였다 하는 사람들이 움직이는 모습을 윤곽으로만 볼 수 있었다. 아무런 예고도 없이 하늘은 더욱 어두워졌고, 바람이 거세지면서 폭풍이 시작됨을 알렸다. 우리는 서둘러 비옷을 입고 비에 젖지 않게 소지품을 재정비했다. 폭풍은 점점 거세졌다. 귀가 먹먹해질 정도의 천둥소리, 불길한 구름의 윤곽을 보여주는 번개, 몇 분 안에 배 전체를 채울 수 있을 것처럼 몰아치는 빗줄기 이 모든 것을 강 위에서 경험했다. 폭풍우가 가라앉을 무렵 우리는 링군다에 도착했고, 그곳 순찰대에서 하룻밤을 보냈다.

아침에 우리는 관리자conservateur 즉 콩고자연보호기구 관리팀을 책임지고 있는 소장님과 동물보호구역을 지키는 무장 경비원들을 만났다. 그의 직원들이 우리가 제출한 서류를 검토했고, 우리는 방문객 요금을 지불했다. 우리는 마상이에 다시 짐을 신고, 로마코강을 따라 보솔롬와까지 3시간 더 이동했다. 보솔롬와에서 리에마에 있는 연구 기지까지는 하이킹을 할 예정이었다.

우리는 보솔롬와의 모래사장에 보트를 정박하며, 몇몇 지역 주민들의 따뜻한 환영을 받았다. 주민들은 장비와 보급품을 캠프로 운반하는 것을 도와줄 짐꾼으로 고용되자 기뻐했다. 비상시를 대비해 보트는 우리

가 돌아올 때까지 그곳에 남겨 둬야 했다. 개울과 늪을 건너고 덥고 습한 열대우림 속을 헤쳐나가는 16킬로미터의 하이킹은 확실히 힘들었다. 나는 마침내 울창한 저지대 숲에서 공터를 발견하고 크게 안도했다.

위: 콩고민주공화국 에카퇴르주 로마코강 유역 보솔롬와의 작은 마을로 가는 길 입구에서 화물을 하역 중이다. 우리는 12미터 길이의 이 목조 마상이를 타고, 전설적인 콩고강의 지류를 따라 13시간을 이동한 끝에 이 모래 연안에 상륙했다. 우리는 짐꾼과 가이드를 만나 리에마에 있는 캠프장을 향해 다시 16킬로미터 정도 하이킹을 시작했다.

현장에 거주하던 두 명의 미국인 연구원인 알렉사나와 이언은 캠프 내에 있는 대피소와 피크닉테이블, 음식, 보급품 보관용 오두막, 야외 양동이 세척 시설, 구덩이를 파서 만든 화장실 그리고 각종 교재들과 파일, 데이터 수집 장비 등으로 가득 찬 방충망이 쳐져 있는 연구실을 우리에게 소개해주었다. 전선과 스위치, 계량기 그리고 대형 배터리가 미로처

럼 뒤얽혀 있는 태양열 충전소와 주기적으로 외부 세계와 접촉할 수 있
는 위성 안테나 건너편에는 커다란 야외 요리용 화로가 놓여 있었다.

　　수분을 보충한 후 우리는 짐을 풀고 보호용 초가지붕 아래 연구원들
의 텐트 옆에 우리 텐트를 설치했다. 리에마는 미니멀리즘 그 자체였다.
앞으로 8일 동안 베이스캠프로 사용될 예정이었다. 임기응변이 뛰어난
마이크는 프리머스 맥주를 차갑게 할 수 있는 완벽한 장소를 찾아 나섰다.


## 보노보 — 사진 찍히는 걸 피하는 달인

해가 뜨기 전에 보노보 둥지에 도착하기 위해 피스퇴르pisteur라고 불리는
추적꾼들의 안내로 우리 일행과 연구팀은 이른 새벽부터 출발해야 했다.
전날 저녁에 정찰대는 보노보 무리가 하룻밤을 보낼 잠자리를 만드는 동
안, 이들을 관찰할 수 있는 위치에 자리를 잡고 다른 일은 하지 않고 오
직 GPS 좌표만 송신했다. 새벽 3시 30분에 일어나 칠흑 같은 어둠 속에
서 옷을 입고 물에 젖은 등산화 끈을 묶고 뜨거운 커피를 한 모금 마신
뒤, 온갖 카메라 장비를 메고 조용하면서도 활기에 찬 연구팀 뒤에 줄지
어 이동로에서 대기하는 것이 일과가 됐다.

　　보노보 무리의 크기는 일정하지 않다. 100마리의 개체가 하나의 무
리를 이룰 수도 있지만, 1마리에서 20마리 정도로 그때그때 작은 그룹으
로 나뉘어 낮에는 하루 종일 음식을 찾아 돌아다니고, 밤에는 나무 위 높
은 곳에 만든 잠자리에 다시 모여 함께 잠을 잔다. 연구원들은 시각적 인
지를 통해서나 대변 및 소변 샘플을 이용해서 무리 내에서 누가 누구와
같이 시간을 보내는지에 대한 정보를 기록했다. 마이크는 별도의 연구
프로젝트를 위해 대변 샘플을 수집했지만, 우리가 연구팀에서 공식적인

역할을 할당받지는 않았다. 내가 할 일은 그저 잘 따라가는 것이었다.

현장에 도착한 우리는 보노보가 활동을 시작했음을 알려주는 첫 음성 신호를 인내심을 가지고 기다렸다. 보노보 사회에서는 소리를 통한 의사소통이 중요하며, 보노보가 내는 소리는 침팬지가 내는 소리보다 톤이 높다. 인간과 마찬가지로, 보노보도 주어진 소리의 의미를 결정할 때 문맥을 고려해야 한다. 보노보가 내는 동일한 소리가 상황에 따라서 다른 의미를 가질 수 있기 때문이다.

첫 번째 소리가 난 이후 10분도 채 지나지 않아 보노보 둥지가 활기

를 띠기 시작했다. 보노보가 한 둥지에서 다
른 둥지로 이리저리 뛰어다니는 동안, 그 아래
위치한 관찰자들은 숲 지붕에서 쏟아지는 오
줌 방울과 대변 덩어리를 피해야 하기도 했다.

위: 콩고민주공화국 에카퇴르주 로마코-요
코칼라 동물보호구역에 사는 보노보.

옆 페이지: 콩고민주공화국 킨샤사의 롤라야
보노보 보호소에 사는 성체 암컷 보노보.

무거운 카메라 본체와 긴 망원 렌즈를 안정적으로 머리 위로 든 상태에
서 목을 뒤로 젖혀 하늘 쪽을 보며, 멀리 숲 지붕 아래 있는 보노보의 사
진을 찍기 위해 계속 구도를 잡았다. 한 나무에서 다른 나무로 보노보들
이 뛰어오를 때마다, 나는 카메라를 들고 보노보들을 따라다니다가 문득
열대우림에서 살고 있는 보노보들이 혹시 암페타민과 같은 약을 먹은 게
아닌가 의심이 들기 시작했다. 팔이 아프고 목이 뻐근할 정도였지만, 의
미 있는 사진은 찍지도 못한 상태였다. 나에게는 하나의 도전과도 같았

우리들은 닮았다

다. 이른 아침이라 빛은 충분하지 않았고, 흐린 하늘과 울창한 숲 지붕이 만든 그늘 때문에 빛의 양은 더욱 감소했다. 20분도 지나지 않아 보노보 무리는 우리보다 높은 위치를 유지하며 다른 방향으로 흩어져버렸다.

보노보는 지상 25미터에서 40미터 사이에서 주로 먹이를 찾지만, 견고하고 안전한 발판이 없으면 음식을 그런 높이에서 먹지는 않는다. 보노보는 하루 중 상당한 시간을 먹이를 찾고(20퍼센트), 먹고(20퍼센트), 이동하는(13퍼센트) 데 사용하며, 하루 중 거의 절반(43퍼센트)은 쉬면서 보

**위:** 콩고민주공화국 에카퇴르주 로마코-요코칼라 동물보호구역에 사는 유년기 수컷 보노보. 유아기 보노보의 놀이행동은 2살까지 발달한다. 3살 정도 되면 거의 성체만큼 긴 거리를 이동할 수 있지만, 여전히 어미 보노보의 10미터 이내에 머문다.

**아래:** 콩고민주공화국 에카퇴르주 로마코-요코칼라 동물보호구역에 사는 유년기 수컷 보노보. 어린 보노보는 신체적으로도 행동적으로도 어린 침팬지보다 더 느리게 성장한다.

우리들은 닮았다

낸다. 보노보의 하루 이동거리는 약 2.4킬로미터다.

보노보가 숲 지붕을 통해 쉽게 이동할 수 있는 것과는 대조적으로, 울창한 숲 아래서 보노보를 쫓아다니는 일은 엄청난 노력이 필요했다. 우리는 엄청난 열기와 습기 속에서도 보노보를 시야에서 놓치지 않기 위해 면도날처럼 날카로운 날을 가진 마체테로 빽빽한 덤불을 뚫고 앞으로 전진하는 추적꾼들을 따라 몇 시간 동안 보노보를 추격했다. 때로는 일시적으로 보노보 무리를 놓치기도 했다. 그럴 때면 멀리서 들려오는 보노보 소리를 따라 방향을 바꿔 추적하기도 했다.

목이 뒤로 젖혀 하늘 방향으로 보고 있지 않아도 될 때에는 복잡하지만 아름다운 열대우림 내부 지층을 감상할 수 있었다. 숲에는 마이크와 내가 예상했던 것보다 동물들이 많지는 않았지만, 거북이, 다이커영양, 덤불멧돼지 무리를 볼 수 있었다. 덤불멧돼지는 사람은 물론 포식자를 발견하면 맹렬하게 공격하는 것으로 알려져 있다. 한 추적꾼은 바지를 걷어 올려 새로 생긴 상처를 보여준 후, 덤불멧돼지가 우리를 공격하면 자신도 도움이 안 될 거라고 말하며, 암시적으로 키가 큰 나무를 가리켰다. 그 거대한 나무에 보조 사다리를 대고 올라간다고 해도 제대로 올라갈 엄두가 나지 않았다.

보노보는 나무 위로도 지상으로도 이동한다. 일반적으로 땅에서는 네 다리를 이용해 걷는다. 똑바로 직립해서 걷는 시간은 1퍼센트 미만이다. 처음 며칠 동안 보노보는 거의 지상으로 내려오지 않았다. 아마도 우리 일행 가운데 낯선 사람들이 있다는 것을 보노보 무리도 눈치챈 듯했다.

3일간의 전례 없는 노력에도 불구하고, 제대로 된 사진 촬영 기회를 잡을 수 없었고, 메모리 카드에 단 한 장의 '보관할 만한' 사진도 저장돼 있지 않았다. 혹시 저녁에 숲을 다니다 보면 행운이 찾아올지도 모른다고 생각했다. 나는 잠자리에 든 보노보를 찾기 위해 연구팀에게 요청해서 함께 탐색에 나섰다. 하지만 달라진 건 아무것도 없었다. 보노보는 항상 사진 촬영 범위를 벗어나 있었다.

오전 활동을 마치고 비틀거리며 베이스캠프로 복귀하면, 오후 시간은 대부분 땀에 흠뻑 젖은 옷을 완전히 벗고 얕은 개울에서 몸을 씻는 것으로 시작됐다. 우리는 감사하게도 연구소에 설치된 방충망 때문에 낮이 되면 항상 나타나는 벌로부터 잠시라도 탈출할 수 있었다. 일반적으로 파우치 속에 동결 건조된 음식들을 데워 제공되는 저녁 식사에는 살라미 소시지와 수제 빵이 추가됐으며, 마이크의 호의로 차가운 맥주도 제공됐다. 해가 지면 취침시간이었다. 나는 매일 밤 칠흑 같은 어둠 속에서 텐트 안으로 들어가기 전이나 밤에 잠을 자는 동안 텐트에 뱀이 들어오지 않은 것에 대해 행운의 별들에게 감사를 표했다. 여전히 나의 행운이 바뀌도록 할 만한 계획은 없었지만, 보노보라는 이웃들이 옆집의 딱한 사정을 이해해주리라 확신했다.


소름 끼치는 사냥: 비극과 승리

넷째 날에 커다란 변화가 일어났다. 다른 날들과 마찬가지로 처음부터 추적 실패가 계속됐다. 베이스캠프로 복귀하려는 순간, 분명 평소와는 다른 일련의 흥분한 듯 울부짖는 소리가 울려퍼졌고, 그 소리의 의미를 해석하기 위해 추적꾼들이 걸음을 멈췄다. 방향을 바꾸자 곧 끔찍하고 피비린내 나는 장면이 펼쳐졌다. 추적꾼들은 우두머리 암컷 보노보가 새끼 다이커영양을 죽인 뒤 보노보 무리가 그것을 끌고 가고 있다고 설명했다. 이곳에서 최근 2년 동안 이와 같은 살상을 단 한 번도 경험한 적이 없었던 연구원들도 당연히 흥분한 상태였다.

보노보가 육식을 한다는 사실에 대해서는 아직 정보가 부족한 상태다. 많은 사람이 침팬지와 달리 보노보는 먹이로 지속적으로 포유류를 사냥하지는 않지만, 기회가 있으면 먹기도 한다고 생각한다. 반면 일부의 사람들은 보노보가 침팬지와 비슷한 수준으로 고기를 먹으며, 홀로 있는 육상 유제류(발굽이 있는 포유류)를 주요 먹잇감으로 삼는 것을 목격해왔다. 이제 연구자들은 로마코 숲에 사는 보노보가 이전에 생각했던 것보다 더 높은 비율로 고기를 먹는다고 믿고 있다. 종종 암컷들이 사체를 통제하기도 하며, 고기를 서로 나누는 과정은 대부분 평화롭게 이루어지지만, 가끔 공격적인 행동들이 발생하기도 한다. 연구자들이 수행한 모든 연구 사례에서 보노보는 우리가 목격한 불행한 새끼 다이커영양처럼 웨인스다이커 *Cephalophus weynsi*를 잡아먹는 것으로 나타났다.

우리의 추적은 큰 나무 밑에서 끝이 났다. 내 팔은 겨우 카메라와 긴 렌즈를 지탱할 수 있었고, 다리 근육에는 작열감이 느껴졌다. 뛰느라 숨이 너무 가빴다. 하지만 우리가 위를 올려다보았을 때 본 광경은 이 모든 것들을 싹 지워버렸다. 시야가 확 트인, 다소 낮은 나뭇가지 위에 수컷과 암컷, 두 마리의 보노보가 앉아 있었고, 수컷은 다이커영양의 다리 하나를 손에 쥐고 있었다. 짧은 기간의 교미를 끝낸 후 암컷은 음식의 일부를 가지고 떠난 듯 보였다. 수컷은 한 시간 이상 그 자리에 남아 있었고, 아무런 방해도 받지 않은 채 다이커영양을 먹어 치웠다. 나는 좋은 조명 아래 구도를 잘 잡아 선명한 사진을 얻을 수 있었다.

교미는 보노보 사회에서 매우 큰 역할을 한다. 갈등을 해결하고 사회적 유대감을 형성하는 데에서 일종의 인사로 사용된다. 보노보는 땅에서 새로운 먹이를 발견하면 흥분한다. 이런 흥분 상태는 종종 단체 교미로 이어진다. 이는 긴장감을 해소하고 평화로운 식사를 하는 데 도움이 되는 것으로 보인다. 대부분의 수컷은 음식을 공유하지 않는 편이지

**옆 페이지:** 콩고민주공화국 에카퇴르주 로마코-요코칼라 동물보호구역에 사는 수컷 보노보. 침팬지처럼 보노보는 고기를 먹으며, 다이커영양 고기를 선호한다.

**위:** 콩고민주공화국 킨샤사의 롤라야 보노보 보호소에 사는 성체 수컷 및 암컷 보노보. 대면 교미는 짝짓기 가운데 약 3분의 1 정도로 일어나며, 침팬지에서는 거의 알려지지 않은 형태.

만, 종속된 암컷이 지배자인 수컷에게 음식을 구걸할 때 먼저 교미부터 하면 음식을 제공받을 수 있다. 하지만 연구자들은 급식소에서 일어나는 보노보 사이의 교미는 음식을 교환하는 용도라기보다는 주로 스트레스 해소를 위한 용도로 사용된다고 믿고 있다.

위: 콩고민주공화국 킨샤사의 롤라야 보노보 보호소에 사는 성체 수컷과 암컷, 새끼 보노보. 보노보 사회를 결정짓는 특징으로는 암컷 보노보의 '문란한' 짝짓기 행위를 포함한, 암컷의 높은 사회적 지위와 성적 행동을 들 수 있다.

옆 페이지: 콩고민주공화국 킨샤사의 롤라야 보노보 보호소에 사는 성체 암컷과 새끼 보노보. 유아기 보노보는 처음 3개월 동안은 어미를 떠나지 않으며, 5~6살이 될 때까지 보호를 받는다.

사냥은 순식간에 벌어졌다. 다이커영양과 함께 있는 보노보 사진을 찍는 것은 이미 불가능한 일이었다. 또한 야생에서 보노보 사진을 찍는 것이 얼마나 어려운 일인지, 왜 그렇게 적은 사진들만 공개되는지 그 이유를 알 수 있었다. 그런 사진들은 이곳 연구자들에게도 가치가 있었다. 우리가 희귀한 사건을

우리들은 닮았다

기록하는 데 도움을 주었다는 사실은 이제 우리가 이곳 연구팀의 일원이
된 것처럼 느끼도록 만들었다.

　　이번 여행에서는 항상 좋은 사진들을 확보하는 것이 최우선 과제였
다. 질문하고, 조용히 관찰하고, 최전선에서 일하는 사람들과 시간을 보
내면서 개인적인 성장을 이루었다. 그러나 세심한 계획하에 촬영된 사진
들은 고향으로 돌아가고 싶은 마음을 극복할 수 있는 귀중한 자산이었
다. 나는 이번 여행의 동료들이 야생동물 사진가 중에 그렇게 많은 장비
를 가지고 다니며 끊임없이 낙담한 얼굴을 하는 이가 또 있는지 궁금해

하기 시작했다고 확신한다.

마상이로 돌아가는 긴 하이킹에는 최근 폭우로 범람한 지역을 통과하는 것도 포함됐다. 이번에는 강물의 흐름과 같은 방향이라 마상이를 타고 이동하는 시간이 약간 더 짧았다. 마만쿠치의 게스트하우스에서 하룻밤을 보내고 피로가 풀린 우리는 바산쿠수에 있는 4인용 소형 비행기 세스나에 올라탔다. 우리는 아파서 즉각적인 치료가 필요한 어느 목사에게 빈자리를 제공하는 데 동의했다. 하지만 킨샤사에 도착하자 그는 이전보다 훨씬 좋아 보였으며, 별다른 어려움 없이 가방을 들고 서둘러 비행기에서 내리더니 세관을 통과하고 대기 차량에 탑승했다.

공항 입구에 있는 무장한 군인 한 명과 국제선 터미널 소속 공무원 한 명에게 마지막으로 뇌물을 주고, 기쁜 마음으로 캐나다행 비행기에 탑승하는데, 내가 콩고에서 겪은 일이 믿기지 않았다. 파괴된 수도 킨샤사의 끔찍한 빈곤과 부패, 거리에서 생존을 이어나가는 모습은 설명하기가 어렵다. 외진 곳에 살고 있는 보노보를 찾아가기 위해 탔던 소형 비행기, 마상이, 도움을 준 수많은 사람들, 연구 캠프, 하이킹 등은 일생에 한 번 있을까 말까 한 소중한 경험이었다. 나는 상공에서 내려다보이는 광활한 콩고분지의 열대우림과 로마코숲의 고요함 그리고 이번 여행에 대한 이야기를 전하기 위해 귀국한다는 사실에 경외감을 느꼈다. 그리고 전체 여행 중 일부를 완수하고 안전하게 돌아올 수 있었던 일종의 특권에 대한 보답으로 뭔가 긍정적인 일을 해야 한다는 무거운 책임감도 느꼈다.

우리들은 닮았다

## 보노보를 위한 희망 찾기

여행 후 얼마 지나지 않아, 나는 보노보의 문제와 보노보를 구하기 위해 어떤 일들이 진행되고 있는지 더 많은 이해를 하기 위해 아프리카야생동물재단의 제프 뒤팽에게 스카이프로 다시 연락했다. 그는 야생동물고기를 얻기 위한 사냥이 보노보에게 가장 큰 위협이 되며, 서식지 손실이 두 번째 위협 요소라고 말했다. 제1차 및 제2차 콩고전쟁 동안 보노보 개체수가 급감했다. 중무장한 민병대와 갈 곳 잃은 난민들이 식량과 피난처를 찾아 숲속으로―보호구역 안으로도―들어왔기 때문이었다.

제프는 야생동물고기 사냥 문제와 관련해 시장에 카사바나 옥수수 한 봉지를 가지고 갈 것인지, 아니면 비슷한 무게의 훨씬 더 값어치 있는 말린 고기 한 봉지를 들고 갈 것인지를 한번 생각해보라고 했다. 아니면 총알이 하나만 남았을 경우, 작은 원숭이에게 총을 겨냥할 것인지 아니면 더 큰 대형 유인원에게 겨냥할 것인지를.

제프는 1990년대 이후 로마코의 보노보와 관련해 이제는 보노보가 사라졌던 지역에서도 보노보를 볼 수 있다고 말한다. 제프는 같은 영역을 공유하는 원숭이들이 훨씬 더 편안한 반응을 보이는 것에 주목하는데, 이것은 확실히 긍정적인 지표다. 제프는 사회 전반적으로 보노보를 죽이면 안 되고 보호해야 할 대상이라 여기는 암묵적인 합의가 존재한다고 믿는다. 제프는 보노보뿐만 아니라 다른 원숭이와 코끼리를 포함해 생물다양성이 전반적으로 증가하고 있음을 주목하며, 이와 같은 개선된 결과는 서식지 복원과 연구 프로그램 재개와 연관돼 있다고 생각한다. 시민 소요 기간 동안 연구 프로그램이 중단되어 보노보들의 안전과 안정성은 치명적인 타격을 입었다.

제프와 이 지역의 생태관광ecotourism에 대한 가능성도 논의했다. 국

제 사회가 콩고민주공화국으로 향하는 여행이 불편하지 않다고 느끼게 되면, 사람들도 이곳을 방문하기 위해 기꺼이 비용을 지불할 것이고, 투자자는 교통 및 통신 시설을 설치하는 데 비용을 지불하게 될 것이며, 지역사회는 그것을 장기적 사업으로 생각할 것이다. 그럼 안정성도 되찾을 수 있을 것이다.

킨샤사에서 느낀 불안감, 보노보에 다가가기 위해 겪어야 했던 물류 문제, 지역에 정통한 사람들로부터 받은 수많은 경고들을 회상하며, 극복해야 하는 도전과제들을 이해했다. 보노보에 대한 최고의 희망은? 콩고민주공화국의 진정한 평화다.

**위:** 콩고민주공화국 에카퇴르주 로마코-요코칼라 동물보호구역에 사는 수컷 보노보. 보노보는 분홍색 입술과 어두운색 얼굴을 가지고 있으며, 정수리에서 머리카락이 양쪽으로 갈라져 있다. 또한 침팬지보다 더 날씬한 체격과 긴 다리를 가지고 있다.

**옆 페이지:** 콩고민주공화국 킨샤사의 롤라야 보노보 보호소에 사는 성체 암컷 보노보. 잎으로 자신의 몸을 씻는 이 암컷처럼, 보노보는 간단한 도구를 사용할 수 있다.

우리들은 닮았다

# 7

# 고아 난민, 집으로 돌아가다

### 오랑우탄, 수마트라섬

나는 실례를 무릅쓰고 공중보건연구소의 전화를 받기 위해 수의과 진료실 밖으로 뛰쳐나갔다. 나는 전화를 건 직원에게 간곡한 어조로 단순포진 검사를 캐나다에서 받을 수 있는 방법을 찾아야 한다고 사정했다. 그 검사는 인도네시아에서도 받을 수 있는 검사라고도 했다.

진료실로 되돌아왔을 때 어색한 침묵이 나를 맞았다. 노부부는 그들이 엿들은 내용 때문에 표시가 날 정도로 당황했으며, 심지어 고양이를 더욱 꼭 껴안기까지 했다. 인도네시아 수마트라에 있는 오랑우탄 검역센터를 방문할 예정이라고 설명하자 긴장이 다소 해소됐다. 내가 요구해 왔던 특정 혈액 검사는 더 이상 북미 지역에서는 이용할 수 없는 검사로,

**옆 페이지**: 인도네시아 수마트라 구눙르우제르국립공원에 사는 사춘기 암컷 수마트라오랑우탄. 수마트라오랑우탄은 보르네오오랑우탄보다 밝은 주황색 또는 계피색을 띠며, 체격은 더 날씬하고, 얼굴에 털이 더 많다.

## 인도네시아 북수마트라에 위치한 수마트라오랑우탄 보호지역

**말레이시아**

● 반다아체

잔토소나무숲보호구역

**아체주**

말라카해협

르우제르생태계

● 시쿤두르연구관측소

구눙르우제르국립공원

● 메단

부킷라왕

오랑우탄검역구조재활센터

인도양

토바호

**수마트라**

백신과 피부 결핵 검사를 포함해 오랑우탄 검역센터에서 방문자들에게
요구하는 긴 목록의 요구사항 중 마지막 항목이었다. 주최자인 수마트라
오랑우탄보존프로그램Sumatran Orangutan Conservation Programme은 내가 인도
네시아 열대우림에 도착하면 필요한 혈액 샘플을 채취하겠다고 제안했
지만, 나는 그런 상황은 피하고 싶었다.

우리들은 닮았다

작년 보르네오 여행은 훌륭했다. 처음으로 오랑우탄을 보았고 사진도 찍었으며, 아내인 다이앤과 친구인 메이와 함께 열대 낙원의 아름다움도 경험했다. 오랑우탄 생존에 대한 위협 요소와 보호구역, 연구 및 오랑우탄 재정착 프로젝트에 관한 이야기도 들었다.

나를 관광객에서 환경보호 활동가로 전환시키기에는 충분했지만, 내가 했던 경험과 사진 촬영 기회들은 모두 한 사람의 관광객 차원에서 이루어진 것이었다. 르완다에서 마운틴고릴라, 침풍가와 키발레에서 침팬지, 로마코에서 보노보와 함께했던 시간들을 생각하면 오랑우탄과 좀 더 깊은 경험을 하고 싶었다. 야생에서 오랑우탄 사진을 찍고, 그들의 생존을 위해 싸움을 벌이고 있는 사람들과 함께 걷고 이야기하고 싶었다. 초청을 쉽게 받지는 못할 터였다. 최근 제인구달협회(캐나다) 이사회에 합류했고 책을 쓰고 있다고 처음으로 공개 선언함으로써 나의 빈약한 자격 증명 목록이 향상됐다. 이를 통해 나는 수마트라오랑우탄보존프로그램 측과 접촉했고, 결국 그들은 나를 초대하기로 결정했다.

이제 나는 인도네시아 섬 중에서 두 번째로 크고 가장 서쪽에 위치한 수마트라섬으로 떠난다. 인도네시아 섬 가운데 아시아 본토에서 가장 가까운 섬인 수마트라는 싱가포르 및 말레이반도 남단과 말라카해협을 사이에 두고 분리돼 있다. 폭이 좁고 기다랗게 생긴 수마트라섬에는 바리산산맥이 자리하고 있다. 바리산산맥의 높이는 3800미터에 이르며, 험준한 열대 낙원으로 이루어진 북서쪽 축과 남동쪽 축이 1600킬로미터 이상 평행을 이루고 있다. 섬의 중심은 적도상에 위치한다. 동남아시아에서 가장 큰 호수인 토바호가 수마트라섬 중앙의 바리산산맥에서 수증기를 내뿜는 화산 봉우리들 사이에 자리잡고 있다. 일찍이 무성한 열대우림으로 뒤덮인 수마트라섬에는 거의 600종에 달하는 조류와 200종 이상의 포유류가 서식하고 있는데, 그중에는 멸종위기에 처한 수마트라땅뻐

꾸기와 호랑이, 코뿔소 그리고 이곳을 방문한 목적인 오랑우탄이 있다.

대부분의 수마트라오랑우탄들은 토바호 북쪽의 해안 늪과 기타 저지대 지역의 고립된 숲에서 산다. 수마트라오랑우탄*Pongo abelii*은 홍수가 나면 침수가 되는 평지 위에 형성된 숲과 담수로 이뤄진 이탄 늪에서 번성한다. 대다수는 섬의 최북단에 있는 아체주에 살고 있다. 아주 최근에 별도의 종*Pongo tapanuliensis*으로 분류된 소규모 오랑우탄 개체군이 바탕토루라는 지역 남쪽에 독립적으로 살고 있다.

수마트라오랑우탄은 숲의 넓은 부분을 차지하며 불규칙하게 분포하고 있다. 대부분의 오랑우탄들은 900미터 고도 이하에서 발견된다. 이와 같은 분포를 나타내는 이유는 침수된 숲과 이탄 늪 그리고 해당 지역의 강에서 10~16킬로미터 이내에 선호하는 먹이인 과육이 부드러운 열매들이 풍부하기 때문이다.

나는 북수마트라주와 아체주의 경계에 걸쳐 있으며, 산림보호지역이기도 한 르우제르생태계에서 살고 있는 오랑우탄들을 보러 갈 계획이었다. 이곳은 263만 헥타르의 면적에 2개의 대형 화산과 3개의 호수 그리고 2개의 산맥과 9개 이상의 강을 포함하는 광대한 열대우림 지역이다. 귀중한 르우제르생태계는 서쪽의 인도양에서 동쪽의 말라카해협까지 뻗어 있으며, 동남아시아에 남아 있는 원시 열대우림 중 가장 중요한 지역 가운데 하나다. 또한 수마트라 호랑이, 코끼리, 코뿔소 및 오랑우탄이 함께 공생하기에 충분한 면적과 질적인 면을 가진 마지막 남은 열대우림도 이곳에 있다.

현재 살아있는 수마트라오랑우탄의 85퍼센트 이상이 이처럼 산이 많은 열대우림에서 살고 있다. 슬프게도, 높은 고도의 고지대 숲은 호랑이, 코끼리, 오랑우탄에게는 적합한 환경을 제공하지 못한다. 그러나 저지대(최대 고도 600미터까지)에서는 높이 45~60m에 달하는 나무와 고밀

우리들은 닮았다

도의 맛있는 과일나무로 가득한 습한 저지대 열대우림을 발견할 수 있다. 오랑우탄에게는 완벽한 서식지다.

　오랑우탄의 분포가 매우 길고 좁은 섬의 최북단에 제한돼 있다는 점이 이상하다. 석기시대 이주민들은 약 8만 년 전 수마트라의 동해안을 따라 정착했다. 서수마트라주의 동굴에서 발견된 고고학적 증거에 따르면 사람들이 많은 수의 오랑우탄을 잡아먹었음을 알 수 있다. 7개의 수렵채집 부족들이 토바호 남쪽의 강둑과 범람원 가장자리를 점령함으로써 오랑우탄 개체군에 상당한 압력을 가했을 것이다. 수렵채집 사회는 르우제르생태계에 속하는 숲에는 존재하지 않은 것으로 알려져 있다. 아마도 오랑우탄이 이곳에 지속적으로 살고 있는 이유일 것이다. 대부분의 지역에는 수세기 동안 오랑우탄 고기를 먹지 않는 독실한 이슬람교도들이 거주해왔다.

　2009년에서 2012년까지 수마트라섬에서 오랑우탄에 대한 포괄적인 개체 수 조사가 수행됐다. 연구팀은 3166개의 오랑우탄 보금자리가 남아 있으며, 수마트라섬에 약 1만 4000마리의 오랑우탄이 생존해 있다고 보고했다.

## '애완동물' 오랑우탄의 후손 만나기

우리의 운전기사는 수마트라에서 가장 큰 도시인 메단 주변의 비정상적으로 쌀쌀한 기온에 대해 그럭저럭 서툰 영어로 양해를 구했다. 세 번의 국제선 비행과 32시간 동안의 여행으로 잠이 부족해 풀이 죽어 있던 나는 한낮의 기온이 섭씨 35도에 불과한 것에 감사했다. 차로 4시간 걸리는 북수마트라주의 부킷라왕까지 여행을 떠나는 우리 일행을 배웅하기 위해 이 도시에서 사는 250만 주민 대부분이 오토바이와 인력거, 택시를 타고 거리로 나온 것처럼 보였다.

더 넓은 르우제르생태계의 얼부인 구눙르우제르국립공원은 바리산산맥 내에 위치하고 있으며, 공원의 관문인 부킷라왕은 보호록강 유역에 있다. 부킷라왕은 최초의 오랑우탄 재활센터가 있었던 곳이기도 하다.

보호록오랑우탄센터는 1973년 스위스 동물학자 레지나 프레이Regina Frey와 모니카 보어너Monica Boerner가 설립했으며, 세계야생생물기금World Wildlife Fund(WWF)과 프랑크푸르트동물학회의 지원을 받았다. 설립 당시부터 2001년까지 센터는 대부분 불법적으로 애완동물로 키우던 229마리의 오랑우탄을 재활시킨 후, 르우제르 숲에 방사했다. 당시에는 새끼 오랑우탄 거래가 활발했다. 어미 오랑우탄은 총격을 당했고, 숲에서 끌려 나온 새끼들은 팔려나갔다. 애완동물로 키워지는 새끼 오랑우탄 한 마리당 최대 5마리의 다른 오랑우탄이 죽었을 것으로 추정됐다.

보호록오랑우탄센터에 있는 대부분의 오랑우탄은 주인들이 기꺼이 소유권을 포기해 이곳으로 넘겨졌다. 새끼였을 때는 꼭 껴안아주고 싶을 정도로 귀엽지만, 시간이 지나면 자연적으로 덩치와 힘이 증가해 '입양으로' 오랑우탄을 소유한 주인에게는 큰 골칫덩이가 될 수도 있기 때문이다. 불행한 일이지만, 이는 고릴라와 침팬지 새끼를 포함해 모든 대형

옆 페이지 위: 인도네시아 수마트라 구눙르우제르국립공원에 사는 사춘기 암컷 수마트라오랑우탄. 약간 특이한 수면 자세로 낮잠을 자고 있다. 수마트라오랑우탄은 일반적으로 지상에서 9~18미터 높이에 잠자리를 만들고 잠을 잔다. 이들의 잠자리는 모든 대형 유인원이 만드는 잠자리 가운데 가장 견고하고 정교한 것으로 여겨진다.

옆 페이지 아래 왼쪽: 인도네시아 수마트라 구눙르우제르국립공원에 사는 사춘기 암컷 수마트라오랑우탄. 오랑우탄은 매우 유연한 고관절과 손처럼 단단히 잡을 수 있게 해주는 큰 발가락 때문에 지면에서 36미터 높이의 숲 지붕에서 안전하게 이동할 수 있다.

옆 페이지 아래 오른쪽: 인도네시아 수마트라 구눙르우제르국립공원에 사는 성체 암컷 오랑우탄과 새끼 오랑우탄.

우리들은 닮았다

**옆 페이지:** 인도네시아 수마트라 구눙르우제르국립공원에 사는 성체 암컷 오랑우탄과 새끼 수마트라오랑우탄. 오랑우탄의 유년기는 인간을 제외한 동물 가운데 가장 길다. 어미와 함께 생존 기술을 배우며 최대 8년을 보낸다.

**위:** 인도네시아 수마트라 구눙르우제르국립공원에 사는 사춘기 수마트라오랑우탄. 5살에서 8살 사이의 청소년기 오랑우탄은 자신의 잠자리를 짓기 시작하며, 어미와의 잠자리는 중단한다. 7~10살이 되면 독립성이 더 강해지고, 어미의 영역을 벗어나 돌아다닐 수 있다.

유인원에게 공통적으로 적용되는 문제다. 어릴 때는 귀여운 '애완동물'로 여기지만, 사춘기와 성체가 되면 위험하기도 하고 문제를 일으키기도 한다. 사회화 문제와 전염병에 대한 사전 노출 문제는 동물원으로 보내져 그 속에서 성공적으로 통합되거나 야생으로 재정착될 수 있는 기회를 가로막는 장애물로 작용한다.

인도네시아 정부는 이 지역의 개발을 제한하라는 세계야생생물기금의 요청을 오랫동안 무시하고, 센터를 관광객을 유치하는 기회로 이용해왔다. 2001년경 센터는 더 이상 재활에 적합하지 않게 됐다. 관광객 수의 증가와 파렴치한 여행사의 활동으로 인해 센터가 폐쇄되기도 했다. 현재 센터는 반야생 오랑우탄을 볼 수 있는, 통제된 접근지점 역할을 하고 있다. 보존을 위한 초기 노력이 시작됐던 이곳에서부터 수마트라오랑우탄에 대한 소개를 시작하는 것이 적절해 보였다.

나는 내가 머물렀던 에코로지 부킷라왕의 공식 가이드와 함께 이틀 동안 국립공원을 탐험했다. 수마트라오랑우탄보존프로그램이 소유하고 운영하는 이 아름다운 숙소는 구눙르우제르국립공원에서 도보로 가까운 거리에 위치하고 있다. 뾰쪽 쏜은 가시 모양의 검은 모호크족 헤어스타일에, 곧게 뻗은 흰 머리카락과 흰 테가 있는 눈, 그리고 가는 검은 콧수염에 흰 구레나룻 수염을 가진 토마스잎원숭이 *Presbytis thomasi* 무리가 오래된 고무농장을 지나 공원까지 가파른 길을 올라갈 때 이국적인 소리를 내며 우리를 맞이했다. 우리는 강렬한 무더위와 습도에도 불구하고, 가파르고 좁은 길을 따라 몇 시간 동안 이동했으며, 모든 연령대의 수마트

**옆 페이지**: 인도네시아 수마트라 구눙르우제르국립공원에 사는 넓은 볼 패드를 가진 성체 수컷 수마트라오랑우탄. 눈에 띄는 넓은 볼과 부풀려진 목 주머니는 느슨하게 짜여진 무리에 속한 구성원 간의 유대를 유지시키는 역할을 하며, 먼 곳까지 도달할 수 있는 복잡하고 '긴 외침(long call)'을 만들어내는 것과 관련이 있다. 털이 주뼛주뼛 서 있는, 완전히 발달한 수컷들이 하루에 서너 번 외치는 긴 외침은 일반적으로 격렬한 나무 흔들기를 동반한다.

우리들은 닮았다

라오랑우탄을 목격했다. 수마트라오랑우탄은 보르네오오랑우탄보다 날씬하고 크기가 작으며 밝은 오렌지색을 띠고, 수컷과 암컷 모두 풍부하고 인상적인 수염을 가지고 있었다.

마지막 날이 끝나갈 무렵이었지만, 아직 성숙한 볼 패드가 있는 수컷을 보지는 못했다. 가이드는 먼 산등성이 너머에 홀로 있는 수컷 오랑우탄을 발견하기 위한 힘든 하이킹을 제안했다. 나는 그들이 멈추라고 할 때까지 가이드들을 따라 의무적으로 이동했다. 숨이 가쁘고 땀에 흠뻑 젖어 죽을 것 같은 기분이 들었지만, 9미터 정도 떨어진 땅바닥으로 내려오는 거구의 성체 수컷 오랑우탄을 보기 위해 고개를 들었다. 나는 위협이 되지 않을 정도의 거리를 유지하며, 30분 동안 내 앞에 펼쳐진 장면을 촬영했다. 나는 덩치 큰 수컷 오랑우탄과 함께 고온 다습한 공기 이외에 아무것도 없는 숲속에서 완전한 침묵을 유지하며, 서로의 움직임과 의도를 관찰했다. 의심할 여지 없이 우리는 서로를 신뢰하기 시작했다. 나의 존경심과 인내심은 카메라를 위해 의도적으로 취한 오랑우탄의 슬로모션 포즈로 보상을 받았다.

한 무리의 수다스러운 관광객들이 수컷 오랑우탄 뒤쪽에 있는 덤불로 들어서자 평온은 갑자기 사라졌다. 잠시 후 관광객 중 한 명이 오랑우탄 앞쪽 3미터까지 돌진했다. 셀카봉에 장착된 스마트폰을 위로 들어올리고 머리카락을 다듬은 뒤, 새로이 만난 친구 오랑우탄과의 추억의 사진을 찍었다. 가이드들은 몹시 당황했다. 그 관광객은 사람보다도 4~5배 더 힘세고 호랑이와 같은 송곳니를 가진 90킬로그램의 성체 수컷 오랑우

옆 페이지: 인도네시아 수마트라 구눙르우제르국립공원에 사는 볼 패드를 가진 수컷 수마트라오랑우탄. 볼 패드를 가진 수컷은 다른 수컷보다 더 공격적이고, 지배력이 강하며, 덩치가 더 크고, 성체 암컷 오랑우탄들이 짝으로 선호하는 대상이다. 아성체 수컷 오랑우탄들은 함께 돌아다닐 수 있지만, 볼 패드가 있는 수컷 오랑우탄은 일반적으로 다른 수컷들을 피한다. 혹시라도 수컷끼리 마주하게 되면 종종 폭력적이고 공격적인 형태로 치명적인 결과를 초래하는 전투로 이어지기도 한다.

탄이 가할 수 있는 잠재적인 위험에 대해 아무런 생각도 없어 보였다. 나는 천천히 웅크린 자세로 뒤로 물러났다.

　유혹을 느끼긴 했지만, 계속 남아서 앞으로 벌어질지 모를 참사를 사진에 담는 것은 부적절하다고 판단했다.

　가이드들을 따라 숙소로 돌아오면서 나는 무책임한 소수의 사람들이 가할 수 있는 위협에 대해 곰곰이 생각했다. 그리고 사진을 찍고자 하는 나의 욕망과 내가 방금 만났던 오랑우탄의 경우처럼 야생동물들에게 가해지는 위험에 대해서도 돌아보았다. 관광산업은 공원들을 유지하고 서식지를 보호하는 데 분명 도움이 된다. 야생동물과 무심코 셀카를 찍는 행동이 자연 속에서 서식하는 야생동물의 삶을 지키기 위해 그들의 사진을 찍으려는 노력보다 더 잘못된 일일까? 나는 동물들을 치료하기 위해 마취와 수술을 할 것인지 결정할 때 매일 사용하는 '위험/편익' 개념을 적용했다. 나는 미끼 없이 안전한 거리에서 사진을 찍고 그 이미지를 잘 활용한다면 괜찮을 거라고 자기합리화했다.

### 보호는 어떤 모습이어야 할까?

보호록오랑우탄센터의 재활 노력이 규제되지 않은 관광산업으로 인해 2001년에 폐쇄되기 불과 몇 년 전, 고맙게도 수마트라오랑우탄보존프로그램이 첫발을 내디뎠다. 이 프로그램은 1999년 인도네시아에서 사는 오랑우탄에게 안전한 재활프로그램과 보호구역을 제공할 뿐만 아니라 보존 활동을 제공하기로 약속하는 스위스판에코재단과 인도네시아 자연보호국 그리고 지속 가능한 생태계를 위한 인도네시아 재단YEL의 공동 합의로 시작됐다. 수마트라오랑우탄보존프로그램은 현재 2개의 연구소

사이트와 2개의 방사 사이트, 검역/구조 및 재활 센터 그리고 오랑우탄 안식처Orangutan Haven라는 다목적 보호소를 포함해 10개의 현장 사이트를 운영하고 있다.

부킷라왕과 구눙르우제르국립공원에서 관광객 중심의 오랑우탄 입문 과정을 맛본 이후, 이제는 나의 여정 가운데 더 진지한 보존 활동을 할 시간이 찾아왔다. 검역센터에서부터 시작해 오랑우탄 안식처와 시쿤두르연구관측소, 잔토 방사지에서도 시간을 보내게 될 예정이었다. 수마트라오랑우탄보존프로그램이 어떻게 오랑우탄 보존에 대해 매우 높은 기준을 설정하고, 오랑우탄 서식지 안팎에서 큰 영향을 미치고 있는지 배우고자 했다.

수마트라오랑우탄보존프로그램은 해당 시설을 찾아오는 방문객을 거의 받지 않는다. 오랑우탄에 대한 질병의 전염, 사진 이미지의 악용, 야생에 재배치될 동물과의 불필요한 접촉에 대해 심각하게 우려하고 있기 때문이다. 프로그램 책임자인 이언 싱글턴Ian Singleton 박사는 나의 방문을 최초로 승인한 분으로 빈틈없고 헌신적인 분이시다. 방문을 문의하는 나의 전화 통화로 그가 최근에 발표한 획기적인 논문을 축하하는 행사가 방해를 받기도 했다. 그것은 바로 새로 확인된 세 번째 오랑우탄 종으로 극소수만이 수마트라섬에 살고 있는 타파눌리오랑우탄을 학계에 알린 논문이었다. 닥스포그레이트에이프스와 사진 촬영 여행에 대한 내용도 언급하긴 했지만, 이언이 내 요청을 그 자리에서 받아들인 이유는 의심할 여지 없이 그때의 축제 분위기와 혈중 알코올 농도 때문이었을 것이다.

검역센터로 향하는 막바지 길고 구불구불한 길을 따라 무성한 열대식물과 그림 같은 개울이 이어졌다. 그와 같은 풍경은 우리가 방금 떠나온 인구가 많고 혼잡해서 정신이 하나도 없는 도시와 극명한 대조를 이루었다. 메단시의 식수 공급 보호구역에 인접해 있으며 자연보호구역 옆에 위치한 센터 건물과 동물 우리 그리고 준비 시설은 흠잡을 데 없이 제대로 설계가 된 것처럼 보였다.

센터에 와 있는 대부분의 동물은 불법으로 애완동물로 기른 사람들로부터 압수한 어린 오랑우탄들이다. 일반적으로 저체중인 데다가 몸에는 기생충이 가득하며, 끔찍한 환경에 방치되고 영양 상태도 부족해 육체적으로도 정서적으로도 고통을 겪고 있다. 시설을 둘러보면서 가이드는 사람들이 실제로 오랑우탄을 애완용으로 붙잡기 위해 숲에 들어갈 필요가 없다고 말했다. 슬픈 일이지만, 숲속의 서식지가 불타고 어미가 총에 맞아 고아가 된 난민 오랑우탄들이 충분히 공급되고 있다고 한다.

모든 것이 믿기지 않았고 너무나 슬펐다. 나는 성장하며 성숙해 가는 오랑우탄들을 지원할 수 있는 자원이나 지식 없이는 결국 많은 선의의 마을 주민들도 견디기 힘든 상황에 처하게 될 것이라고 생각했다. 교육은 보전계획에서 정말 중요한 부분이다. 캐나다에서 길 잃은 애완동물에게 하는 것처럼, 관심 있는 마을 주민들이 800번으로 고아가 된 오랑우탄을 찾았다고 전화할 수 있는 시스템을 갖추면 어떨까 생각했다.

응급진료가 필요하지 않은 오랑우탄은 검역센터에서 관찰한다. 일반적으로 도착 후 일주일 이내에 질병 전파 가능성을 평가하고, 센터 내에서의 진료 방향을 정하기 위해 진정된 상태에서 신체검사 및 흉부 엑스레이 그리고 일련의 진단검사를 받게 된다. 영아는 24시간 내내 병에 든 젖을 먹으며, 힘과 자신감을 키울 수 있도록 관리인과 함께 잠을 자게 된다. 건강과 감정 상태가 개선되면 비슷한 나이의 오랑우탄이 있는 더 큰 사회화 우리로 옮겨져 야생으로 돌아갈 준비를 한다.

# 눈 맞춤

나는 동물병원을 둘러보자는 제안을 기꺼이 받아들였다. 유럽이나 북미 주요 도시의 메트로폴리탄 지역에서나 볼 수 있을 법한 정도로 현대적이고 흠잡을 데 없이 깨끗했다. 의무 사항인 수술실용 캡과 마스크를 착용하고, 신발을 수술용 부츠로 덮은 후, 잘 정돈된 진료실을 지나 수술실로 향했다. 우리는 벽에 붙어 있는 스테인리스 스틸 우리들과 디지털 엑스레이 촬영실 그리고 조명 장치와 산소 공급 장치, 천장에 매달려 있는 진공관 등을 갖춘 개방형 치료실을 통과했다.

수술실의 여닫이문을 통과하자 나의 시선은 패드가 깔린 수술대 위에 움직이지 않고 누워 있는 암컷 오랑우탄에게 집중됐다. 디지털 모니터링 장비에 표시된 수치로 전신 마취가 잘 진행되고 있음을 알 수 있었다. 약물이 정맥 주삿줄을 통해 지속적으로 주입되고 있었다. 수술용 모자와 마스크를 쓰고 장갑을 끼고 수술복을 입은 닥터 예니Yenny와 모티아 Meuthya는 암컷 오랑우탄의 다리에 난 커다란 상처를 깨끗하게 닦아내고, 부목을 대고 붕대로 감았다. 암컷 오랑우탄은 여러 부위에 골절을 입고, 왼손은 괴저에 걸린 상태로 센터로 이송돼왔다. 죽은 조직은 외과적으로 모두 제거됐다. 손의 대부분은 건질 수 있었고, 치유도 잘되고 있었다. 마을 사람들은 거의 죽을 뻔한 이 어미 오랑우탄을 '발견'했지만, 최근 출산한 새끼는 곁에 없었다. 부상은 틀림없이 자신의 품에서 새끼를 빼앗아가지 못하도록 보호하려다가 생겼을 것이다.

그날 아침 늦게 나는 수의사들을 만나 그들이 경험한 사례에 대해 이야기를 나누었다. 수의사들은 종종 문헌에 나온 정보가 거의 없는 상태에서 생명 구조 절차와 결정을 내려야 하는 복잡하고 당혹스러웠던 사례들에 대해 설명했고, 나는 경외감을 가지고 경청했다. 한번은 복합 골

절을 치료하기 위해서 그들은 외과의사 두 명과 접촉했고, 그 외과의들은 장거리 여행도 마다하지 않았다.

도움이 될 수 있는 일을 하고 싶다고 말하자, 닥터 예니는 몇 달 전에 전혀 움직일 수 없는 상태로 만든 원인을 알 수 없는, 소아마비와 유사한 질병으로부터 살아남은 젊은 암컷 오랑우탄의 눈을 검사해줄 수 있는지 물었다. 암컷 오랑우탄의 시력을 회복하기 위해 할 수 있는 일이 있을까? 암컷 오랑우탄의 동공을 확대시키기 위해 안약을 넣었다. 어두운 방에 웅크리고 있던 암컷 오랑우탄은 일회용 기저귀 외에는 아무것도 걸치지 않은 상태였으며, 수의팀이 따뜻한 우유 한 병으로 그녀의 시선을 딴 곳으로 돌리게 만들었다. 나는 티끌 하나 없이 깨끗한 진료실 바닥에 깐 하얀 타일 위에 다리를 꼬고 앉아 양쪽 눈의 각막과 수정체, 망막과 시신경을 꼼꼼히 살펴보았다. 내 경험에서 가장 특이한 검사로 기억에 남아 있지만, 검사 결과 환자에게 도움이 될 만한 어떤 비법도 없는 듯 보였다. 시력 문제가 발생한 원인은 뇌에 문제가 발생해서 생긴 중추성 실명일 가능성이 가장 높았다.

나는 익숙한 모든 것들로부터 1만 6000킬로미터나 떨어진 곳에 있었고, 환자는 아이리시세터 같은 털을 가지고 있으며 해부학적으로는 인간과 유사한 구조를 하고 있기는 했지만, 이곳 동물병원은 병원의 분위기와 직원들 때문에 집에 있는 것처럼 편안함이 느껴졌다. 나는 국가나 환자의 종류 그리고 사용하는 언어에 관계없이 목적에 의해 수의사들이 하나로 뭉친다는 점을 인식하기 시작했다.

새끼 오랑우탄들은 그네와 해먹 그리고 암벽이 갖춰진 넓은 야외 우

**옆 페이지:** 인도네시아 수마트라 메단의 수마트라오랑우탄보존프로그램 검역센터에 수용된 새끼 수마트라오랑우탄들. 고아가 된 유아 오랑우탄들은 매일 숲학교에 참석해 야생으로 재정착한 후의 삶을 준비하기 위해 나무 타기, 나무껍질 벗기기, 나무에서 나무로 이동하는 방법 등을 배운다. 전형적인 '수업'을 지켜보며 나는 훈훈함과 동시에 유쾌함을 느꼈다.

리 공간과 관리인 옆에서 밤을 보낼 수 있는 실내 침실이 갖춰진 복합시설에 수용됐다. 나는 숲학교라고 불리는 곳으로 가기 위해 젊은 오랑우탄들이 주거용 복합시설을 떠나 오래된 길을 어슬렁어슬렁 걸어가는 모습을 목격했다. 그 가운데 좀 큰 새끼 오랑우탄들이 팔을 들어 관리인과 함께 손을 잡고 걸어갔다. 목적지는 작은 나무들이 있는 인근 숲의 작은 공간으로, 나무들 중 일부는 두꺼운 고무 케이블로 연결돼 있었다. 매일 한 시간 이상 함께 나무 위로 올라가거나 나무껍질을 벗기기도 하고, 나무에서 나무로 이동하는 기술도 배우며 재정착 과정을 통해 나무 위에서 주로 살게 될 앞으로의 삶에 적응할 수 있도록 준비했다.

검역센터에 수용돼 있는 약 50마리의 오랑우탄 모두가 예정된 기간에 야생으로 방사될 수 있는 것은 아니다. 덩치가 큰 수컷 오랑우탄 르우제르는 공기총으로 62발을 맞은 후 시력도 잃었다. 암컷 오랑우탄 틸라는 인간 변종 B형 간염 바이러스에 감염됐다. 덱농은 만성 관절염으로 인해 사지를 쓸 수 없게 됐다. 그들은 모두 곧 완공을 눈앞에 두고 있는 오랑우탄 안식처에서 새로운 집을 찾게 될 것이다. 오랑우탄 안식처는 메단시에서 가까운 곳에 야심 차게 개발되고 있는 프로젝트다.

이전에 논이었던 50헥타르의 부지에는 이제 얕은 물로 분리된 여러 개의 작은 섬이 있다. 각 섬에는 집, 수유시설, 동물보호시설이 있어 방사가 불가능한 오랑우탄들이 남은 여생을 안전하고 편안하게 보낼 수 있다. 프로젝트가 완료되면 야생 오랑우탄들이 처한 현실, 서식지 보호 및 자연환경의 중요성에 대해 공감대를 형성시키고, 어린이와 성인 모두를 교육시킬 수 있는 야생동물보호 교육센터도 운영될 계획이다. 지속 가능한 농경 활동, 과일먹이박쥐와 늘보로리스의 불법 거래로 인한 피해 그리고 입구에 있는 30미터 길이의 멋진 대나무 다리를 포함해 지속 가능한 기술들에 대한 전시회도 계획 중이다.

우리들은 닮았다

## 여기에 반야생인 것은 없다

집을 떠나기 오래전에, 나는 수마트라오랑우탄보존프로그램의 커뮤니케이션 책임자인 아디Adi가 나의 여행 일정을 짜는 동안 야생의 수마트라오랑우탄을 관찰하고 따라다니며 사진을 찍고 싶다는 나의 희망사항을 그에게 설명했다. 그 희망 목록에는 연구소에서 시간을 보내는 것도 포함됐다. 연구활동은 오랑우탄의 행동과 서식지를 이해하기 위해 필수적인 요소다. 이를 통해 오랑우탄을 야생에서 성공적으로 재정착시키는 데 필요한 정보를 얻을 수 있다. 대부분의 연구는 주요 오랑우탄 서식지인 수아크의 이탄늪림과 케탐베의 저지대 열대우림에서 수행되고 있다.

수아크발림빙에 있는 수마트라오랑우탄보존프로그램의 연구소는 가장 많은 오랑우탄 개체 수를 확보하고 있지만, 우기에는 모든 것이 물에 잠기기 때문에 말할 것도 없이 이탄늪림 내에서의 이동이 가장 힘든 시기다. 대신 북수마트라의 랑카트 지역에 있는 르우제르생태계의 동쪽 경계 외딴 곳에 위치한 시쿤두르연구관측소로 가기로 했다. 아이러니하게도 이곳이 이상적인 연구 장소인 이유 중의 하나는 시쿤두르 주변의 숲들이 1970년대와 1980년대에 광범위하게, 1990년대에는 간헐적으로 벌목이 진행됐으며, 지금은 오랑우탄 밀집도가 낮고 최선이 아닌 차선의 서식지로 2차 성장기를 맞고 있기 때문이다. 시쿤두르에서의 연구는 서식지 상실과 황폐화를 겪고 있는 지역에서 어떻게 오랑우탄이 살아나는지에 대한 단서를 확보할 수 있으며, 미래의 보전 노력에 방향을 제공할 수도 있다.

카메라 가방과 갈아입을 옷 그리고 침낭과 초콜릿 바 3개를 챙겼다. 마지막에 산 이 물품들은 메단의 장가 하우스에서의 편안함과 다양한 메뉴를 떠올리게 할 것이다. 우리의 운전기사 밤방은 3시간 이상 운전하는 동안 마이클 잭슨의 〈스릴러〉 앨범과 CCR의 타이틀곡들을 포함한 자신의 서양 대중음악 컬렉션을 틀어주었다. 룸미러를 보며 활짝 웃던 밤방은 자신감이 오른 듯 연신 다음 곡을 소개했다. 밤방은 손님들이 노래 감상을 즐기자 크게 기뻐하며 완벽한 영어로 주요 가사를 따라 불렀다.

고르지 않은 도로의 마지막 구간은 테콩 마을을 지나 베시탕강 가장자리의 번화한 부두까지 이어졌다. 몇 명의 젊은이들이 짐과 보급품을 내리는 것을 도우려고 정지된 차량으로 몰려들면서 한바탕 혼란이 일어났다. 수마트라오랑우탄보존프로그램 소속으로 항상 도움을 주고 있는 연락책 아디는 전통적인 나무 카누 1대와 남자 2명을 고용했다. 우리는 한 시간 동안 상류로 여행하면서 작은 어촌 마을과 열대우림 지대 그리고 농장들을 보았다. 우리는 떠다니는 통나무와 쓰러진 나무를 피하며 엄청난 속도로 수심이 깊은 강을 헤쳐나갔다. 수심이 얕은 곳에서는 멈춰 섰기에 카누를 앞으로 밀어야 했다. 나는 불안정한 보트가 전복돼 카메라 장비가 물에 잠길까 봐 노심초사했다. 얼마 지나지 않아 풍경이 바뀌어 끝없이 펼쳐진 열대우림이 나타났고, 우리는 강둑에 자리잡은 연구소를 발견할 수 있었다.

연구소는 작은 목조 주택으로, 원래 수마트라코끼리를 연구하던 인도네시아와 유럽의 환경보호가들이 관측소로 설립한 곳이다. 2007년에 버려졌던 관측소는 2013년 수마트라오랑우탄보존프로그램 측이 구입해 리모델링했다. 주방의 식품 보관소와 준비 구역 그리고 어둡고 오싹한 화장실을 간단히 둘러본 결과, 식사 계획과 샤워 옵션은 선택하지 않기로 했다. 나는 초콜릿 바와 과일을 먹기로 했다.

나는 기지에 있던 발전기가 곧 꺼지고 불도 나갈 것이라는 말을 듣고, 밤을 보낼 작은 방 안의 나무판자로 된 바닥에 침낭을 폈다. 두꺼비두 마리가 뛰어다니고 크고 털이 많은 거미 몇 마리가 모기장 아래로 기

우리들은 닮았다

어 다녔다. 창문에는 유리창이 없었다. 온갖 종류의 날아다니는 곤충과 나방이 방해받지 않고 방으로 들어왔다. 열대우림에서 나는 소리와 내 방 밖의 베란다에서 대화하는 소리도 들렸다. 나는 당면한 일에 집중하기 위해 매우 열심히 노력했다.

위: 인도네시아 북수마트라 시쿤두르에 사는 성체 암컷과 신생아 수마트라오랑우탄. 암컷 오랑우탄은 수컷보다 5년 일찍 성숙하며, 대략 8년 터울로 새끼를 낳는다. 오랑우탄은 영장류 중 번식 속도가 가장 느리다. 숲 지붕 높은 곳을 촬영한 이 사진을 보자마자, 나는 크고 털이 많은 빨간 해먹 속에 작은 신생아 오랑우탄이 있는 것을 발견했다.

몇 분마다 한 번씩 이번 기회가 일반인에게는 주어질 수 없는 최고의 기회로, 야생에서 오랑우탄을 촬영하고 그들이 처한 상황을 이해할 수 있는 기회라는 것을 스스로에게 상기시켰다.

시쿤두르 주변에는 48킬로미터가 넘는 이동로가 거미줄처럼 펼쳐져 있다. 다국적 연구팀들은 각각의 보금자리로부터 데이터를 수집한다. 즉 오랑우탄이 매일 아침 잠자리를 떠나기 전부터 그날 저녁 새로운 잠자리를 만들 때까지 데이터를 수집한다. 오랑우탄의 행동은 해당 위치의

GPS 좌표와 함께 일정한 간격으로 기록된다.

　헤드램프로 새벽 어둠을 뚫었다. 나는 배낭과 카메라 장비를 챙겨 젊은 인도네시아 연구원을 따라 기지 뒷문을 나섰다. 그는 방수포로 덮여 있던 오토바이를 꺼내 나에게 뒤에 타라고 손짓했다. 울퉁불퉁하고

위: 인도네시아 북수마트라 시쿤두르에 사는 성체 수컷 수마트라오랑우탄. 우리 팀이 점심시간에 숲 바닥에 앉아 있는 동안, 세심한 가이드 한 명이 우리 바로 위 거의 완벽한 숲 지붕에 있는 호기심 많은 수컷 오랑우탄을 가리켰다. 이 오랑우탄은 다행히 단단한 가지에 걸터앉아 우리의 모든 움직임을 조용히 살피고 있었다. 오랑우탄은 사진 촬영이 끝나자 그 자리를 떠났다.

옆 페이지: 인도네시아 북수마트라 시쿤두르에 사는 큰 볼 패드를 가진 성체 수컷 수마트라오랑우탄. 오랑우탄은 지구상에서 나무에 사는 동물 중 가장 큰 동물이다. 이 녀석과 같은 수컷 오랑우탄은 몸집이 크기 때문에 암컷보다는 더 많은 시간 동안 땅 위를 돌아다닌다.

우리들은 닮았다

습하고 좁은 열대우림 길을 따라 비틀거리며 미끄러지듯 달렸다. 나는 골절이나 머리 부상에 대한 걱정은 자제하고 악착같이 매달려 있는 것에만 집중했다.

젊고 건강한 연구원들과 보조를 맞추는 것은 매우 힘든 일이었다. 머리 위로 움직이는 오랑우탄을 추적하기 위해 가파르고 미끄러운 오솔길을 몇 시간 동안 오르락내리락했다. 가이드들은 데이터를 기록하기 위해 멈춰 서기도 했다. 우리는 대화도 나누었다. 그들은 나이가 각각 27살이라고 말했고, 나는 '28살'이라고 답했다. 서로 어리둥절한 표정을 지었다. 나의 익살스러운 시도가 그들의 영어 이해력을 떨어뜨릴까 봐, 사실은 60살이라고 정정했다. 한 친구는 "나이에 비해 몸이 좋으시다"라고 답했고, 다른 한 친구는 자신의 어머니라면 "이런 일을 할 수 없을 것이다"라고 말했다.

내 나이를 공개함으로써 속도를 늦출 수 있을 것이라는 희망은 곧 사라졌다. 여러 마리의 오랑우탄을 따라다니면서 멋진 사진을 촬영할 수 있는 기회가 많았다. 항상 정중한 태도를 보인 인도네시아 직원들은 일부 장비를 나르겠다고 했고, 피할 수 없는 폭우가 내리는 동안 우리가 웅크리고 앉을 수 있는 임시 텐트를 만들어주기도 했다.

그날 늦게 나는 마치 전투에서 승리하고 의기양양하게 복귀하는 것처럼 연구소에 있는 계단을 비틀거리며 올라갔다. 믿을 수 없을 정도로 체온이 오른 데다 몸이 너무 더러워진 상태였던 나는 마지못해 샤워 시설에 대한 혐오감을 뒤로하고 샤워를 했다. 배수구에서 무엇인가가 튀어나오거나, 머리 위로 쏟아지는 물속에 어떤 기생충이 살고 있을지 모른다는 두려움은 내 왼쪽 발목 위에 붙어 있는 커다란 검은색 거머리를 보는 순간 공포로 바뀌었다. 거머리를 털어내려는 여러 번의 시도는 실패로 돌아갔지만 결국 깨진 플라스틱 조각으로 거머리를 떼어낼 수 있었다. 다음 날 아침, 나는 셔츠 안쪽 어깨 부근에 여러 개의 핏자국이 있는 것을 발견했다. 어젯밤 발목에 붙어 있던 거머리가 전부가 아니었던 것이다. 솔직히 말해 너무 끔찍했다.


## 야생으로의 방사: 마침내 얻은 자유

시쿤두르에서의 시험을 간신히 통과한 후, 나는 예정했던 계획의 다음 항목인 재정착 사이트를 방문하기로 했다. 지금까지 수마트라에서 2주 동안 머물며 압수된 오랑우탄을 치료하고 재활시키는 곳도 가보았고, 연구를 수행하고 있는 현장도 방문했다. 그와 같은 연구활동은 야생으로의 성공적인 복귀에 필요한 요소들을 이해하는 데 결정적인 역할을 했다. 보호구역의 최종 목적은 대부분의 동물들이 야생에서 새로운 독립생활을 시작할 수 있도록 안전하고 보호가 잘돼 있으며 생활하기에 적절한 지역으로 재배치하는 것이다. 나는 이런 목적이 어떻게 달성되고 있는지 이해하고, 카메라로 그 결과물들을 기록하려는 생각에 조바심이 났다.

우리 비행기가 수마트라섬 북단에 있는 반다아체로 향할 때 바리산 산맥 가운데 가장 높은 봉우리들이 구름을 뚫고 솟아 있는 모습이 보였다. 반다아체는 2004년 17만 명의 목숨을 앗아간 비극적인 쓰나미가 발생했던 곳이다. 이번에는 아디와 수마트라오랑우탄보존프로그램의 책임자이며 맨 처음에 나를 여기 있게 해준 이언 싱글턴과 함께하기로 했다. 우리는 수마트라오랑우탄보존프로그램이 운영하고 있는 2개 재정착지 중 하나인 잔토소나무숲보호구역으로 향했다.

공항에서의 긴 대기 시간과 비행기 운항 지연, 안전벨트의 구속에도 불구하고 비행기에서 보낸 시간은 많은 것을 듣고 배울 수 있는 훌륭한 기회를 제공한다. 지식이 풍부하고 열정적이며 수다스러운 이언은 이런 제한적인 상황에서도 재활 과정과 외딴 잔토 숲에 대한 정보들을 기꺼이 제공했다.

심각한 멸종위기에 처한 수마트라 호랑이와 코끼리의 중요한 서식지일 뿐만 아니라, 무화과나무의 밀도가 비정상적으로 높은, 잔토의 예외적인 저지대 숲은 오랑우탄에게 이상적인 서식지다. 이상한 말이지만, 이곳에서 자연적으로 일어난 것은 아무것도 없다. 이언은 해당 지역에 유전적으로 생존 가능하며 자급자족할 수 있는 개체군을 만들 계획이라고 했다. 그는 이를 위해 검역센터에서 재활훈련을 받은 오랑우탄 200~500마리 정도가 필요할 것으로 예상하고 있다. 2011년 첫 재정착 이후 지금까지 약 100마리의 수마트라오랑우탄만이 잔토로 재배치됐다.

이언은 오랑우탄들을 야생 상태의 새로운 서식지로 이주시키는 과정에 대해 설명했다. 준비가 되면 스트레스를 최소화하기 위해 검역센터 내 사회화 우리로부터 이주 가능한 오랑우탄들을 친숙한 조련사와 함께 새 서식지로 옮긴다. 재활 과정을 거친 100마리 정도의 오랑우탄이 잔토의 열대우림으로 옮겨졌을 뿐만 아니라, 약 200마리에 달하는 압수된 야생 오랑우탄이 잠비주의 부킷티가풀루국립공원 내 거대한 열대우림 지역에 재정착됐다. 이에 더해, 이 두 개의 재정착 사이트는 궁극적으로 동물 종들이 멸종되지 않도록 하는 작은 보호 수단이 될 수 있을 것이다.

공항에서 잔토라는 작은 마을까지는 단조로운 여행이었지만 그 이후는 완전히 달랐다. 이언이 '전문가 차량'이라고 부른 차를 타고 다음 목적지인 베이스캠프까지 가는 길은 뼈까지 흔들려 극명한 대조를 이뤘다. 이언은 울퉁불퉁하고 바퀴 자국으로 깊이 패었거나 때로는 홍수에 휩쓸렸던 길을 전문가처럼 주행했다. 회전하는 타이어에서 진흙이 사방으로 날아다녔으며, 점점 더 조수석 창의 시야도 가려졌다. 극도의 흥분

속에서 도전적인 드라이빙을 즐기고 있는 듯한 그는 이전 여행 때 글러브박스에서 기어나온 비단뱀 이야기도 들려주었다. 그는 엔진에서 나오는 굉음에도 불구하고, 숲에 쉽게 갈 수 있다면 더 이상 그 숲은 그곳에 존재하지 않았을 것이라고 큰 소리로 외치며 이 상황을 합리화했다.

　간소한 양철 지붕의 직원용 시설에 도착한 후, 수의사인 닥터 판두 Pandu를 방문했다. 그가 오랑우탄 환자들의 안과 질환을 진단하고 치료할 수 있기를 바라며, 가져간 안과 용품을 전달했다. 판두 박사는 자신의 작은 진료소로 나를 안내했고, 벽을 따라 늘어선 서랍과 선반에 깔끔하게 보관된 약과 용품을 자랑스럽게 보여주었다.

　우리는 오랑우탄에게 잘 작용하는 진정제와 마취 프로토콜에 대해 이야기했고, 본국 진료실에서 내가 말과 개, 고양이에게 사용했던 것과 비교했다. 나는 유럽과 북미 지역에서 수의사들이 흔히 사용하는 몇 가지 약품이 인도네시아의 수의사들에게는 제공되지 않고 있다는 사실을 발견했다.

판두 박사는 더 쉽고 더 안전하게 치료하는 데 도움이 되는 마약성 의약품들은 사용할 수 없었다. 나는 그와 환자들을 도울 수 있도록 마약성 의약품들을 가방에 넣어올 수 없었다는 사실에 좌절감을 느꼈지만, 만약 내가 집을 떠나기 전에 그 생각이 머릿속에 떠올랐다면, 우리 둘 다 지역 교도소에 수감돼 있을 것이다. 그는 영국에서 곧 있을 교육 기회에 대해 말했다. 우리는 아시아 및 아프리카의 야생동물 수의사들이 지속적인 전문성 개발 과정과 워크숍에 참석하는 데에서 겪는 어려움에 대해 마음을 터놓고 이야기했다. 몇 안 되는 전문성 개발 과정과 워크숍도 참가비가 너무 비싸 접근이 어려웠다. 나는 이러한 중요한 교육 기회에 대한 비용 부담을 줄여줄 수 있도록 조치를 취하고, 닥스포그레이트에이프스의 지원 프로젝트 목록에서도 높은 우선순위에 두어야겠다고 마음먹었다.

우리는 대부분의 오랑우탄이 베이스캠프로 찾아오지 못하도록 막아주는 자연적인 장벽 역할을 하고 있는 얕은 강을 건너 재정착 사이트를 둘러보기 위한 모험을 감행했다. 새로 배치된 오랑우탄들은 숲속 공터 주변에 있는 거대한 우리에 일시적으로 갇혀 지낸다. 직원들은 오랑우탄들을 위해 주변 숲에서 자연 상태의 먹이와 잠자리를 만들 재료를 수집한다. 일단 방사하면, 새로운 환경에 적응하는 데 필요한 기술과 지식을 습득할 때까지 매일 모니터링한다.

원시 열대우림 속을 하이킹하면서 많은 오랑우탄을 관찰하고 사진도 찍었다. 그중 어떤 오랑우탄도 사람들과 교류하기 위해 땅바닥으로 내려오는 것에는 관심이 없는 것처럼 보였다. 우리는 오랑우탄들이 보

금자리를 짓고, 숲 지붕을 탐색하고, 과일을 선택해서 먹는 것을 목격했다. 대부분이 최소 2년 이상 검역센터에 있었다는 사실이 믿기지 않을 정도였다. 너무나 가슴 벅찬 경험이었다. 우리는 다시 한 번 바퀴 위에서 당하는 고문 같은 '전문가 차량'을 타고, 비행기를 타기 위해 반다아체로 출발했다. 우리가 함께 르우제르생태계 상공을 날아가면서 6000미터 하늘에서 바라본 풍경은 사냥보다 훨씬 더 큰 문제가 서식지 손실이라는 사실을 더욱 명확히 해주었다.

위: 인도네시아 수마트라 아체주 잔토소나무 숲보호구역에 사는 젊은 성체 암컷 수마트라 오랑우탄. 잔토는 오랑우탄이 가장 좋아하는 무화과나무가 대단히 많이 밀집해 있기 때문에 한 번에 많은 양의 과일을 섭취하고 초과 에너지를 지방으로 저장하는 오랑우탄에게는 이상적인 장소다. 직원들은 방사후프로그램의 일부로 재배치된 오랑우탄을 모니터링한다. 검역센터에서 인간과 함께 거의 3년을 보냈을 오랑우탄이 6미터 떨어진 곳에서 촬영을 해도 나에게 접근하려는 마음을 전혀 가지지 않는다는 것이 믿기지 않았다

수마트라에서 발생하는 서식지 손실의 90퍼센트 이상은 팜유 때문이다. 토지에 대한 권리가 한 회사에 부여되면 해당 토지에서 살던 사람들은 쫓겨난다. 수백 년 동안 한 지역에 살았던 가족들은 주변 환경이 파괴되면서 삶의 방식도 잃게 된다. 원시림에서 농장으로 가는 길은 아름답지도 않다. 나무와 버섯, 이끼와

위: 북수마트라 부킷라왕 외곽지역. 수마트라와 보르네오에는 기름야자나무 열매를 수확하는 소규모 업체가 많다. 나는 이러한 소규모의 가내수공업보다 환경적으로 재앙적인 수준의 법인 기업에 의한 팜유 생산이 훨씬 더 나쁘다는 것을 알게 됐다. 그럼에도 불구하고 그들은 어디에서나 야자수를 광적으로 수확하고 있다. 수마트라오랑우탄 서식지 손실의 90퍼센트 이상이 대규모 기름야자나무 농장을 위한 토지 개간 때문이다.

개미 그리고 지하 생명체 등 모든 것이 불에 타고 탄소로 대기 중으로 배출된다. 오랑우탄을 포함한 야생동물과 어류도 예외가 아니다. 운이 좋은 소수의 오랑우탄은 기존 개체군에 합류하기 위해 인접한 숲으로 도망갈 수 있지만, 제한된 먹이 공급과 개체 수 과밀로 인해 영양실조와 기

우리들은 닮았다

아 상태로 이어진다. 인근의 영세한 농장에서 계속해서 농작물을 습격하다 보면 자주 인간과 야생동물 간의 갈등으로 이어진다. 총격이나 죽창 공격을 당하거나 조각조각 난도질을 당하기도 한다. 살아남은 일부 새끼 오랑우탄들은 마을 사람들에 의해 검역센터로 옮겨진다.

비행기 창밖을 바라보며 수마트라오랑우탄을 구하는 것이 얼마나 큰 도전인지 실감하지 않을 수 없었다. 마음속으로 내가 같이 시간을 보냈던 사람들을 다시 떠올리며, 검역센터에서 연구소 그리고 지금 떠나고 있는 재정착 사이트에 이르기까지 지난 몇 주 동안 내가 보고 배운 것들을 다양하게 되새겨보았다. 보전 분야에서 쌓은 자신의 경력 중 하이라이트라고 묘사한 이언의 이야기를 떠올리면서 나는 몽상을 멈췄다. 2017년 9월 잔토에 있는 재정착 사이트 소속 직원이 정기 순찰에서 새끼 수컷과 함께 있는 암컷 오랑우탄을 우연히 발견했다. 이는 현장에서 처음으로 목격된 일이었다. 어미인 마르코니는 8년 전 해안가에서 경찰에 의해 압수된 바 있었다. 마르코니는 쇠약하고 목에 쇠사슬 자국이 있는 상태로 검역센터로 이송됐다. 마르코니의 상처는 치료됐고, 3년간의 재활 끝에 2011년 말 잔토로 옮겨져 재정착된 첫 세대가 됐다. 마르코니는 나무에서 떨어져 골절된 어깨를 치료하고 수술을 받기 위해 잠시 검역센터에 되돌아온 적도 있었다. 마센이라는 이름을 가진 마르코니의 새끼는 야생에서 태어나 자유를 누리는 첫 세대가 됐다.

실용주의적이고 의욕적인 이언 싱글턴을 지켜보며 그의 이야기를 듣노라니, 만일 오랑우탄들을 구할 사람이 있다면, 지난 몇 주 동안 만났던 강인하고 헌신적이며 굳은 결의로 똘똘 뭉친 사람들이 바로 그 일을 해낼 사람들이라는 확신이 들었고, 가슴 한편이 놀라운 낙관적인 감정에 휩싸였다.

# 8

# 적극적인 고릴라 닥터스 임무

동부고릴라(그라우어고릴라),
콩고민주공화국 동부

고릴라 닥터스를 방문하고 마운틴고릴라를 보기 위한 첫 여행을 떠난 지 6년이 지났다. 여행 초기에 방문한 일부 커뮤니티에 닥스포그레이트에이프스가 도움을 줄 수 있는 방안을 찾아 나섰다. 나는 여러 차례 르완다를 다시 방문했으며, 때로는 닥스포그레이트에이프스 임원들과 함께 가기도 했다. 닥스포그레이트에이프스의 중점사업은 의료진에게 추가적인 교육 기회를 제공하는 것이라는 점이 분명해졌다. 르완다에서 우리는 14개의 외진 마을 의료센터에서 근무하는 일선 간호사들의 능력을 향상시키기 위해 지속적인 전문성 개발이 필요하다는 사실을 확인했다.

고릴라 닥터스의 물류 지원 덕분에 나는 닥스포그레이트에이프스

옆 페이지: 콩고민주공화국 카후지-비에가국립공원에 사는 그라우어고릴라. 그라우어고릴라는 마운틴고릴라보다 더 많은 열매를 먹지만, 서부저지대고릴라보다는 적게 먹는다. 열매 외에도 100종이 넘는 식물의 잎이나 줄기, 나무껍질을 먹으며, 종종 흰개미와 개미, 기타 곤충들을 먹기도 한다.

임원 여러 명과 함께 주요 안과 진료에 대한 최신 정보들을 이해하는 데 도움을 주고자 간호사들을 대상으로 설문조사를 진행했다. 우리는 또한 자원이 부족한 환경 속에서 이러한 학습 기회를 가장 잘 관리할 수 있는 방법을 찾기 위해 진료소의 수석 간호사들의 의견도 조사했다. 교육과정을 설계한 후에는 55명의 간호사에게 번역된 매뉴얼을 전달했다.

그 결과에 고무되긴 했지만 이 프로젝트를 진행하는 동안 대부분 마음이 편하지 않았다는 사실을 말하고 싶다. 지역사회의 지원과 허가를 이끌어내기 위해서는 지역 주교들과 무산제 시장, 북부주 단체장은 물론 심지어 보건부 장관과도 회의를 해야 했다. 냉담한 르완다 윤리위원회에 청원하느니 스페인 종교재판에 참석하는 편이 더 낫겠다는 생각도 들었다.

나는 설문조사를 디자인할 전염병학자 1명, 아이패드로 설문조사를 할 수 있도록 해줄 컴퓨터 프로그래머, 웨스턴대학교 출신 동료 안과의사 3명, 이번 교육과정을 만들어줄 수의 안과의사인 데이비드 램지를 섭외했다. 운전기사와 통역사를 고용하고 참가자를 위한 식사 예약 및 준비를 했다. 이 모든 과정에 동료들도 나서서 아낌없이 지원해주었다.

초기 방문 중 한번은 마이크 크랜필드가 압수된 어린 고릴라의 DNA를 검사해 그 고릴라가 동부고릴라의 어떤 아종인지 확인하고 있다고 말했다. 마운틴고릴라와 그라우어고릴라의 생김새는 매우 유사하다. 그라우어고릴라를 눈으로 직접 보고, 서식지인 콩고민주공화국 동부 숲에서 사진도 찍고, 비슷하게 생긴 마운틴고릴라와 비교해 그들이 직면한 다양한 위협 요소들을 이해하고 싶다는 생각이 들었다.

동부저지대고릴라eastern lowland gorilla라고도 불리는 그라우어고릴라 *Gorilla beringei graueri*는 1800년대 마운틴고릴라와는 별개의 종이라고 처음 제안한, 오스트리아 탐험가이자 동물학자인 루돌프 그라우어Rudolf Grauer 의 이름을 따서 명명됐다. 동부고릴라는 세계에서 가장 큰 영장류일 것이다. 성체 수컷의 무게는 최대 230킬로그램까지 나간다. 암컷의 체중은 수컷의 약 절반 정도다. 동부고릴라의 아종인 그라우어고릴라와 마운틴 고릴라Gorilla beringei beringei는 친척인 서부고릴라보다 훨씬 크며, 가장 가까이 있는 서부고릴라 개체군으로부터도 960킬로미터 이상 떨어져 있다. 두 아종 사이에 신체상의 차이는 거의 없지만, 그라우어고릴라는 털이 더 짧고 팔다리가 긴 반면, 마운틴고릴라는 더 넓은 얼굴과 더 각지고 덜 둥근 콧구멍을 가지고 있다.

그라우어고릴라 개체군 중에서 가장 중요한 개체군은 콩코민주공화국 동부에 위치한 두 개의 국립공원인 마이코와 카후지-비에가에 서식하고 있으며, 이 중 카후지-비에가국립공원이 이번에 사진을 촬영할 장소다. 카후지-비에가국립공원의 면적은 약 60만 헥타르고 고도는 600~2400미터다. 이 같은 고원 지역에 사는 습관화된 고릴라 무리는 동쪽의 트시방가에 있는 공원 본부를 통해 접근할 수 있다.

최근 몇 년 동안 대형 유인원들을 찾아다니며 사진을 찍는 나의 능력은 전적으로 인간관계를 맺고 그 관계를 유지하는 데 기반을 두었기 때문에 이번 여행도 예외일 수 없었다. 계획을 세우는 동안, 데이비드 램지와 함께 르완다에서 처음으로 진행한 강의에 참석했던 콩고민주공화국의 고릴라 닥터스 소속 의사 중 한 명인 닥터 에디 캄발레Eddy Kambale와 연락을 취했다.

그 이후로 닥스포그레이트에이프스는 콩고민주공화국, 우간다, 르완다에서 각각 한 명씩 세 명의 수의사를 후원했으며, 우간다 캄팔라에 있는 마케레레대학교에서 야생동물의학 석사학위 과정을 마칠 수 있도록 지원했다. 에디는 콩고민주공화국 수의사로 최근 이학 석사과정을 마친 바 있다. 이 모든 기간 동안 우리는 계속 연락을 유지해오고 있었다.

닥터 에디와 고릴라 닥터스의 마이크 크랜필드는 쾌활한 여성 한 분을 연결시켜주었다. 그녀는 카후지-비에가국립공원 관광프로그램의 마담 글로리아로, 그녀는 매일 3회의 고릴라 추적 허가증과 '카후지-비에가국립공원장의 초청장' 발급을 도와주었다. 나의 비자 신청을 완료하기 위해서 거쳐야 하는 단계들이었다. 마이크는 비자를 받는 것이 어려운 일일 수는 있지만, 6개월 전 로마코의 보노보 탐험을 위한 콩고민주공화국 방문용 비자를 받는 것과 비교하면 '식은 죽 먹기'라고 말했다. 일반인도 허가증 구매가 가능하지만, 이 지역의 고릴라 트레킹은 심각한 정치적 불안정과 폭력의 위협으로 인해 조금씩 느려지고 있었다.

닥터 에디는 또한 근처 카후지-비에가국립공원을 방문하는 동안, 르위로영장류보호소에 머물 수 있도록 도와주었다. 고릴라 닥터스는 르위로에서 콩고 수의사들을 위한 역량 강화 교육 프로그램을 조율할 뿐만 아니라, 보호소 내에서 수의 진료 서비스를 제공하고 있다. 닥터 에디는 그의 친구인 닥터 루이스 플로레스Luis Flores와 내가 만나게 돼 기뻐했다. 루이스는 헝클어진 머리의 스페인 출신 고릴라 닥터로, 보호소에서 나의 호스트가 될 사람이었다. 닥터 루이스는 또한 훌륭한 요리사로도 소문이 나 있었다. 이곳의 교육훈련 프로그램은 우리가 야생동물 수의사들을 위해 하려고 했던 일과 완전히 일치했으므로 닥스포그레이트에이프스가 이 프로그램을 지원할 수 있는 방법도 알고 싶었다.

대형 유인원 서식지들을 계속 방문하면서 여행 전 소통과 준비과정에서 한 명의 방문 관광객으로서의 역할은 훨씬 줄어들었다. 대신에 나는 수년 전 혼자 공부하던 평범하지만 운명적인 그날 이 여행을 시작하면서 되고 싶었던 그런 사람이 되어가고 있었다. 대형 유인원을 구하는 노력에 동참하도록 사람들에게 영감을 줄 목적으로 집필하고 있는 책에 쓰일 배경 정보와 이미지를 얻고자 그라우어고릴라 탐방 임무를 수행하는 "방문 수의학 전문가" 혹은 "닥스포그레이트에이프스 대표"로서 이번 여행에서 따스한 환대를 받을 것이다. 또한 다음 여행을 계획하는 데 더 많은 사람이 참여해야 한다는 점도 분명했다. 더 많은 호스트들이 내가 고릴라 닥터스와 제인구달협회, 닥스포그레이트에이프스와 함께 일한 사실을 알게 되면서 참여자를 모집하는 일이 훨씬 더 쉬워졌다. 나는 그들의 사심 없고 대단히 중요한 지원에 힘입어 그들의 이야기를 자세히 전할 수 있도록 더 깊이 파고들고 더 열심히 일하고자 했다.

## 세계에서 가장 큰 영장류에게 가는 다리

공항 수하물 컨베이어 벨트에서 나오는 단조로운 윙윙거리는 소리가 멈추자 위탁 수하물을 가지고 공항을 떠날 수 있으리란 희망도 점점 줄어들었다. 텅 빈 컨베이어 벨트를 믿을 수 없다는 표정으로 바라보며 서 있는 마지막 한 사람이 된다는 것은 누구도 바라지 않는 상황일 것이다. 유럽에 발생한 광범위한 폭풍으로 인해 대서양 횡단 비행이 많이 지연되고 있었다. 수하물이 아직 남아 있을 것으로 추정되는 암스테르담으로 갈수 있는 연결편을 알아보느라 정신이 없었다. 한참 서류 작업에 몰두하던 항공사 담당자는 내게 안심할 수 있는 정보를 알려주었다. 가방이 분실된 것이 아니라 하루이틀 내에 비행기로 도착할 것이라고 했다. 최소한 카메라 장비와 옷은 등에 메고 있어 다행이었다.

덥고 습한 늦은 저녁, 나는 피곤했지만 위축되지 않고, 르완다에서 내 단골 운전기사이자 붐비는 터미널 밖에서 나를 기다리고 있는 친구, 무가베를 만나기 위해 서둘러 밖으로 나갔다. 무가베는 고릴라 닥터스 부근에 살았고, 수년 동안 고릴라 닥터스를 위해 일해왔다. 공항에서 나를 만나기 위해 무산제에 있는 그의 집에서 동쪽으로 두 시간을 운전해

## 콩고민주공화국 카후지-비에가국립공원의
## 그라우어고릴라를 보기 위한 르완다 키갈리로부터의 여정

왔다. 우리는 늦은 밤에 비행기가 도착한 것을 감안해 인근 지역에서 가
장 선호되는 호텔인 셰란도에서 하룻밤을 묵기로 했다. 이 호텔은 르완
다 재건을 돕기 위해 몬트리올에서 돌아온 르완다 야당 정치인과 그의
캐나다인 아내가 설립해 운영해왔다. 그들과 그들의 가족은 1994년 벌어
진 집단학살에서 최초로 희생된 사람들 가운데 하나였다.

우리들은 닮았다

그곳에서의 계획은 다음과 같았다. 나는 무가베와 함께 새벽에 키갈리를 출발해 남서쪽으로 약 6시간 동안 운전해 콩고민주공화국 국경에 도착한다. 국경에서 빨리 여권 심사를 받은 뒤 공식적인 르완다 출국을 마치고 콩고민주공화국으로 가는 다리를 건너 사전에 준비한 비자 비용을 지불한다. 알고 보니 지연된 수하물은 국경을 넘어 운송할 수 없게 돼 있었다. KLM 네덜란드 항공사 덕분에 가지고 가는 짐이 거의 없었다. (누가 밀집되고 습한 열대우림에서 3일 동안 하이킹 부츠와 각반, 우비와 셔츠 한 벌 이상이 필요할까?) 그래서 나는 빠른 세관 통과를 기대했다. 그곳에서 정오에 고릴라를 볼 수 있게 나를 데려다줄 콩고인 운전기사인 솔로몬을 만난다. 모두 것이 식은 죽 먹기처럼 쉽게 보였다.

국경에 있는 다리 루지지는 르완다의 치앙구구와 콩고민주공화국의 부카부를 연결한다. 우리가 방금 운전해온 주변 시골 풍경의 평화로움과는 극명하게 대조적으로, 황폐한 다리는 상업적 활동과 사회적 활동이 기이하게 혼합된 인간 활동의 광란이 펼쳐지고 있었다. 녹슨 강철의 낮은 난간과 낡은 나무판자 바닥 ─ 몇 개의 판자가 떨어져 나간 상태에서 여러 방향으로 덧댄 여러 층으로 이루어져 있었다 ─ 덕분에 깊은 협곡과 그 아래로 흐르는 빠른 물살의 루지지강을 더 쉽게 볼 수 있었다.

자전거와 카트, 바퀴 달린 손수레를 이용해 국경을 넘나드는 상인들은 엄청난 인파를 이루며 양쪽에 모여 다리를 건널 차례를 기다리고 있었다. 그들은 중력의 법칙을 무시하는 것처럼 보이는 많은 양의 폼 매트리스와 의복, 음식 등을 밀고 당기며 운반했다. 검은 디젤 매연으로 공기를 오염시키는 과적 트럭들은 군중을 뚫고 위험하게 전진했다. 여인들은 이마를 가로지르는 고리로 지지되는 천 가방을 등에 메고 살아있는 닭들을 추수르기 위해 멈춰 섰다.

나는 여권 심사 사무소에 도착해 르완다를 떠나는 파키스탄 유엔평화유지군 뒤에 줄을 섰으며, 한 명의 여행자도 중간에 끼어드는 것을 허용하지 않았다. 트럭으로 되돌아간 무가베는 군중 속에서 내가 보이지도 않고, 아직 도착하지 않은 솔로몬과는 휴대전화로 연락도 되지 않았기 때문에 점점 불안해졌다. 콩고민주공화국에 직접 들어갈 수 없었던 무가베는 솔로몬의 지각이 우려된다고 말했다. 해가 진 후 콩고민주공화국을 여행하는 것은 매우 위험했다.

르완다 측에서 여권 심사 요구사항을 해결하고 트럭으로 돌아왔다. 솔로몬의 연락을 기다리는 동안 눈에 띄게 긴장한 무가베―내 아들 나이 또래였다―는 자신 있게 다리를 건너 콩고민주공화국 출입국관리소로 가라는 지시사항을 나에게 반복해서 주지시켰다. 그는 나에게 콩고 당국에 겁먹지 말고(콩고인과 르완다인은 서로를 증오한다), 그곳으로 '곧장' 가서(나는 무가베가 내가 달리 어디를 가리라 생각하는지 알 수 없었다), 솔로몬과 연락을 취하자마자 자신에게 전화해달라고 말했다.

서류 검토의 절반이 완료된 후, 사람들 중 다리를 건널 때 함께 걸어갈 두 명의 노부인을 선택했다. 그들은 무거운 짐을 지고 몸을 구부리면서도 미소를 지으며, 낯선 백인과 함께 다리를 건너는 것에 당황한 것처럼 보였다. 그리고 1994년 대학살의 공포 속에 콩고민주공화국 동부로 도망치던, 절망 속의 르완다인 수만 명을 지탱했던 바로 그 다리를 내가 건너고 있다는 사실도 깨달았다.

나는 현지인처럼 다리를 건너긴 했지만, 콩고민주공화국 출입국관리소에서는 의심의 여지 없이 한 사람의 외국인이었다. 제복을 입은 모든 사람이 교대로 내 서류를 조사하는 동안, 나는 억류된 것이나 마찬가지였다. 내 서류는 종종 다음 검토자를 기다리고 있는 책상 위에 그대로 놓여 있었다. 내가 스파이도 아니고, 외신기자도 아니며, 콩고민주공화국으로 이주하려는 사람도 아니라고 판단한 그들은 나에게 비자 수수료

우리들은 닮았다

를 내놓으라고 손짓하고 여권에 도장을 찍은 뒤, 외부 주차장에서 진행 상황을 지켜보고 있던 솔로몬을 가리켰다.

솔로몬은 프랑스어만 구사할 수 있었다. 최선을 다했음에도 불구하고, 그는 내가 프랑스어를 할 줄 모른다는 사실을 곧바로 알아챘다. 의사소통이 어려웠다. 다리를 떠나자마자 우리는 포장되지 않고 방치된 길에 분화구처럼 움푹 팬 곳을 피하며 샛길을 따라 조심스럽게 내려갔다. 한 여성 경찰관이 솔로몬에게 차를 멈추라고 손짓했다. 그녀는 분명히 뇌물을 기대하고 있었다. 그녀와 솔로몬, 두 사람 모두 나를 이해시키려고 했다. 이 외국인이 너무 멍청해서 눈치채지 못한다는 것을 깨달은 그녀는 결국 운전석 창문에서 머리를 빼내고 못마땅한 듯한 어조로 일련의 욕설을 내뱉고는 우리에게 이동하라고 명령했다.

그 후 며칠 동안 나는 솔로몬을 능숙하고 믿을 수 있는 운전기사로 인정하게 됐고, 일종의 우정을 쌓게 됐다. 며칠 후, 모든 일이 시작된 다리에서 헤어졌을 때 그는 차에 두고 온 내 지갑을 돌려주려고 나를 뒤쫓아왔다.

"필요할 때의 행운"

앞으로 며칠 동안 르위로 마을에 있는 국립공원에서 3.2킬로미터 떨어진 르위로영장류재활센터가 나의 본거지가 될 것이다. 이 보호소에서는 당국이 밀렵꾼에게서 압수한 영장류와 기타 야생동물들을 돌본다. 대부분의 환경보호 활동가들과 마찬가지로, 센터 경영진은 지역사회와 긍정적이고 우호적인 관계를 구축하는 것이 얼마나 중요한지 잘 알고 있다. 53명의 지역 주민을 고용해 동물들의 건강을 회복시키고, 야생으로의 성공적인 재정착에 필요한 기술을 제공하고 있다. 지역 주민들을 위한 인식 개선 캠페인을 실시하고, 경찰과 군인들에게 콩고 야생동물법과 그들의 책임에 대한 교육도 실시한다. 그리고 보호소는 지역 농부들로부터 영장류에게 필요한 모든 농산물을 구매하기도 한다.

진흙투성이 길을 달려 폭풍우 속에 도착한 솔로몬은 아무런 설명이나 지침도 없이 썩어가고 방치된 식민지 시대의 저택 같아 보이는 게스트 숙소에 나를 내려주었다. 다음 날 아침 일찍 일어나서 찬물로 샤워를 하고, 콩고 제인구달협회 직원인 또 한 명의 손님과 함께 촛불을 켜고(전기가 들어오지 않았다) 계란 하나로 만든 오믈렛(음식이 부족했다)을 나누어 먹었다. 나는 고릴라가 몹시 보고 싶었다. 나는 호스트인 닥터 루이스를 만나 국립공원으로 함께 가기로 돼 있었다. 그곳에서 닥터 루이스는 예정된 고릴라 건강검진을 계속하고, 나는 가이드 역할을 할 국립공원관리원에게 안내를 받을 예정이었다.

정확히 오전 8시에 국립공원 관광센터에서 그날 아침 고릴라 트레킹을 위해 모인 사람들을 위한 브리핑이 이루어졌다. 고릴라와의 적절한 거리를 유지해야 하는 엄격한 규칙과 규정, 건강 및 위생 문제, 안전 규칙 외에도, 관광객들이 국립공원에서 볼 수 있는 습관화된 그라우어고릴라 세 무리에 대한 설명도 이루어졌다. 그날 아침 허가를 받은 탐방객은 우리 외에 단 두 명뿐이었다. 르완다에서 많은 고릴라 탐방객을 매일 아침 볼 수 있었던 것과는 매우 달랐다. 우리는 가이드와 함께 가장 최근에 보나네 고릴라 무리가 목격된 장소와 가장 가까운 산림 구역으로 이동했다. 가이드, 무장한 순찰대원, 젊은 독일인 부부 그리고 나. 이런 순서로 한 줄로 서서 울창한 숲으로 들어갔다. 길을 따라 가다가 우리가 찾고 있는 고릴라 무리를 추적하던 사람들을 만났고, 우리가 고릴라와 가까이에 있다고 알려주었다. 약 90분 동안 조용히 하이킹을 한 후, 우리는 공터로

우리들은 닮았다

진입했고, 그곳에서 고릴라들을 만났게 됐다.

　　두 마리의 성체 암컷 고릴라들이 어린 새끼들을 안고 깊은 풀밭에 앉아 있었다. 그들은 오래된 오솔길과 평행하게 나란히 앉았다가 뒤로 물러나기도 했다. 거의 움직이지 않고, 아무렇지도 않은 듯 커

다란 둥근 배를 내보이며 앉아 있는 동안, 종종 검고 커다란 돔형 머리를 들어 하늘을 바라보거나 우리가 있는 쪽으로 돌리곤 했다. 아마도 우두머리 실버백 수컷인 보나네의 신호를 기다리거나 신호를 찾고 있었을 것

이다. 괜찮은 사진을 찍기도 전에 그들은 아기를 안고 두터운 덤불 사이를 차례로 어슬렁거리기 시작했다.

무리가 서서히 더 울창한 지역으로 이동했기 때문에 사진을 촬영하기가 매우 어려웠다. 두 젊은 성체 암컷이 팔과 다리와 머리를 서로 엉긴 채 땅바닥에 곤히 잠들어 있어서, 수많은 검은색과 회색 털로 뒤덮인 신체 부위가 누구의 것인지 구분하기 어려웠다. 호기심 많은 유년기의 고릴라 한 마리가 덩굴로 감싸인 나무 꼭대기에 있는 피난처에서 무성한 잎들 사이로 우리를 내려다보고 있었다.

무리가 계속 이동하면서 장면도 계속 바뀌었다. 나는 경사면을 따라 움푹 들어간 곳에 편안하게 앉은 채, 주변의 덩굴과 나뭇잎 그리고 나뭇가지를 수집하면서 침착하게 우리를 바라보고 있는, 만족스러워 보이는 성체 암컷 한 마리를 발견했다. 몸무게가 200킬로그램이나 되는 17살의 보나네가 힘들이지 않고 한 나무에 올라가서 적당한 나뭇가지에 침착하게 앉는 모습을 우리는 경이롭게 바라보았다. 정오가 다가오고 있었기 때문에 휴식을 취해야 한다고 결정한 듯했다. 무리의 모든 구성원의 위치를 파악한 보나네는 나무에서 내려와 숲 바닥에 옆으로 드러누웠다. 그는 무릎을 자신의 거대하고 동그란 배에 바짝 끌어당기고, 기도하듯 양쪽 발바닥을 마주 대고 큰 나무에 고정시켰다. 방문이 끝났다는 신호였다. 한 시간 동안 머무르는 동안, 무리에 속한 7마리 모두 눈으로 직접 보고 사진도 찍은 것에 만족했다.

둘째 날 아침의 목적지는 몇 마리의 어린 새끼와 유년기 고릴라, 성체 암컷 고릴라를 포함해 총 19마리의 그라우어고릴라로 구성된, 보나네 무리보다 훨씬 더 큰 치마누카 무리가 사는 곳이었다. 놀랍게도 내가 나들이에 나선 유일한 탐방객이었다. 그날 아침 가이드였던 램버트는 소중한 고릴라를 보호하기 위해 그가 자주 교류하던 고릴라 닥터스와 나와의

우리들은 닮았다

관계를 이미 알고 있었다. 고릴라들을 만나기 위해 이어진 2시간의 하이킹은 힘들었지만 곧 잊었다. 숲이 우거진 길을 따라 모퉁이를 돌자 우리는 환영객을 만났다. 아름다운 성체 암컷 고릴라가 새끼를 품에 안고 공터 가장자리의 숲 바닥에 평화롭게 앉아 있었다. 키가 크고, 대쪽같이 꼿꼿하며, 매우 노련한 수석 가이드였던 램버트는 숨이 멎을 듯한 속도로 연이어 사진을 찍을 수 있는 기회들을 제공했다.

30살이 넘은 실버백 치마누카의 온화함과 인내심은 국립공원관리원과 관광객 모두에게 매우 잘 알려져 있다. 인상적인 체격과 커다란 머리에도 불구하고, 치마누카는 어린 새끼들에 대한 애정이 넘치는 것으로 유명하다. 램버트는 이상적인 관찰지점으로 울창하고 잎이 무성한 초목 지역에 자연적으로 생긴 구멍을 가리켰다. 그와 추적꾼들은 내가 치마누카를 살짝 엿볼 수 있도록 덤불을 칼로 베었다. 치마누카는 성체 암컷과 새끼 고릴라 옆에 앉아 있었다. 그는 어린 고릴라의 장난에 푹 빠져 있는 듯 보였다. 어미인 무코노는 오른손이 없었으며—나중에 닥터 에디는 이것이 유소년기 때 철사 올가미에 걸려 입은 상처라고 이야기해주었다—오른쪽 눈이 축소되어 명백히 앞이 보이지 않는 상태였다. 멀지 않은 곳에 암컷 새끼 한 마리가 크고 둥근 배를 가진 커다란 검은 봉제 인형처럼 낮은 나무 위에 위태롭게 앉아 있었다. 그녀는 우리의 움직임은 무시하고, 아래에 있는 나뭇잎과 과일을 수집하는 데만 관심이 있었으며, 땅바닥에 떨어질 걱정은 전혀 하지 않는 듯 보였다.

시간이 흐르면서 램버트는 내 의도를 이해하게 됐고, 내가 사진을 촬영할 때마다 고릴라와 적절하고 안전한 거리를 유지하는 것에 고마워했다. 나는 지금까지 여행을 다니며, 완벽한 사진을 촬영하기 위해 필요한 일은 무엇이든 할 수 있는 자격이 자신에게 주어졌다고 생각하는 일부 사진작가들의 행태를 목격해왔다. 램버트의 암묵적인 허락과 함께 내가

위: 콩고민주공화국 카후지-비에가국립공원에 사는 보나네 무리의 아성체 암컷 그라우어고릴라. 암컷 고릴라는 보통 6.5살 전후로 성적으로 성숙해지면 자기 무리를 떠나며, 8~9세에 첫 새끼를 낳기 전까지는 불임의 아성체기를 겪는다.

옆 페이지: 콩고민주공화국 카후지-비에가국립공원에 사는 그라우어고릴라 보나네. 실버백 보나네는 휴식 장소와 먹이 공급 장소를 결정하고, 가장 좋은 먹이를 차지한다. 보나네 무리는 하루 중 대부분의 시간을 먹이와 관련된 활동을 하는 데 사용한다. 보나네는 이 사진에 나와 있는 나무의 큰 가지에 앉아서 계속해서 가지에 난 새싹들을 그러모아 큰 입에 집어넣으며, 아래에서 일어나는 일들을 유심히 살폈다.

　　　　　　　　　　　　우리들은 닮았다

오른쪽: 콩고민주공화국 카후지-비에가국
립공원에 사는 보나네 무리의 우두머리 실버
백 그라우어고릴라 보나네. 동부고릴라의 두
아종인 마운틴고릴라와 그라우어고릴라 사
이에 눈에 띄는 신체적 차이는 없지만, 그라
우어고릴라는 고릴라 중 가장 키가 크고, 몸
집과 손도 더 크지만, 털과 주둥이는 더 짧다.
두 아종은 지리적으로 분리돼 있다.

트레킹에 참가한 유일한 사람이라는 사실 덕분에 동물보호라는 나의 궁극 목표에 유용하게 쓰일 사진 이미지들을 신중하게 구성할 수 있었다.

우리 둘은 할당된 시간보다 더 오래 숲에 머물렀고, 고릴라와 거리를 유지하며 잡담을 나누었다. 우리는 고릴라들의 미래와 생존에 관련된 모든 복잡한 문제들에 대해 마음을 터놓고 이야기했다. 서로 다른 세계에서 각자의 삶을 살아왔음에도 불구하고, 우리 둘에게 이 엄청난 광경을 볼 수 있는 특권이 주어졌다고 생각했다. 램버트는 마법과도 같은 이번 탐방을 내가 확실히 문서화할 수 있도록 매우 열심히 일해주었다. 그는 사진을 좋은 용도에 써달라고 겸손하게 부탁했다.

**위:** 콩고민주공화국 카후지-비에가국립공원에 사는 그라우어고릴라 보나네. 휴식을 취해야 한다고 판단한 거대한 실버백 보나네는 나무에서 내려와 숲 바닥에 눕고는 무릎을 접어 풍만한 배까지 끌어올린 다음, 발바닥을 커다란 나무에 고정시켰다.

**옆 페이지:** 콩고민주공화국 카후지-비에가국립공원에 사는 치마누카 무리의 성체 암컷 그라우어고릴라와 새끼. 어미와 새끼 사이에는 강한 유대감이 있지만, 같은 무리의 암컷 사이에는 상호작용이 적고, 사회적 유대가 잘 발달되지 않는 경향이 있다. 새롭게 어미가 된 이 그라우어고릴라는 19마리로 구성된 대규모 무리의 다른 그라우어고릴라들과 가까운 공터 옆에 앉아 있었다.

우리들은 닮았다

**위:** 콩고민주공화국 카후지-비에가국립공원에 사는 치마누카 무리의 성체 암컷 그라우어고릴라 무코노와 새끼. 무코노는 철사 올가미에 의한 부상으로 오른손을 잃었고, 오른쪽 눈의 시력도 잃었다. 일반적으로 새끼는 태어날 때 무게가 약 1.8킬로그램 정도 나가고, 약 9주 후에 기어다닐 수 있으며, 약 35주 후에는 걸을 수 있다. 젖을 떼지 않은 새끼들은 어미와 같은 보금자리에서 생활한다.

**옆 페이지:** 콩고민주공화국 카후지-비에가국립공원에 사는 치마누카 무리의 우두머리 실버백 수컷 그라우어고릴라 치마누카. 엄청난 크기에도 불구하고, 30살의 치마누카는 온화함과 인내심을 가진 것으로 유명하다. 유아기부터 고릴라는 종종 무리를 이끄는 수컷에게 매력을 느끼게 되며, 점차적으로 어미와 시간을 보내는 것보다 실버백과 시간을 보내는 데 더 관심을 갖게 된다.

우리들은 닮았다

 램버트는 "필요할 때의 행운"을 의미하는 치마누카가 역사적으로
중요한 의미를 가진다고 설명했다. 치마누카는 2002년에 처음으로 목격
된 고릴라로, 해당 지역에서 소요 사태가 있은 후 숲으로 돌아오는 것이
상대적으로 안전한 시기였다. 램버트가 20여 년 전 카후지-비에가 지역
에서 성했던 고릴라 트레킹 전성시대와 자신이 얼마나 보존 프로그램을
지원하고 확장할 수 있을 정도로 방문자 수가 증가하는 시대를 꿈꿨는
지에 대해 터놓고 이야기하자, 나는 마음속 깊은 곳에서 올라오는 슬픔

을 느꼈다. 나는 르완다나 우간다에 비해 방문객이 적은 것 같다고 말했다. 또한 재활을 받은 무리의 수가 훨씬 적었고, 도로와 숙박시설도 잘 발달돼 있지 않았다.

램버트는 현재 상황을 이해하기 위해서는 최근 발생한 내전에 의한 공포, 인명 피해와 고통 그리고 수십만 명의 국내 난민이 숲으로 도망을 치면서 야생동물과 산림 서식지가 입은 피해에 대해 알아야 한다고 말했다. 콩고의 풍부한 광물자원이 초래한 저주와 야생동물고기 사냥과의 연관성을 이해할 필요가 있었다.

위 왼쪽: 콩고민주공화국 카후지-비에가국립공원에 사는 그라우어고릴라 보나네 무리의 성체 암컷. 성체 고릴라는 하루에 약 18킬로그램의 음식을 섭취하는 것으로 알려져 있다. 그들은 물은 거의 마시지 않는다. 이 성체 암컷 그라우어고릴라가 열심히 먹고 있는 잎이 많은 식물처럼, 대부분의 수분을 먹는 식물로부터 섭취한다.

위 오른쪽: 콩고민주공화국 카후지-비에가국립공원에 사는 보나네 무리의 성체 암컷 그라우어고릴라. 고릴라는 숲에서 중요한 생태학적 역할을 한다. 열매와 식물의 거대한 소비자로서 씨앗을 퍼뜨리는 역할을 하며, 나무 종의 다양성과 분포에 영향을 미친다. 또한 나무를 타고 먹이를 찾고 잠자리를 만드는 동안 나뭇가지를 마구 파괴하는 것처럼 보이지만 실제로는 숲 지붕에 구멍을 만들어 빛이 숲 바닥에 있는 식물 종의 성장을 촉진할 수 있도록 한다.

우리들은 닮았다

# 콩고의 광물자원이
# 야생동물고기 사냥으로 이어진 과정

내전인 제1차 콩고전쟁(1996~1997)은 무능하고 부패한 모부투 세세 세코Mobutu Sese Seko 정권에 의해 야기된 내부적 혼란의 극치였다. 죽음을 코앞에 둔 모부투 대통령은 30년 넘게 자이르—콩고민주공화국의 당시 명칭—를 통치해왔다. 그는 모든 국제적 지원에서 배제됐고, 가장 중요한 르완다를 포함한 모든 이웃 국가를 적으로 만들었다.

모부투에 대항해 봉기한 반군은 자이르의 수도인 킨샤사에서 멀리 떨어진 동부 지역으로 피난처를 찾아 나섰다. 약화된 중앙정부로부터는 어떠한 저항도 받지 않았다.

그보다 2년 앞선 르완다 대학살로 수십만 명의 투치족과 그들의 동조자들이 주로 후투족 공격자들의 손에 학살됐다. 르완다의 후투족이 이끄는 정부가 투치족이 이끄는 르완다애국전선Rwandan Patriotic Front(RPF)에 의해 전복되면서 집단학살은 끝이 났다. 150만 명 이상의 난민이 당시 자이르 동부 지역으로 피난했다. 이들 속에는 자신들의 삶을 걱정하던 투치족과, 새로 설립된 투치족이 지배하는 르완다애국전선 정부의 보복을 두려워하던 100만 명이 넘는 후투족이 뒤섞여 있었다.

결국 르완다 분쟁의 씨앗은 이웃인 자이르/콩고민주공화국으로 퍼져갔다. 민족 간의 폭력이 다시 불붙자 르완다는 우간다와 부룬디 그리고 앙골라와 에리트레아와 함께 불안정하고 점차 무너져가던 자이르를 공격했다. 모부투 정권은 무너졌고, 전쟁 기간은 짧았지만 광범위한 파괴와 민족 간 폭력 사태가 발생했으며, 수십만 명이 사망했다.

전쟁의 여파로 자이르는 새로운 지도자 로랑 카빌라Laurent Kabila와 함께 콩고민주공화국으로 변경됐다. 절실하게 필요했던 정부 개혁은 실현되지 않았다. 제1차 콩고전쟁이 끝난 지 1년 조금 넘은 시점에 동일한 문제로 제2차 콩고전쟁(1998~2003)이 발발했다. 제2차 세계대전 이후 세계에서 두 번째로 끔찍했던 분쟁으로, 결국 아프리카 9개국과 25개의 무장단체가 참전했고, 500만 명이 넘는 사망자가 발생했다. 200만 명이 넘는 사람들이 이웃 국가로 피난처를 찾아 떠났다. 군사적 교착 상태로 전쟁은 끝났지만, 분쟁광물 거래, 특히 콩고민주공화국 동부의 키부주에서 일어나는 분쟁광물 거래를 비롯한 많은 갈등은 해결되지 않은 채 그대로 남았다. 주요 분쟁광물은 석석cassiterite과 콜탄coltan, 철망간중석wolframite(각각 주석과 탄탈럼, 텅스텐의 원석이다), 금 등이었다.

2003년 평화협정으로 명목상 지역 분쟁은 종식됐다. 그 후 몇 년 동안 무장단체의 확산과 분열이 있었으며, 대부분은 200명 미만의 군인들로 구성됐다. 이 반군 세력들은 지역 경제와 깊이 얽혀 있으며, 마을 사람들을 지속적으로 공포에 떨게 하고, 지역 자원들을 착취하고 있다. 반군 활동자금을 조달하는 데 키부주의 광물자원이 핵심적인 역할을 하고 있다는 사실을 부정할 사람은 없을 것이다.

기계화가 거의 또는 전혀 없는 상태에서 채광하는 영세 채광artisanal mining은 콩고 동부 지역에 사는 200만 명이 넘는 사람들의 생계에 기여하고 있다. 대부분의 광부들은 지질학적 지식을 가지고 있지 않다. 땅이 정리되면, 광부들은 퇴적물이 표면에 노출된 곳을 손으로 파낸다. 광산에서 파낸 흙덩어리를 체로 거른다. 광물 입자들은 나일론 자루나 버려진 기름통으로 옮겨진다. 영세 채광 업계는 안전 기준이 열악하고 환경

비용이 높은 것으로 악명이 높다.

콩고 동부 지역은 금과 석석(주석), 콜탄(컬럼바이트와 탄탈라이트), 철망간중석(텅스텐)의 주요 공급처다. 금을 제외한 세 가지 광물은 일반적으로 노트북과 휴대폰, 디지털카메라와 같은 전자제품에 사용된다. 이 지역에는 세계 콜탄 저장량의 절반 이상과 상당한 양의 주석 원석이 매장돼 있는 것으로 알려져 있다. 광부들과 반군, 부패한 정부군 모두에게 손쉬운 수입원인 셈이다.

콩고민주공화국에 있는 국립공원에서 채광 활동을 하는 것은 불법이다. 그러나 무장 반군과 민병대가 있기 때문에 법 집행이 거의 불가능하다. 영세 채광은 고릴라와 그 서식지에 대한 주요 위협으로 간주되지만, 다른 선택이 거의 없는 지역에서는 하나의 수입원으로도 인식된다.

광업 활동과 야생동물고기 사냥 사이에는 연관성이 있다. 수백 명의 광부와 그 가족들이 국립공원에 속해 있거나 인접해 있는 곳, 주요 본부와는 가깝지 않은 곳에 산다. 거의 모든 사람이 제한 지역에서 사냥을 통해 불법적으로 얻은 것이라는 사실을 알고도 야생동물고기 섭취를 받아들인다. 고슴도치와 다이커영양, 작은 영장류를 대상으로 무차별적인 사냥이 이루어진다. 광산 현장에서 활동하는 전문 사냥꾼 외에도, 개인 광부들이 자기가 먹거나 금전적 수입을 위해 여분의 고기를 판매하고자 사냥을 한다.

## 일일 고릴라 의사

세 번째이자 마지막 고릴라 탐방은 나의 직업 경력에서 절정의 순간이었다. 트레킹을 준비하는 동안 고릴라 닥터스의 에디 캄발레와 루이스 플로레스가 국립공원 본부의 관광센터로 들어왔다. 얼마 전 풍그웨 무리의 새끼 고릴라가 철사 올가미에 걸렸다. 무리에 속한 고릴라들이 올가미가 매여 있던 나뭇가지를 제거해주었지만, 철사로 된 올가미가 여전히 새끼 고릴라의 손목에 감겨 있었다. 새끼 고릴라는 손목을 위로 올려 고정한 채 더 이상 그 팔로 짚으며 걸으려 하지 않았다. 며칠 전 마이크 크랜필드와 에디가 여기 공원으로 밤새 달려와 시도했던 최초 개입은 실패로 돌아갔다. 수의사들은 어미를 서둘러 진정시키려 했지만, 실버백 풍그웨가 그 어미 고릴라를 보호하기 위해 반복적으로 돌격해오자 이를 틈타 어미 고릴라는 울창한 수풀 속으로 사라졌다. 두 번의 후속 개입 시도가 있었지만, 공격성이 점점 더해진 풍그웨와 마주해야 했다. 다음 시도는 적절한 시기가 올 때까지 한동안 연기한 상태였다.

나에게 적극적인 고릴라 닥터스 임무를 '맡기는' 것을 놓고 전날부터 나의 고릴라 닥터스 소속 친구 에디와 루이스 그리고 수석 가이드인 램버트 사이에 긴급회의가 진행 중이었다. 내가 국립공원 본부에서 고릴라 탐방을 기다리는 동안, 2미터 떨어진 곳에서 논의가 진행되고 있었다. 나까지 개입을 해야 하는 사태는 유감스러웠지만, 타이밍과 나의 행운이 믿기지 않을 정도였다. 국립공원 당국은 나의 마지막 고릴라 탐방 허가증을 사용해 고릴라 닥터스에 합류할 수 있도록 기꺼이 허락해주었다. 램버트는 나를 위해 고무장화 한 켤레를 찾아왔다. 크기가 너무 작았지만, 하이킹 거리와 장소를 고려하면 꼭 필요했다. 곰베국립공원에서 제인구달협회와 함께 일했던 젊은 수의사는 장비들을 챙기고 약품들을 확

우리들은 닮았다

인하느라 바빴다.

　나는 이번 원정대에 네 번째 수의사가 됐다. 도움이 될지 몰랐지만, 너무나 흥분되었다. 소방관 집안에서 자란 나는 삼촌 모리스와 함께 처음으로 '진짜' 소방차를 운전했을 때의 흥분을 생생하게 기억한다. 몇 년 후에는 아빠로서 두 어린 아들과 소방관 놀이를 했다. 그런데 오늘만은 나도 고릴라 닥터가 될 것이다!

　구조팀은 국립공원관리원, 짐꾼, 무장 경비원, 수의사로 구성됐다. 우리는 숲에서 풍그웨 무리를 감시하기 위해 배치된 추적꾼들을 만날 예정이었다. 팀원들은 내게 베이지색 토요타 픽업트럭의 맨 앞자리에 앉으라고 권했다. 나머지 팀원들과 함께 뒷자리에 서 있다가 넘어질까 두려워했기 때문이었다. 나는 다소 당혹스러워, 왜 이 백인 남자가 다른 사람들처럼 뒷자리에서 꽉 붙들고 갈 수 없는지에 대해 자세한 설명을 듣고 싶었다. 우리는 카푸루마예 마을 길가 가판대에 잠시 멈춰 물과 간식을 샀다. 마을 끝에서 우리는 깊이 팬 진흙투성이 길에 갇혔는데, 최근 내린 폭우로 더욱 위험한 상태였다. 팀원들은 당황하지 않고 차에서 내려 윈치와 멀리 떨어진 나무 사이에 견인 와이어를 고정시키고 트럭을 빼내기 시작했다. 곤경에 빠진 이 상황을 사진에 담으려는 나의 시도는 그다지 인상적이지 않았다. 나는 차량 가까운 곳에서 깊은 진흙 속에 발을 헛디뎌 멋지게 땅에 처박혔고, 점점 더 많이 불어난 마을 구경꾼들은 환호했다.

　고릴라 무리를 찾아가는 길은 멀고도 험난했다. 나는 팀원들을 따라가기 위해 진땀을 흘렸는데, 그들은 현장으로 운반해야 하는 추가 장비 짐까지 짊어지고 있었다. 마체테를 휘두르는 국립공원관리원들 덕분에 우리는 가파른 경사와 울창한 초목을 오르내릴 수 있었는데, 그때마다 에디와 루이스는 고맙게도 계속 나를 챙겨주었다. 우리는 숲 바닥에 있는 거대한 보금자리들을 발견했다. 20마리의 풍그웨 무리가 전날 밤 지

냈던 곳으로 각 잠자리들은 오래되지 않은 배설물로 뒤덮여 있었다. 내가 보금자리들을 촬영하고 있다는 것을 깨닫지 못하고, 팀원들은 계속 이동했다. 루이스가 길을 되돌아와 우리 둘 사이의 지면을 가리키며 '구덩이'라고 외쳤다. 꽤 먼 거리에서 그는 나에게 길을 벗어나 우회해서 오라고 손짓했다.

나는 앞쪽의 평평하고 풀로 뒤덮인 땅을 빠르게 살펴보았지만 구덩이는 보이지 않았다. 시간을 아끼기 위해 나는 전속력으로 달려 의문의 지점을 뛰어넘었다. 갑자기 지면을 뚫고 들어가면서 머리만 땅 위에 나와 있는 상태가 됐다. 나는 나무뿌리와 가지에 위태롭게 매달려 있는 동안 거대한 구덩이의 바닥을 살펴보려 아래를 내려다보았다. 추적꾼과 짐꾼들이 구덩이에 서식하는 모든 지하 생물로부터 나를 구하기 위해 되돌아왔다.

심혈관계에 공기를 제대로 공급하지 못해 쓰러지기 직전이던 호흡곤란에서 조금 벗어나자, 교정 수술을 통해 발을 정상 크기로 되돌릴 수 있을지 궁금해하며 나는 에디와 잠시 이야기를 나눌 수 있었다. 그중에서도 우리는 2007년 루겐도 고릴라 무리 살해사건에 대해 이야기했다. 이 사건은 내가 집에서 공부할 당시 읽은《내셔널 지오그래픽》기사의 주제였다. 살해사건 이후 실종됐던 새끼 고릴라 은데제가 블랙백 마쿤다에 의해 구조돼 사건 현장에서 옮겨진 후 다른 위치에서 발견됐다는 사

**옆 페이지 위:** 콩고민주공화국 남부 키부주 카푸루마예 마을의 길가 가판대에서 물과 간식을 사는 고릴라 닥터스 소속 에디 캄발레와 루이스 플로레스. 새끼 고릴라에게서 올가미를 제거하기 위해 떠난 산행에서 얼마 후 만나게 될 숲속 직원들에게 나누어줄 생필품도 구입했다.

**옆 페이지 아래:** 콩고민주공화국 남부 키부주 카푸루마예 마을 외곽 카후지-비에가국립공원으로 가다가 진흙탕 길에 빠진 우리 트럭을 국립공원관리원이 침착하게 끌어내고 있다. 이 사진을 찍은 후 몇 분도 지나지 않아, 나는 미끄러운 진흙 속에서 발을 헛디뎌 땅바닥에 넘어지며 마을 구경꾼들에게 큰 기쁨을 선사했다.

위: 에디가 철사 올가미를 제거하기 위해 새끼 고릴라에게 쏠 진정제 다트를 준비하고 있다. 불행하게도, 풍그웨 무리는 울창한 초목에서 먹이를 찾고 있었고, 많은 나뭇가지 때문에 에디가 안전하게 새끼 고릴라에게 다트를 쏠 수 없었기 때문에 우리의 작전은 취소됐다. 하지만 얼마 후 무리가 되돌아와 올가미는 성공적으로 제거되었고 깊은 손목 상처도 치료됐다. 어미와 새끼 고릴라는 무사히 회복됐다.

우리들은 닮았다

실을 알게 됐다. 고릴라 닥터스는 마쿤다가 젖을 먹일 수 없었기 때문에 마쿤다로부터 은데제를 분리시키기로 결정했다. 마쿤다는 현재까지도 외로운 실버백으로 남아 있다. 사람에 대한 불신과 달갑지 않은 마을 방문으로 인해 민원이 자주 발생하고 있다. 고아가 된 새끼 고릴라 은다카시와 은데제는 살아남아, 현재 콩고민주공화국 루망가보의 비룽가국립공원 본부에 있는 센크웨크웨보호소에서 잘 지내고 있다.

이 살해 혐의로 마을 주민 두 명은 8개월 징역형을 선고받았다. 이 살상 행위는 정치적으로도 이용됐다. 비룽가국립공원 남부지역 소장인 파울린 응고보보Paulin Ngobobo의 명예가 실추되면서 결국 국립공원관리국에서 퇴출당했다. 응고보보는 구타와 채찍질, 투옥, 세 번의 살해 시도에도 살아남은 인물로 목탄 거래에 반대하는 1인 캠페인을 벌인 반부패의 핵심 인물로 부상하게 됐다.

숲속으로 들어간 지 몇 시간 만에 고릴라 닥터스 팀은 풍그웨 무리를 발견할 수 있었다. 몸무게가 약 16킬로그램인 3살 된 새끼 고릴라를 위해 진정제를 준비했으며, 수의사팀은 풍그웨 무리의 시야에서 보이지 않는 곳에서 다트에 진정제를 채워넣었다. 다시 한 번 계획을 검토했다. 대부분의 사람들이 숨어서 조용히 있는 동안 선발대가 조심스럽게 무리에 접근한다. 에디는 인내심을 가지고 시야가 확보되기를 기다렸다가 새끼 고릴라에게 다트를 쏜다. 그 후 나머지 팀은 새끼 고릴라를 나머지 무리와 분리시키고, 실버백 풍그웨와 거리를 유지할 수 있도록 만든다.

실버백인 풍그웨는 단 몇 차례만 돌격해왔을 뿐 예전보다 훨씬 덜 불안해 보였으며, 대부분의 암컷들도 침착해 보였다. 불행히도, 무리가 매우 울창한 초목으로 둘러싸여 있었고, 나뭇가지가 너무 많아 안전하게 새끼 고릴라에게 다트를 쏠 수가 없었다. 그날 임무는 취소하고, 다음 날 다시 오기로 결정했다. 올가미를 제거하는 모습을 목격하지 못해 실망스러웠지만, 새끼 고릴라와 구조팀을 위한 가장 안전한 결정이라고 생각했다. 게다가 나는 고릴라 닥터스 소속 수의사 가운데 한 명으로 하루를 보낼 수 있었다.

구조팀은 두 번 더 현장을 방문했다. 날이 갈수록 실버백은 평온해졌으며, 공격적인 모습도 많이 줄어들었다. 내가 콩고를 떠나고 이틀 후, 에디는 성공적으로 새끼 고릴라의 왼쪽 어깨에 다트를 쏠 수 있었다. 수의사들은 올가미를 제거하고, 손목 주위에 생긴 깊은 상처를 치료했다. 새끼 고릴라는 완전히 치유됐다.

옆 페이지: 콩고민주공화국 카후지-비에가국립공원에 사는 보나네 무리의 성체 암컷 그라우어고릴라.

우리들은 닮았다

# 9

# 마지막 사진 촬영:
# 범죄와 납치, 살상을 무릅쓰고

**서부저지대고릴라,
중앙아프리카공화국과 콩고공화국**

그라우어고릴라 탐방을 위해 콩고민주공화국을 다녀온 지 4개월 만에 나의 사명은 점점 더 구체화됐다. 책에는 세상과 유인원 간의 관계를 보여주는 강력한 사진이 실릴 것이다. 정보를 전파하고, 사람들의 마음을 사로잡으며, 그들의 생각을 바꾸는 중요한 도구가 되기를 바랐다. 하지만 책에 담을 내용의 범위를 어떻게 할지, 어떤 유인원을 포함시킬지 생각하면 할수록 서부저지대고릴라에 대한 내용을 포함시키기 위해 뭔가 행동을 취해야 한다는 사실이 더욱 명확해졌다. 접근하기 어렵기로 악명 높은 서부저지대고릴라를 탐방하고 사진을 찍기에 가장 좋은 장소는 중앙아프리카공화국이었다.

**옆 페이지**: 중앙아프리카공화국 바이호코우 인근 드장가-은도키국립공원에 사는 유년기 수컷 서부저지대고릴라. 이 유년기 수컷 고릴라는 덤불에서 서툴게 뒷다리로 서서 휘청거리며 가슴을 두들기고 있었다. 고릴라의 팔은 다리보다 길며, 네 다리로 걸을 때 약간 똑바로 서서 걷는다.

중앙아프리카공화국과 콩고공화국의 서부저지대고릴라 탐방 지점

내 계획에는 한 가지 문제가 있었다. 정부 웹사이트에 올라온, 빨간 색 굵은 글씨로 쓰인 4단계 여행경보가 문제였다. "범죄와 시민 소요 그리고 납치 문제로 인해 중앙아프리카공화국으로 여행하지 마십시오." 경보는 계속됐다. "무장 강도와 폭력 그리고 살인과 같은 강력 범죄가 빈

우리들은 닮았다

번합니다. 광범위한 지역이 정기적인 민간인 납치, 살상을 저지르는 무장단체에 의해 통제되고 있습니다." 아직 확신이 서지 않거나, 서부저지대고릴라를 꼭 보고 싶은 사람들을 위해 경보는 계속됐다. "중앙아프리카공화국을 여행하기로 결정했다면, 유서를 작성하고, 사랑하는 사람들과 장례식 희망사항을 논의하고, 인질범과 접촉할 사람으로 가족 중 한 명을 선정하고, DNA 샘플을 의료 제공자에게 기탁하십시오." 아, 그리고 출발하기 전에 여러분의 가족이 이 웹사이트를 찾아볼 생각을 하지 않기를 바라야 한다.

나는 혼자 여행할 것이므로—따라서 다른 사람을 위험에 빠뜨리는 일은 없을 것이므로—그와 같은 경고는 무시하고 어쨌든 그곳으로 여행을 가기로 결정했다. 이것은 논리적 결정이었지만, 일반적으로 신중하고 순응적이며 순종적인 사람에게는 확실히 어울리지 않는 결정이었다. 서부저지대고릴라는 내가 그들 사이를 걸어 다니며 사진을 찍을 마지막 대형 유인원 종이었다. 그들의 숲속 서식지를 탐방하는 일은 내가 여행하는 동안 감수해왔던 위험 중 가장 큰 위험을 초래할 수 있었다. 그러나 나는 그곳에 반드시 가야만 했다.

지구에 있는 고릴라의 99퍼센트 이상이 서부저지대고릴라*Gorilla go-rilla*다. 고릴라 종 중에서 가장 많을 뿐만 아니라, 서부 적도 아프리카의 7개 국가에 살며 가장 널리 퍼져 있다. 현재 36만 2000마리로 추산되며, 서부저지대고릴라의 60퍼센트 이상이 콩고공화국에 살고 있다.

다시 한 번 아프리카 야생동물 보호 관계자들의 조언을 구했다. 로마코 보노보 탐방을 도와준 아프리카야생동물재단 소속 영장류학자인 제프 뒤팽 박사는 야생에서 사는 서부저지대고릴라를 관찰하고 사진을 찍을 수 있는 몇 안 되는 곳 가운데 최상의 장소로 중앙아프리카공화국 남서부의 드장가-상가 지역을 강력하게 추천했다. 콩고공화국까지 이어진 원시 열대우림에는 3개의 서부저지대고릴라 무리가 살고 있다. 나는 또한 야생동물보호협회Wildlife Conservation Society(WCS)가 콩고공화국의 누아발레-은도키국립공원에 사는 서부저지대고릴라와 함께 일한다는 글을 읽었다. 인접한 두 개의 서아프리카 국가로 떠날 계획이 구체화되었다.


## 열대우림 깊숙한 곳에 위치한 생태 천국

중앙아프리카공화국은 지리적으로 아프리카 대륙의 중심에 위치하고 있다. 콩고분지의 북서쪽 경계에 위치하며, 크기는 프랑스의 약 1.5배 정도다. 대부분 수목이 우거진 사바나로 덮여 있으며, 남쪽에는 수백만 헥타르의 열대우림이 있다.

　내가 향했던 드장가-상가보호지역은 최남단에 있으며, 서부저지대고릴라가 처음으로 서식했던 곳 중 하나다. 또한 이 지역은 시타퉁가영양(늪지에 사는 영양), 몇 종의 다이커영양, 봉고(가장 큰 산림 영양), 둥근귀코끼리, 붉은물소, 숲멧돼지 2종, 고릴라, 침팬지 및 기타 10여 종의 영장류의 서식지이기도 하다.

　접근하기가 매우 어려운 지역이기도 하다. 카메룬 국제공항에서 육로를 통해 이동하는 탐험여행은 엄두가 나지 않을 정도로 길고, 혼자 여행했다면 상당히 위험했을 것이다. 대신, 내 여정의 마지막 구간은 중앙아프리카공화국의 수도인 방기에서 출발하는, 신중하게 예약한 소형 전세기를 이용하기로 했다. 안전을 위해 비행기에서 다른 비행기로 직접 환승해야 했다. 나는 드장가-상가 밀림특별보호구역으로 가는 전세기가 풀이 우거진 활주로에 착륙하고 완전히 멈춰 서고 나서야 안도의 한숨을 내쉬었다.

우리들은 닮았다

사전에 살벌한 주의를 받았지만, 보안은 정말 심각했다. 현재 중앙아프리카공화국에서 벌어지고 있는 잔혹한 분쟁은 2012년 무슬림과 기독교 종파 간의 종교적 정체성을 둘러싼 긴장과 민족적 차별, 유목민 집단과 농업 종사자 간의 역사적 적대감에서 시작됐다. 수년간 지속된 폭력 사태로 대부분의 국가기반시설이 파괴됐다. 2013년 반기문 유엔 사무총장도 "중앙아프리카공화국은 법질서가 완전히 무너진 상태다"라고 말한 바 있다.

전국의 3분의 2 이상을 무장단체가 장악하고 호별 수색과 약탈, 납치, 살인을 자행했다. 인권 유린에는 어린이 병사 동원, 사법절차 없이 저지르는 살인, 강간 및 고문이 포함됐다. 유엔난민기구는 계속되는 폭력으로 전체 인구 500만 명 중 100만 명 이상이 난민이 되었다고 주장했다.

내가 방문했을 당시, 유엔평화유지군 MINUSCA◆는 1만 2000명이 넘는 병력과 2000명 정도의 경찰을 보유하고 있었다. 나는 방기공항의 활주로에 몇 대의 흰색 UN 비행기가 줄지어 서 있는 것을 보았고, 내가 직면하고 있는 분쟁과 위험의 정도를 실감했다.

나는 공항에서 로드 캐시디Rod Cassidy를 만났다. 로드 캐시디는 아내 타마르Tamar와 함께 상가 로지Sangha Lodge를 소유 및 운영하고 있었다. 그들은 정확한 비행 일정을 포함해 이번 탐험에 필요한 물류를 조율하는 데 핵심적인 역할을 했다. 그들의 도움이 없었다면 나는 이번 여행을 할 수 없었을 것이다. 그들은 자신들의 숙소 패키지 중 하나에 비정상적인 나의 여정을 포함시켰고, 나중에는 콩고공화국에서 더 많은 고릴라를 보기 위한 탐험에 필요한 보트를 마련해주기도 했다.

---

◆　유엔 중앙아프리카공화국 안정화 임무단(United Nations Multidimensional Integrated Stabilization Mission in the Central African Republic)

로드의 4륜구동 토요타를 타고 로지로 가는 동안 넓고 붉은 흙길 위를 달리며, 오토바이 몇 대와 자전거를 탄 사람들 그리고 함께 걸으며 이야기를 나누는 밝은색 옷을 입은 수십 명의 마을 사람들을 보았다. 로드는 운전을 하며, 마을은 계속 성장하고 있고, 4000명의 주민들은 대부분 어부이거나 수렵채집인 혹은 카사바, 커피, 옥수수를 키우는 농부라고 설명했다. 우리는 모래 마당으로 둘러싸여 있고, 야자수 잎을 얹은 지붕을 가진, 깔끔하게 관리된 목조 주택들도 지나쳤다. 우리 위로 우뚝 솟아 있는 키 큰 야자수들과 나무 울타리 기둥들 사이에 연결된 줄에 의해 본채들과 별채들이 분리돼 있었다. 아이들은 풀이 있는 흙둑을 십분 활용해 길 위에서 축구를 하고 있었다.

길 끝에서 우리는 물 위에 떠 있는 멋지게 설계된 뗏목으로 소지품과 보급품을 옮겼다. 이 뗏목은 상가강 맞은편의 큰 나무들 사이에 매달린 케이블에 연결돼 있으며, 이 케이블을 따라 이동한다. 삿대를 이용해 뗏목을 움직이는 한 사공의 도움으로 강의 좁은 부분을 건넜다. 물은 수정처럼 맑았고, 물살을 볼 수 있을 정도로 깊었으며, 바람소리와 나무 위의 보이지 않는 새들이 내는 날카로운 울음소리가 만들어내는 화음을 들을 수 있을 만큼 조용했다. 내가 있는 곳은 중앙아프리카공화국의 최남단이었다. 동쪽으로 32킬로미터 떨어진 곳에 콩고공화국 국경이 있고, 서쪽으로 32킬로미터 떨어진 곳에 카메룬 국경이 있었다.

상가 로지가 눈앞에 보였다. 버려진 사냥 캠프가 있던 자리에 새롭게 단장한 로지는 강이 내려다보이는 발코니가 딸린 대형 식당과 초가지붕을 이고 있으며 구불구불한 흙길로 연결된 매력적인 개별 목조 오두막들로 구성돼 있었다. 전부는 아니더라도 대부분의 손님들은 야생동물이나 자연보호와 관련이 있는 사람들이었다. 모험심이 강한 로드와 타마르는 이 지역의 생태관광을 발전시키기 위해 열심히 노력하고 있으며, 환

우리들은 닮았다

경보호에도 열정적이다. 초기 야생동물고기 거래시장에서 구출된 천산갑들을 재활시켜 다시 방사했던 그들의 노력은 상가천산갑프로젝트Sang-ha Pangolin Project로 계승됐다.

세계에서 가장 많이 밀매되는 포유류로 알려진 천산갑은 국제자연보전연맹 적색 목록IUCN Red List에 포함돼 있다. 주로 야행성이며, 종종 비늘을 가진 개미핥기라고 불리기도 한다. 관절염에서 천식에 이르는 질환 치료에 의학적인 가치가 있다고 여겨져 천산갑 고기와 독특한 비늘은 중국과 베트남에서 인기가 매우 높다. 최근 싱가포르에서는 일주일 만에 나이지리아에서 선적된 14.2톤과 14톤의 천산갑 비늘이 압수됐다. 그 정도의 비늘 양이면 천산갑 7만 2000마리가 목숨을 빼앗긴 것으로 추산된다. 중국 우한의 재래시장에서 판매되는 불법 천산갑 고기가 COVID-19 팬데믹 상황에서 SARS-CoV-2 바이러스에 대한 박쥐와 인간 사이의 연결고리일지 모른다.


## 현지 바카족과 함께한 트레킹

다음 날 아침에 우리는 드장가-은도키국립공원의 바이호코우 캠프장으로 향했다. 드장가-은도키국립공원은 연구 및 생태관광을 위한 세계야생동물재단World Wildlife Foundation(WWF) 본부가 있는 곳이다. 서부저지대 고릴라와 그 외 영장류 및 코끼리를 연구하기 위해 전 세계의 학생들과 과학자들을 초청한다. 다양한 크기의 바이bai—천연 늪지대 숲의 빈터—들이 울창한 반¥상록수 열대우림의 중간중간에 있다. 긴 풀들과 미네랄이 풍부한 토양 그리고 점토 및 바이에 사는 수생 식물들 때문에 고릴라와 코끼리 무리 등 많은 대형 포유동물들이 모여든다.

바이호코우는 세계야생동물재단의 영장류습관화프로그램Primate Habituation Programme의 본거지이기도 하다. 바이호코우에는 완전히 습관화된 3개의 고릴라 무리가 살고 있다. 세계야생동물재단 소속 과학자들과 지원인력들이 운영하는 프로그램과 관광용 트레킹 활동은 지역 바카족의 역량과 헌신에 크게 의존하고 있다. 그들은 수세기 동안 이 지역에 살면서 전통적인 생활방식을 유지해온 수렵채집인들이다. 어디서든 고릴라 무리를 완전히 습관화시키는 데는 4년에서 10년 정도가 걸린다. 영장류 습관화프로그램은 전체 2명의 연구원과 10명의 경비원, 1명의 운전기사, 2명의 파수꾼, 42명의 추적꾼을 고용하고 있다.

로드는 나를 대신해 세계야생동물재단 직원들이 안내하는, 일반인에게 공개된 트레킹을 위해 고릴라 탐방 허가증 3개를 구입했다. 탐방할 고릴라 무리에 대한 데이터를 기록하는 세계야생동물재단 연구원들과 함께 여러 명의 사람들이 트레킹에 나간다.

나의 첫 번째 트레킹은 2000년에서 2004년 사이에 습관화된 저지대고릴라 마쿤다 무리를 탐방하는 것이었다. 우두머리 수컷 실버백 마쿤다와 그의 무리는 바이호코우에 있는 베이스캠프에서 남동쪽으로 20~25제곱킬로미터의 지역에 살고 있다.

우리의 바카족 가이드들은 공격적인 둥근귀코끼리의 공격 가능성을 항상 염두에 두고, 좁은 길을 따라 한 줄로 조용히 우리를 안내했다. 첫 번째 추적꾼은 전면에 배치되고, 두 번째 추적꾼은 그룹 뒤에 배치됐다. 만약 코끼리가 공격해오면 뛰어야 하지만, 대열을 벗어나지 않아야 한다. 단 한 사람만 표적이 될 수 있기 때문이다.

나는 한 연구원으로부터 스웨덴의 젊은 대학원생이 길에서 고립돼 비극적으로 살해됐다는 소식을 전해 들었다. 그러나 바카족 가이드들의 신중한 성격과 능력을 고려하면 어느 정도 안정감을 느낄 수는 있었다.

우리들은 닮았다

하지만 결코 완전히 안전하다고 할 수는 없기에 끝까지 긴장하지 않을 수 없었다.

실버백 마쿤다의 나이는 24살에서 27살 사이로 추정된다. 무리가 다가오는 밤을 보낼 잠자리를 만들기 위해 멈출 때까지, 새벽부터 해가 저물 때까지 두 개의 팀이 무리를 관찰하고 보호한다. 우리 팀은 아침에 관찰 활동을 수행할 예정이었다. 트레킹 초기부터 환경적인 문제로 사진 촬영이 매우 어려울 수 있다는 우려가 현실이 되고 있었다. 울창한 잎사귀와 낮은 조명 수준으로 시야가 좋지 않아 좋은 사진은커녕 고릴라를 못 볼 수도 있다고 생각했다. 높은 습도도 사진에 영향을 줄 수 있었다.

나를 제외한 모든 사람의 입에서 나오는 듯한 '쯧쯧' 소리에 나는 사진 촬영에 대한 우려를 멈췄다. 가이드들은 천천히 접근하라고 우리에게 손짓했다. 마쿤다와 그의 무리가 바로 눈앞에 있었다. 사람들이 고릴라에게 접근할 때, 고릴라 무리를 놀라지 않게 하려고 혀를 차듯 '쯧쯧' 소리를 내는 것이 이 지역의 관례였다.

내 눈앞에 펼쳐진 광경을 목격하는 순간, 안전에 대한 모든 의심과 복잡한 심사가 사라졌다. 덤불 사이로 유년기의 고릴라 한 마리가 뒷다리로 서서 비틀거리며 가슴을 두들기는 모습이 보였다. 그는 제멋대로인 사춘기 소년처럼 대담하고 장난기 많은 얼굴을 하고 있었다. 운이 좋게도 필터링된 빛이 잘 들어오는 비교적 탁 트인 공간에서 발생한 광경이었기 때문에 제대로 사진을 찍을 수 있었다. 또 다른 어린 고릴라 한 마리가 친구와 함께 키 큰 나무 위로 황급히 올라갔으며, 새끼를 등에 업은 성체 암컷 한 마리도 위쪽의 거대한 나뭇가지 위에서 친구와 함께 휴식을 취하기 위해 커다란 나무 위로 조심스럽게 올라갔다. 이 모두가 고릴라에게는 자연스러운 일상일 뿐이었다. 그 어느 것도 우리를 위협하지 않았으며, 우리가 나타난 것에 그들이 놀란 듯 보이지도 않았다.

온화하고 위풍당당해 보이는 마쿤다도 빽빽한 덤불 속에서 쉬거나, 주변 식물을 먹으며, 여유롭게 가지를 접고 잎사귀를 벗겨냈다. 종종 무리와의 연락을 유지하기 위해 일련의 짧은 으르렁거리는 소리를 내기도 했다. 마쿤다

위: 중앙아프리카공화국 바이호코우 인근 드장가-은도키국립공원에 사는 마쿤다 무리의 우두머리 실버백 수컷 서부저지대고릴라 마쿤다. 서부저지대고릴라는 종종 어깨를 포함해 목덜미까지 이어지는 왕관 모양의 붉은색 털을 가지고 있다. 그들의 털은 동부고릴라 보다 짧고 매끄럽다.

는 여유로워 보였지만, 주기적으로 방문객들을 힐끔힐끔 쳐다보았다. 하이라이트는 2살짜리 쌍둥이—쌍둥이는 이 종에서 매우 드문 경우다—잉간다와 잉구카와 함께 그들의 어미 말루이를 관찰하는 것이었다. 쌍둥

우리들은 닮았다

이들은 거의 기진맥진할 때까지 서로를 쫓고 씨름하다가 서로의 품에서 곤히 잠들었다.

연구원들이 GPS 좌표와 개별 고릴라의 먹이 선호도, 사회적 상호작용과 보금자리에 대한 데이터를 성실하게 기록하는 동안, 나는 눈앞에 있는 보물들의 의미 있는 이미지를 얻고자 노력했다. 어떤 그룹이든지 동일한 매력을 가지고 있었고, 많은 잠재적인 기회들이 있었다. 가장 큰 어려움은 주어진 시간에 어떤 장면을 촬영할지 선택하는 것이었다. 주로 장애물이 가장 적고, 조명이 최적인 상태의 장면들을 선택했다. 배우들은 그대로 있었지만, 그들의 일상적인 움직임 때문에 배경은 바뀌었다. 때로는 조명이 좋지 않은 곳으로 이동하거나, 카메라를 쳐다보지 않았다.

나는 굳게 결심하고 내가 해야 할 일을 했다. 늘 존재하는 전갈과 뱀, 곤충들은 잊은 채 계속 고릴라와 적절한 거리를 유지했다. 늪지대에 무릎을 꿇기도 하고, 쓰러진 나무 위에 몸을 기대거나 손을 뻗어 뒤엉킨 나뭇가지를 붙잡기도 하고, 숲 바닥에 엎드리기도 했다.

고릴라와 함께 시간을 보낸 후, 오전 팀과 함께 베이스캠프로 다시 안내를 받았다. 팀원 중 일부는 남은 아침 시간 동안 고릴라 무리와 함께 일하기 위해 현장에 남아 있었다. 남은 사람들은 오후 그룹이 투입되면 복귀할 예정이었다. 현지 바카족 가이드들은 믿기 어려울 정도로 울창한 열대우림에서 모든 사람의 안전을 보장하고 모두가 제 길을 찾을 수 있도록 앞뒤로 움직였다.

안내에 따라 우리 일행이 숲을 빠져나올 때, 세계야생동물재단 연구원 가운데 한 명에게 서부저지대고릴라들에게 가장 위협이 되는 것이 무엇인지 물었다. 나는 틀림없이 야생동물고기 밀렵, 에볼라 바이러스, 대부분 불법 벌목에 의한 서식지 상실이나 서식지 변형 등이 위협 목록 상단을 차지할 것이라고 예상했다.

그는 불법 벌목과 형편없는 벌목 관행으로 이용 가능한 고릴라 서식지를 감소시킬 뿐만 아니라, 오지까지 새롭게 연결되는 각종 도로 때문에 밀렵꾼과 다른 사람들에 의한 접근성이 높아지고, 인간과 야생동물 간의 충돌 가능성도 높아진다고 말했다. 그는 새로운 벌목 사업을 수행하기 위해 기반 시설을 설계할 때, 폐기된 벌목 도로들은 봉쇄할 필요가 있다고 제안했다.

위: 중앙아프리카공화국 바이호코우 인근 드장가-은도키국립공원에 사는 마쿤다 무리의 쌍둥이 수컷 새끼 서부저지대고릴라 잉간다와 잉구카. 쌍둥이는 서부저지대고릴라에서 매우 드물게 태어난다. 이 쌍둥이 고릴라들은 지칠 때까지 서로 엉켜 뒹굴고 놀다가 서로의 품에서 잠이 들었다.

나는 콩고공화국 북서부의 로시보호구역에 에볼라 바이러스가 발생해서 해당 지역에서만 5000명이 넘는 사람들이 사망했다는 글을 읽은 적이 있다고 언급했다. 당시 에볼라 발생만으로 동부고릴라 전체 개체

우리들은 닮았다

수에 해당하는 많은 서부저지대고릴라가 죽었다고 기억하고 있었다. 그 연구원은 에볼라 바이러스 발생이 고릴라 서식지 가운데 10퍼센트 정도에서 일어난 것으로 알려져 있으며, 사망률이 90~95퍼센트에 이른다고 지적했다. 영향을 받은 지역에서 고릴라는 잠재적 개체 밀도의 25퍼센트 미만으로 감소했다.

위: 중앙아프리카공화국 바이호코우 인근 드장가-은도키국립공원에 사는 마쿤다 무리의 서부저지대고릴라. 수컷 쌍둥이 새끼 고릴라 잉간다와 잉구카가 어미 고릴라인 말루이(오른쪽)와 또 다른 성체 암컷 고릴라와 함께 있다. 암컷 서부저지대고릴라 사이에서는 서로 그루밍을 하거나 다른 형태의 사회적 유대를 형성하는 경우는 거의 찾아볼 수 없다. 실제로 암컷 고릴라들은 서로에게 무관심해 보이며 일반적으로 함께 어울리지 않지만, 아마도 말루이가 쌍둥이 새끼를 돌보는 데 도움이 필요했던 터라 이와 같은 특이한 암컷 간의 친밀감이 형성된 것으로 보인다.

그날 저녁 만찬에서 상가 로지에 묵는 모든 손님은 상가강을 내려다보며 멋진 식사를 함께 즐겼다. 우리는 오늘 했던 활동에 대해 정보를 교환했다. 인구 과잉이 사회문제인 행성에서 차를 운전하고 아이를 낳는 것에 대한 부도덕성으로 주제가 바뀌자 토론에서 빠져나왔다가, 누군가가 현재 남아 있는 둥근귀코끼리와 서부 저지대고릴라의 수에 대해 이야기하자 다시 토론에 합류했다. 사람들은 국제자연보전연맹 적색 목록에서 심각한 멸종위기종으로 분류된 사실은 알고 있었지만, 서부저지대고릴라가 현재 매년 2.9퍼센트의 충격적인 비율로 감소하고 있다는 사실은 전혀 모르고 있었다.

로드는 생태감시원들이 순찰하는 지역에서는 개체 수가 안정적이라고 덧붙였다. 그러나 서부저지대고릴라의 77퍼센트 이상이 보호구역 밖에 살고 있다. 나는 오늘 오전, 벌목용 도로에 생태감시원들을 배치하면 적절한 벌목 관행을 준수하게 만들고 밀렵꾼의 위협도 줄일 수 있다고 제안한 세계야생동물재단 연구원과의 대화가 떠올랐다. 나는 탐방과 탐방 사이에도 많은 것을 배웠다.


## 마음만은 수의사

어떤 형태든 야생동물 탐방 기회를 잡으려고 한다면 어느 정도 운도 따라야 한다. 다음 날 아침에 이루어진 몽감베 사이트 방문에서는 마엘레 고릴라 무리를 눈으로 보고 사진을 촬영할 기회가 거의 없어, 풍성했던 마쿤다 탐방과 극명한 대조를 이뤘다.

길고 힘든 하이킹 후, 바카족 가이드들은 마침내 실버백 마엘레의 위치를 알아냈다. 마엘레는 평소와는 달리 홀로 울창한 산림 아래 잘 숨어 있었다. 우리가 나타나자 동요하고 있음이 분명해 보였다. 하지만 자리를 옮기거나, 다른 나무나 잎사귀를 먹기 위해 주위를 헤매지도 않았다. 우리가 근처 울창한 덤불에서 홀로 있는 젊은 성체 암컷 고릴라를 우

우리들은 닮았다

연히 만났을 때, 상황은 더욱 혼란스러워졌다. 다른 고릴라는 어디에도 없었다. 숲 바닥에 앉아 있는 암컷 고릴라는 나약하고 쓸쓸해 보였으며, 분명히 몸이 좋지 않아 다른 곳으로 이동하려는 시도도 할 수 없는 듯했다.

본능적으로 렌즈에 커버를 씌우고 카메라를 껐다. 나는 망설임 없이 수의사 모드로 전환했다. 그리고 눈으로 암컷 고릴라의 다양한 신체 부위를 관찰하기 시작했다. 팔다리를 움직일 수 있는지와 호흡 패턴을 관찰한 뒤, 혹시 분비물이 있는지도 확인했다. 더 자세한 관찰을 위해 암컷 고릴라에게 좀 더 접근할 수 있기를 바랐지만, 당연히 그럴 수 없음을 곧 깨달았다.

추적꾼들은 계속해서 무리에 속한 나머지 고릴라들을 찾고 있었다. 직감적으로 무리가 혼란에 빠졌고, 그 어떤 비의학적인 인간의 출현도 적절하지 않다는 것을 느꼈다. 사진 촬영은 다음에 또 기회가 있을 것이다. 추적꾼들은 열정적인 사진가였던 내가 갑자기 마음을 바꾼 것에 당황한 듯 보였다. 나는 우리가 발견한 내용을 보고하기 위해 베이스캠프로 돌아가자고 요청했다.

마이크나 에디 또는 루이스가 현장에 있었다면 좀 더 상황을 개선시킬 수 있었을 것이다. 그들은 무엇을 해야 할지 잘 알겠지만, 나는 이곳에서 쓸 수 있는 수의학적 자원에 대해서 아는 바가 없었다. 내가 도울 수 있는 위치에 있지 않다는 사실을 인지하게 돼 매우 공허한 느낌이 들었다. 그 이후 의료적 도움의 손길이 닿았지만, 그 암컷 고릴라는 이미 죽은 채로 발견됐다는 사실을 전해 들었다. 수의사팀은 현장 연구소의 도움으로 그녀가 심각한 기생충 감염 상태에 있었다고 결론을 내렸다. 마엘레는 다른 고릴라들이 먹이를 찾아 헤매고 다니는 동안, 암컷 고릴라를 보호하기 위해 그 자리에 홀로 머물러 있었던 것이다.

그날 오후, 상가 로지로 돌아온 나는 다음 여정을 준비하기 시작했다. 서부저지대고릴라에 대한 나의 탐방을 극대화하기 위해 처음부터 중앙아프리카공화국과 콩고공화국, 두 국가에 속한 국립공원에서 고릴라들을 탐방할 계획이었다. 다행스럽게도 중앙아프리카공화국의 드장가-은도키국립공원(지금 있는 곳)에서 상가강을 따라 가면 콩고의 누아발레-은도키국립공원(내일 향할 곳)이었다. 또 하나의 다행스러운 점은 위험 수준이 높은 지역임에도 불구하고, 이 두 국립공원과 상가강은 분쟁과는 전혀 관련이 없었다는 것이다.

## 전직 밀렵꾼에서 가이드가 된 주민들

내가 습관화된 서부저지대고릴라의 사진을 찍고 싶었던 콩고공화국의 누아발레-은도키국립공원은 야생동물 보호 공동체에서 협력 모델로 여겨진다. 1990년대 초, 콩고 야생동물보호협회 현장 직원들은 콩고 임업경제부와 협력해 호평받는 국립공원을 조성하기 위해 약 3900제곱킬로미터의 벌목이 되지 않은 산림 일부를 할당하도록 만들었다. 몇 달간의 협상 끝에 지역 마을 사람들은 코끼리 밀렵꾼에 대한 지원을 중단하는 데 동의했고, 보마사는 누아발레-은도키국립공원 조성을 지원하는 야생동물 보호에 초점을 맞춘 마을이 됐다.

수많은 전직 밀렵꾼들이 새로 조성된 국립공원의 생태감시인과 숲 가이드, 유지관리 직원으로 고용됐다. 야생동물보호협회는 지역 주민들

**옆 페이지:** 중앙아프리카공화국 드장가-은도키국립공원 몽감베 사이트에 사는 마엘레 무리의 우두머리 실버백 수컷 서부저지대고릴라 마엘레. 마엘레 무리에 속한 대부분의 고릴라들과는 달리 홀로 울창한 초목 속에 잘 숨어서 아픈 성체 암컷 고릴라를 보호하기 위해 뒤에 남아 있었다. 하지만 슬프게도, 그 암컷 고릴라는 얼마 지나지 않아 심각한 기생충 감염으로 세상을 떠났다.

우리들은 닮았다

을 위해 학교와 진료소도 만들었다.

누아발레–은도키국립공원 내에서 습관화된 서부저지대고릴라를 관찰할 수 있는 곳인 몬디카연구소와 음벨리바이는 관광객에게 개방되지 않는다. 다행스럽게도 콩고 야생동물보호협회 프로그램은 나를 수의사로 인정했고, 내 책에 실릴 고릴라 조사와 사진 촬영을 위해 현장 팀과 동행할 수 있도록 허가를 내주었다. 물류, 허가증, 초청장, 예방접종 및 혈액 검사 요구사항에 대한 세부적인 내용은 모두 야생동물보호협회에서 처리했다. 그럼에도 불구하고 필요한 승인을 얻는 데 몇 달이 걸렸고, 믿을 수 없을 정도로 인내심이 필요했다. 지금까지의 여행 중 가장 힘든 접촉이었다. 이러한 까다로운 검토 단계가 암컷 둥근귀코끼리에 의해 살해된 젊은 대학원생과 관련이 있다는 사실을 알게 됐고, 나중에 고릴라에 대한 접근이 그들을 연구하는 연구원들조차 제한됐음을 알게 됐다.

로드 캐시디는 내가 콩고공화국에 갔다 올 수 있도록 보트와 운전기사를 준비해주었다. 계획에 따르면, 매우 이른 아침에 출발해 상가강을 따라 국립공원 본부에서 하류로 0.8킬로미터 떨어진 곳에 상륙하기 전까지 3~4시간을 여행해야 했다. 우리가 강둑에 자리잡은 여러 작은 어촌 마을을 지나갈 때, 알루미늄으로 만들어진 작은 보트는 종종 조류에 맞서야 했다. 우리는 강을 따라 있는 3개의 필수 검문소에서 검문을 받았다. 리드좀보는 중앙아프리카공화국 입출국을 위한 공식 국경 검문소고, 보만조코는 헌병과 국군에 신고하는 곳이며, 봉콴은 콩고공화국 입구에 있는 마을로 콩고 국군에 신고하는 곳이다.

나는 정해진 세금을 납부하고, 서류에 명시된 '결격'을 바로잡기 위해 '추가 요금'을 협상했다. 문서에 격렬하게 도장이 찍히는 소리와 미소가 긴장된 대치 상황이 끝났음을 알렸고, 나는 비로소 그곳을 홀가분하게 떠날 수 있었다. 사실 내가 한 가장 큰 걱정은 '추가 요금'에 사용할 현

우리들은 닮았다

지 통화가 바닥나는 것이었다. 내가 가진 현금을 다 합쳐봐야 미화 20달러 정도였다. 로드가 상가 로지를 떠나기 전에 이미 예상 비용을 지불하기 위해 소액으로 해당 금액만큼 미국 달러를 현지 통화로 교환해놓았다. 이상하게도 현지 화폐를 구하기가 정말 어려웠다.

세계야생동물협회 직원들은 따뜻하고 열정적으로 우리를 환영해주었고, 우리는 트럭을 타고 험한 숲길을 달려 국립공원 입구에서 대기하고 있던 나무속을 파내 만든 카누에 올라탔다. 우리는 양쪽 편에 울창한 열대우림과 뒤섞여 계속 이어진 숲 지붕 아래 백합으로 뒤덮인 좁은 음벨리강을 따라 아래로 이동했다. 숲 지붕은 수정처럼 맑고 탄닌이 풍부한 물 위를 감싸고 있었다. 똑바로 서서 길고 좁은 노로 카누가 앞으로 나아가게 하던 맨발의 선장은 강을 가로질러 비스듬히 매달려 있는, 덩굴에 싸인 거대한 나무들을 피하기 위해 몸을 수그리곤 했다. 풍화돼 낡은 푯말에는 좁은 수로가 표시돼 있었고, 우리는 그 수로를 따라 선착장으로 이동했다. 나무판자로 만들어진 긴 산책로를 따라 걸으니 마침내 누아발레-은도키국립공원 남서쪽 모퉁이에 있는 첫 번째 목적지, 음벨리바이 캠프에 도착했다.

다음 날 이른 아침, 음벨리바이로 가는 한 줄로 된 조용한 행렬에도 바이호코우에서와 같은 둥근귀코끼리 예방 조치가 필요했다. 8미터 높이의 전망대에서 약 12헥타르에 달하는 숲이 안개로 뒤덮인 놀라운 광경을 볼 수 있었다. 안개가 걷히자 주변의 울창한 열대우림과 극명하게 대조되는, 늪지 식물과 수생 식물 그리고 사초莎草로 이루어진, 바닥 매트 같은 녹색지대가 펼쳐졌으며, 군데군데 물웅덩이가 있었다. 이 지역은 코끼리, 시타퉁가영양, 봉고, 덤불멧돼지, 붉은물소 같은 대형 포유류들이 찾아오는 곳이다. 연구원들은 대형 망원경으로 개체군 이동과 바이 탐방객들의 행동을 조사하기 위해 매일 이곳에 온다.

100마리가 넘는 서부저지대고릴라도 정기적으로 바이를 찾아온다. 일반적으로 매일 두 개의 고릴라 무리가 나타나거나 외톨이 수컷이 목격되기도 한다. 그러나 우리가 방문한 날은 평소와 달랐다. 바이로 찾아오는 코끼리와 많은 새들도 보고 주변 숲에서 소형 영장류 몇 마리도 보았지만 고릴라는 볼 수 없었다.

음벨리바이 전망대에서는 고릴라를 볼 기회가 없었기 때문에, 다음 날 있을 몬디카연구센터 방문에 기대를 걸었다. 몬디카연구센터는 드제케 트라이앵글 내에 위치하고 있으며, 독특한 산림지대의 일부로 면적이 1만 헥타르에 이르고, 단 한 번도 벌목이 된 적이 없으며 사람이 거주한 적도 없는 곳이다. 울창한 원시림은 동쪽의 누아발레-은도키국립공원과 서쪽의 은도키국립공원 사이에 이상적인 보존 통로를 만들고, 상가3국 보호구역(중앙아프리카공화국의 드장가-은도키국립공원, 콩고공화국의 누아발레-은도키국립공원, 카메룬의 로베케국립공원)을 연결한다.

인접한 국립공원의 약 4배에 달할 정도로 이 지역의 서부저지대고릴라의 밀도가 비정상적으로 높기 때문에 이번 방문이 더 성공적이기를 바랐다.

4륜구동 자동차로 오랜 시간 동안 운전을 한 후, 우리는 울창한 숲속을 지나는 8킬로미터 정도의 거리를 하이킹했다. 몬디카의 손길이 닿지 않은 아름다움은 의심할 여지 없이 멀리 떨어져 고립된 지역이기 때문이며, 손길이 닿지 않은 채 그대로 유지되고 있다는 사실은 의심할 여지 없이 몬디카가 기본적으로 늪지대이기 때문이다.

연구센터에 도착하기까지의 하이킹 코스 중에는 45분 동안이나 허

옆 페이지: 콩고공화국 누아발레-은도키국립공원 음벨리바이로 가는 도중에 나무로 된 마상이를 타고 백합으로 뒤덮인 좁은 음벨리강을 따라 여행하는 모습. 짙은 탄닌이 풍부한 물은 수정처럼 맑았고, 수로는 마치 머리 위 완벽한 숲 지붕으로 보호를 받고 있는 것처럼 보였다. 우리를 둘러싸고 있는 울창한 열대우림 속에서 나는 새 소리와 얕은 물을 가르는 뱃사공의 노 젓는 소리만 들렸다.

리 높이의 침수된 숲을 가로질러 가는 구간도 있었다. 숲속 늪지대의 보이지 않는 바닥에 어떤 생물들이 살고 있는지 누가 알까? 하마터면 내가 알아볼 뻔했다.

위: 콩고공화국 드제케 트라이앵글의 누아발레-은도키국립공원에 있는 몬디카연구센터로 가는 도중 허리 높이의 침수된 숲을 가로질러 걷고 있는 모습. 다행히도 이 45분 동안 물속에 숨어 있는 사악한 악어와 마주치지는 않았다.

　　연구소를 찾아가거나 떠나는 사람은 모두 이 물속에서 영적 정화 과정을 거쳐야 했다. 연구소에 도착한 나는 초가지붕에 보호를 받는, 나무 플랫폼 바닥 위에 지은 대형 캔버스 텐트로 장비를 옮겼다. 내 텐트 옆에는 좌식 구덩이 화장실과 따뜻한 물이 담긴 양동이가 완비된, 콘크리트로 만들어진 샤워실이 있었다.

　　식사는 기둥들 위에 세워진 길고 내부에 방충망이 쳐진 목조 건물에서 제공됐다. 장작불 위에서 음식을 요리하고 물을 데웠다. 발전기는 주

우리들은 닮았다

기적으로 배터리를 충전하거나 외부 세계와 기본 통화나 비상시 통화가 필요할 때만 사용했다. 음식은 훌륭했고, 긴 나무 테이블에서 연회 스타일로 먹었다. 웃고, 서로 놀리기도 하며, 자랑스럽고 헌신적인 콩고인 연구원들과 추적꾼들 그리고 야생동물보호협회 행정 직원들과도 많은 대화를 나누었다.

저녁 식사가 끝나고, 나는 용기를 내 그들 중 몇 명에게 습관화에 대해 이야기를 나눌 수 있는지 물었다. 나는 그곳에 머무는 동안 그들이 새로운 고릴라 무리를 습관화시키기 위해 노력하고 있다는 것을 알고 있었다. 서부저지대고릴라는 마운틴고릴라보다 습관화가 훨씬 어렵다는 말을 들은 적이 있었다. 서부저지대고릴라는 마운틴고릴라에 비해 더 넓은 영역에서 생활하므로 하루 이동거리가 더 길며, 자연적으로 숲이 우거져 시야가 제한된 지역에서 산다. 고릴라 무리의 행적이 주변 무리와 겹치는 경우가 많고, 행적도 불명확하기 때문에 추적하기가 어렵다.

우리는 늦은 오후 휴식시간에 함께 앉아 프랑스어와 영어가 뒤섞인 대화를 나누었다. 나는 연구원들에게 고릴라를 습관화하는 길고 힘든 과정을 설명해 달라고 요청했다. 연구원들은 일부 무리들의 서식지 영역이 겹치기 때문에 어떤 고릴라들이 새로운 무리의 일부인지 알아내는 것조차 어려운 일이라고 말했다. 특히 우두머리 수컷 실버백과 단계별로 신뢰를 쌓는 것이 중요하며, 점진적으로 더 긴 기간 동안 더 긴밀한 접촉을 해야 한다고도 말했다. 몇 년이 걸릴 것이다. 습관화에는 위험과 이득이 있지만, 지속 가능한 해결책의 핵심 구성 요소가 습관화이며, 과학적 연구뿐만 아니라 생태관광을 위한 고릴라 추적에 절대적으로 필요하다는 데 모두 동의했다.

밀렵꾼으로부터 보호하기 위해서 습관화된 고릴라 무리를 지속적으로 감시한다. 최근의 습관화 성공 사례들로 인해 서부저지대고릴라에 대한 이해도가 엄청나게 높아졌다. 대형 유인원들이 습관화된 다른 지역과 마찬가지로, 연구자들은 습관화된 고릴라에게서 인간에 대한 두려움이 사라지는 것에 대한 계속되는 우려에 대해서도 논의했다. 그리고 사람과의 접촉이 많아지면서 생긴 만성 스트레스로 인해 면역력이 감소하고, 습관화된 고릴라와 습관화되지 않은 인근 고릴라 개체군까지 새로운 인간 매개 감염의 위험에 노출시킬 수 있다는 우려도 있었다.

## 가장 험난한 트레킹

나는 몬디카 캠프에서 보낸 4박 3일 동안 네 차례의 조사에 참여할 수 있도록 허가를 받았다. 트레킹은 아침 6시에 출발하고, 이른 오후에 다시 출발했다. 그 중간에 점심 식사 시간이 있었다.

종종 맨발로 하이킹을 하는 존경스러운 현지 바카족 가이드들이 습관화된 두 개의 고릴라 무리 중 한 무리에 대한 현장 방문을 주도했다. 숲 바닥에서 드물게 발견되는, 거의 눈에 띄지 않는 손가락 관절 자국들과 갓 부러진 나뭇가지들, 신선한 고릴라 배설물을 따라 가이드들은 나와 연구팀을 일관되고 능숙하게 고릴라 무리가 있는 곳으로 안내했다. 그리고 항상 바카족 가이드들은 둥근귀코끼리의 접근 여부를 간파할 수 있는 단서들에 귀를 기울였다. 쉽게 길을 가로지를 수 있는 장소도 잘 알고 있었다. 숲에 대한 그들의 감각은 놀라웠다. 전체 지역에 대해 잘 알고 있는 경험 많은 연구원들도 바카족 가이드들이 없으면 베이스캠프로 돌아갈 수 없다고 여러 차례 주장했다.

나의 첫 번째 트레킹은 오전 6시에 시작됐고, 가이드들은 능숙하게 우리를 부카 무리로 안내했다. 도중에 콩고인 가이드 아르노는 부카 무

우리들은 닮았다

리의 습관화가 2006년에 시작돼 2010년에 완료됐다고 말했다. 트레킹은 광범위했으며(몬디카 지역에서의 다른 모든 트레킹이 그러했듯이), 우리는 전문 추적꾼들 못지않은 속도로 많이 젖어 있는 땅도 가로지르며 이동했다. 나는 뒤처지지 않으려고 안간힘을 썼으며, 충분한 산소를 들이마시고, 건드리면 공격해오는 개미들의 행렬을 밟지 않으려 노력했다. 단 한 번이라도 팀의 일원이 된다는 것은 흥분되는 일이었다.

## 고릴라 가족의 초상

우리가 실버백 부카와 성체 암컷, 유년기, 새끼 고릴라 등 상대적으로 큰 규모의 무리를 발견했을 때, 보상으로 많은 사진을 촬영할 수 있었다. 탐방로 바로 옆에 앉아 있던 젊은 암컷 고릴라 한 마리가 멜론을 정신없이 먹고 있었다. 암컷 고릴라는 쪼개진 과일의 내용물을 파내기 위해 두 손을 요령 있게 사용했다. 암컷 고릴라는 멜론을 다 먹어 치우고 나서 뒤로 물러나 앉아 펼친 손바닥을 내려다보았다. 나는 암컷 고릴라가 도대체 어떻게 손을 깨끗하게 만드는지 궁금했다. 손가락 하나하나를 순서대로 핥았고, 도중에 입술도 핥았다. 마치 생일 케이크 한 조각을 주물럭거린 걸음마를 배우는 아이와 같았다.

　나는 새끼와 함께 있는 어미 고릴라의 사진을 찍는 것을 정말 좋아하지만, 인간에게 너무 가까이 다가오게 하는 것은 자연스럽지 않다. 나는 무리 가운데 가장 최근에 태어난 새끼 고릴라의 사진을 찍을 수 있는 많은 기회를 놓치곤 했다. 내가 현장을 떠날 준비를 하고 있을 때, 콩고인 연구원 조수 가운데 한 명이 커다란 나무를 가리켰다. 새끼와 어미 고릴라가 피신처로 찾은 나무였다. 만족한 상태로 편안하게 앉아 있던 어

**옆 페이지:** 콩고공화국 드제케 트라이앵글에 있는 누아발레-은도키국립공원 내 몬디카연구센터
인근에 사는 부카 무리의 우두머리 실버백 수컷 서부저지대고릴라 부카. 서부저지대고릴라는 정기
적으로 특정 나무들로 되돌아가 대부분의 씨앗을 그대로 삼킨 뒤, 숲 전체에 씨앗을 퍼뜨린다.

**위:** 콩고공화국 드제케 트라이앵글에 있는 누아발레-은도키국립공원 내 몬디카연구센터 인근에
사는 부카 무리의 서부저지대고릴라. 동부저지대고릴라의 서식지보다 서부저지대고릴라의 서식
지에 열매들이 훨씬 더 많기 때문에 서부저지대고릴라는 대부분 이 열매들을 먹는다. 이 유년기 암
컷 서부저지대고릴라가 열매 조각을 너무나 맛있게 먹은 후 손을 청소하는 모습을 보니 매우 우스
꽝스러웠다. 서부저지대고릴라는 결실기 외에는 어린잎이나 새싹, 나무껍질과 같은 섬유질이 많은
식물을 먹는다.

미 고릴라는 털이 많은 왼팔로 새끼를 껴안고 흔들며 즐겁게 해주는 동시에, 오른팔로는 주변 나뭇가지에 달린 충분한 양의 잎사귀를 능숙하게 따서 입에 집어넣었다. 이미 출발하고 있던 사람들은 친절하게도 이동을 멈추고 내가 사진을 찍게 기다려 주었다. 덕분에 나는 아무런 장애물 없

위: 콩고공화국 드제케 트라이앵글 누아발레-은도키국립공원 내 몬디카연구센터 인근에 사는 부카 무리에 속한 성체 암컷 서부저지대고릴라와 새끼. 일반적으로 어미와 함께 있는 새끼 고릴라의 사진을 찍는 것은 어려운 일이지만, 마침내 한 쌍의 어미와 새끼 고릴라가 우리 가이드가 가리킨 대로 안전한 나무 꼭대기에 앉아 있어 우리에게 그 기회를 제공해주었다. 유아기 서부저지대고릴라는 유아기 동부고릴라보다 더 오랫동안 젖을 먹는 것으로 알려져 있다.

옆 페이지: 콩고공화국 드제케 트라이앵글 누아발레-은도키국립공원 내 몬디카연구센터 인근에 사는 부카 무리에 속한 아성체 암컷 서부저지대고릴라. 암컷 서부저지대고릴라가 성숙해지면 전부는 아니지만 많은 고릴라가 소속 무리를 떠나 다른 무리로 이동하거나, 홀로 있는 수컷 고릴라에게 간다. 이 특별한 암컷 서부저지대고릴라는 평화롭고 고요한 기운을 가지고 있었으며, 인간 침입자들에 대해서는 전혀 신경 쓰지 않은 채 홀로 앉아 있었다.

우리들은 닮았다

는, 나무 위에 드리워진 안개의 역광 속에서 얌전한 어미 고릴라와 사진이 잘 받는 새끼 고릴라의 모습을 찍을 수 있었다.

날이 갈수록 고릴라와 함께하는 탐방은 더욱 매혹적이었고, 사진 촬영의 기회는 풍부했다. 아르노는 오래된 나무에 등을 대고 앉아 있는 거대한 실버백 부카를 보라며 나를 불렀다. 그의 무릎은 가슴까지 당겨져 있었다. 과일을 씹는 동안 양 팔꿈치를 무릎 위에 올려놓고 그렇게 시간을 보내는 듯했다. 친구가 올 때까지 공원에서 참을성 있게 기다리고 있는 우리 가운데 누군가의 모습을 보는 듯했다.

콩고인 연구원 조수들은 특히 사진 촬영 기회를 포착하는 데 많은 도움을 주었다. 나는 그들을 기쁘게 할 마음으로 카메라 뒷면의 LCD 화면을 통해 그들이 관여한 사진들을 차례차례 보여주었다. 항상 정중했으며 도움을 주는 데 주저하지 않았던 그들은 내가 늪을 지날 때면 종종 내 카메라 장비를 들고 가며, 물속에 숨어 있을지도 모르는 치명적인 생명체를 밟지 않으려고 노력했다. 나를 위해 놓아준 통나무가 젖어서 내가 그 위를 어색하게 춤을 추듯 건너는 동안, 그들은 옆의 개울 속을 걸었다. 심지어 손을 놓아도 안전하다고 판단될 때까지 내 손을 꼭 붙잡고 있었다.

연구원 조수들은 진정으로 고릴라를 돌보고, 그들의 생존을 위해 헌신했으며, 자신들이 프로그램의 일부가 된 것을 자랑스럽게 생각하고 있었다고 자신 있게 말할 수 있다. 그들은 모든 고릴라의 이름을 알고 있었고, 고릴라 간의 관계도 구분할 수 있었다. 내가 한 곳에서 다른 곳으로 이동할 때, 그들은 아이패드의 애니멀 옵서버Animal Observer라는 앱을 이

옆 페이지: 콩고공화국 드제케 트라이앵글 누아발레-은도키국립공원내 몬디카연구센터 인근에 사는 수컷 실버백 서부저지대고릴라. "몬디카의 주인"이자 킹고 무리의 우두머리 수컷인 전설적인 킹고는 40살이 넘었으며, 습관화된 최초의 서부저지대고릴라다. 일반적으로 수컷 서부저지대고릴라는 10살에서 12살 사이 사춘기에 이르면 앞가슴 전체의 털이 모두 빠지고, 앞가슴 위에 짙은 회색 피부가 드러난다.

용해 개별 고릴라에 대한 정보를 체계적으로 기록했다.

우리가 전설적인 실버백 킹고와 그의 무리를 탐방할 때, 연구원 조수들은 킹고가 대략 40살 정도인 것으로 추정되며, 처음으로 습관화된 서부저지대고릴라라고 자랑스럽게 말했다. 킹고의 굉음 같은 으르렁거리는 소리—그는 계속해서 자신의 무리에게 신호를 보냈다—때문에 바카족 언어로 '큰 목소리'를 뜻하는 '킹가 야 볼레'라는 이름이 붙여졌다고 한다. 킹고는 최소 10마리의 암컷 고릴라와 함께 20마리가 넘는 새끼를 낳았다. 그의 무리에는 이제 두 마리의 암컷과 몇몇 어린 새끼만 남았다.

1999년에 처음 확인된, 200킬로그램이나 나가는 "몬디카의 주인" 킹고는 각기 다른 이유로 부상을 입은 세 마리의 새끼 곁을 떠나는 것을 거부한 것으로 유명하다. 세 마리의 새끼 가운데 두 마리는 표범을 공격해 부상을 입었지만 살아남았고, 한 마리는 나무에서 떨어져 중상을 입었다. 킹고는 자신의 무리를 보호할 때는 맹렬했지만, 때로는 부드러운 면도 가지고 있었다. 그는 유년기 고릴라들과 새끼 고릴라들 사이에 이루어지는 놀이가 너무 거칠어지면 직접 개입하곤 했다.

킹고가 작은 언덕 위에 있는 큰 나무에 등을 대고 앉아 전방의 풍경을 바라보고 있는 것을 내가 먼저 발견했다. 킹고는 거대한 가슴과 어깨, 팔을 가진 인상적인 고릴라였다. 슬프지만, 그의 큰 가슴을 자세히 보니 한때 근육량이 훨씬 더 인상적이었을 것 같다는 생각이 들었다. 몸의 크기보다 피부의 크기가 더 큰 것처럼 보였다. 마찬가지로 그의 눈과 이마,

옆 페이지: 콩고공화국 드제케 트라이앵글 누아발레-은도키국립공원 내 몬디카연구센터 인근에 사는 성체 수컷 실버백 서부저지대고릴라. 성체 수컷 고릴라는 팔에 긴 털을 가지고 있는데, 이는 네 팔다리로 뽐내며 걸을 때 팔을 넓게 벌리고 있으면 더 커 보이게 하는 역할을 한다. 킹고 무리의 우두머리인 40살의 실버백 킹고가 예기치 않게 방향을 틀어 나를 향해 네발 보행knuckle-walking 를 시작했을 때, 그가 노화로 인해 근육 수축을 경험했을 수도 있다는 나의 우려는 아무런 근거가 없는 것처럼 보였다. 나는 사진을 찍고, 그런 나의 생각에 대해 사과하며 왼쪽으로 피했다.

턱 주위 피부가 약간 늘어진 것처럼 보였다. 나이 80살인 노년의 남성에게서 볼 수 있는 것과 다르지 않았다. 나이 때문에 발생하는 퇴행성 근육 위축 또는 수축이라고 생각했다. 나중에 숲길에서 킹고가 갑자기 방향을 틀어 우리 쪽으로 걸어오는 바람에 우리와 딱 마주쳤다. 한쪽 손가락 관절에서 다른 쪽 손가락 관절로 체중을 옮기고, 휘어진 팔을 움직이며, 우리를 올려다보았을 때, 그는 전혀 주눅 들지 않았다. 킹고의 체격에 대해 비판적으로 평가한 것을 뉘우치며, 네 장의 사진을 찍고 재빨리 후퇴했다.

3중 포장해서 밀봉한 방수 용기에 담은 고릴라 사진들의 보물상자와, 전전두피질 가득 고릴라에 대한 생각을 품고서, 나는 상가강을 거슬러 상가 로지와 중앙아프리카공화국으로 돌아가는 여정에 올랐다.


## 코끼리들의 낙원

나의 사명과 주안점은 또 다른 변화를 맞고 있었다.

소형 비행기에서 내릴 때, 나는 온통 서부저지대고릴라에만 집중했다. 그러나 내가 상가 로지에서 로드와 타마르와 함께 시간을 보내면서, 그들의 관점과 관심사가 질적으로 매우 방대하다는 것을 알게 되었다. 그들이 수많은 종에 대한 지식을 가지고 있다는 점에 감탄했다. 나의 다른 탐방 호스트들도 코끼리나 천산갑에 큰 관심을 가지고 있었을지 모른다. 하지만 로드와 타마르는 지역 생태계에 속하는 모든 야생동물의 상호작용과 가치를 높이 평가했다. 그들은 현명하게도 한 종만을 위한 프로그램을 설계할 때 다른 종과 어떻게 적응해야 하는지에 대해서도 언급했다.

나는 대형 유인원―이번 경우에는 서부저지대고릴라―에게만 관심을 기울여서는 대형 유인원 전문가 이상은 될 수 없다고 생각했다. 사실상, 내가 환경보호 활동가나 환경운동가로 발전하는 데 방해가 될 것이다.

마음에 꽂혀서 나를 우회하도록 만든 또 다른 한 가지가 있었다. 처음 여정을 계획할 때, 로드는 "드장가-상가에 와서 가장 멋진 코끼리를 체험할 수 있는 드장가바이를 방문하지 않는 것은 일종의 신성모독"이라고 나에게 편지를 보냈다. 중앙아프리카공화국을 떠나기 전날, 마지막 고릴라 탐방은 포기하고 코끼리를 보기 위해 드장가바이로 가기로 계획을 바꿨다.

이른 아침의 하이킹 코스는 평평하고 모래가 많은 길을 따라가다가 발목까지 오는 시원하고 맑은 물속을 400미터 정도 걷는 것도 포함돼 있었다. 거대한 후피동물의 원형 발자국과 유사한 크기의 섬유질 배설물 덩어리를 보고 우리보다 먼저 지나간 생물의 정체를 확실히 파악할 수 있었다.

나는 바이 가장자리에 있는 대형 전망대 꼭대기에서 100마리가 넘는 둥근귀코끼리가 진흙으로 뒤덮인 공터 모래밭을 가로질러 서로 어울려 달리기도 하면서 놀고 있는 모습을 볼 수 있었다. 어미 코끼리와 새끼 코끼리는 무릎을 구부리고, 이마를 서로 맞댄 상태에서 긴 코를 진흙 구덩이 깊숙이 뻗어 중요한 미네랄과 소금을 찾고 있었다. 무리들은 공터를 드나들었고, 새끼들은 무리와 보조를 맞추기 위해 서두르고 있었다. 어린 코끼리들은 줄다리기 자세처럼 코를 서로 얽히게 만들었다.

무릎 깊이의 큰 진흙 웅덩이에 서서 각종 크기의 코끼리들이 귀를 세차게 퍼덕거렸고, 진흙에 잠긴 코를 이용해 거품을 만들어내거나 진흙을 몸에 뿌렸다. 평상시의 웅웅거리는 소리가 교미를 원하는 수컷 코끼리가 완벽한 짝을 찾았음을 알리는 날카로운 나팔 같은 소리에 묻혀버렸

다. 로드의 말이 맞았다. 이 풍경은 마법과도 같았다.

위: 중앙아프리카공화국 드장가-은도키국 립공원 드장가바이에 있는 전망대에서 본 둥 근귀코끼리 무리. 둥근귀코끼리와 서부저지 대고릴라는 자연 산림 속 공터를 방문하면 종 종 볼 수 있는 야생동물 가운데 하나다. 수십 마리의 코끼리 무리가 찾아와 중요한 미네랄 과 소금을 찾기 위해 진흙 웅덩이를 탐색하며 이러저리 돌아다니고 있었다.

## 지역 영장류의 운명

그날 저녁 늦게, 송별 만찬을 위해 모든 사람들이 상가 로지에 모였다. 세 계야생동물재단의 드장가-상가보호지역 책임자인 루이스 아란츠Luis Ar-ranz와 몇 달 동안 코끼리를 연구한 후 다음 날 떠날 예정인 야생동물 수 의사 한 명도 만찬을 함께 했다. 지난 몇 번의 유인원 탐방을 통해 내가 마치 정보를 수집하는 저널리스트와 비슷하다고 생각하면서 인터뷰를

우리들은 닮았다

요청했고 디지털 방식으로 녹음했다.

저녁 식사 후 나는 루이스에게 이 지역이 안고 있는 도전과제에 대한 평가를 요청했다. 루이스는 여러 아프리카 국가에서 수년 동안 보호 관련 현장조사를 수행해왔다. 그는 채광과 반군 활동, 전문적인 국제 밀렵꾼, 지역 마을의 적대감 등 다른 아프리카 국가에서 볼 수 있는, 보호활동을 성공적으로 수행하는 데 전형적으로 위협이 되는 수많은 요소들이 드장가-상가에는 다행스럽게도 존재하지 않았다고 말했다. 그는 지역 바카족 사람들이 평화롭고 확고한 보호활동 지원자들이며, 세계야생동물재단의 영장류습관화프로그램의 핵심이라고 설명했다.

루이스는 영장류습관화프로그램에 대한 민간과 유럽 연합/정부의 자금 지원이 종료될 시기에 대비해 새로운 계획을 세워야 하는 필요성을 언급했다. 자금 지원이 중단되면, 이 지역에서 사는 영장류들의 운명은 특히 정부 지원, 그중에서도 중앙아프리카공화국 대통령의 지원에 의존하게 될 것이며, 생태관광이 지속 가능하고 채광과 같은 산업 활동과 경쟁할 수 있는 잠재력이 입증되면, 중앙아프리카공화국 정부가 숲과 동물 보호에 예산을 지원할 가능성이 더 높아질 것이라고 말했다.

서부저지대고릴라 서식지를 대상으로 생태관광 사업을 개발하기 위해서는 여전히 풀어야 할 많은 과제들이 있다는 것이 문제다. 루이스는 중앙아프리카 및 서아프리카로의 여행이 동아프리카보다 훨씬 신뢰도가 낮을 뿐만 아니라 비용도 많이 든다고 말했다. 나도 확실히 경험한 바였다. 인프라가 없는 것이나 마찬가지로 열악하다. 그러나 루이스가 지적했듯이, 중앙아프리카공화국은 인구 500만 명의 작은 국가지만, 탄자니아와 케냐의 국립공원들이 현재 연간 10만 명이 넘는 방문객을 끌어들이고 있는 동물들 혹은 그 이상의 상징적인 동물 종들을 보유하고 있다. 루이스는 르완다와 같은 곳에서 성공적으로 수행된 것처럼, 호스트

정부들이 관광산업을 유치하기 위해서는 진지하게 재정적이고 정책적인 투자를 해야 한다고 생각했다.

　　루이스는 또한 야생동물고기와 상아, 천산갑 비늘과 코뿔소 뿔 같은 상품을 국제적으로 선적하지 못하도록 하는 조치에 대해서도 말했다. 그는 법 집행의 중요성뿐만 아니라 적절한 법과 교육 시행을 위한 사법 개혁의 중요성도 인식하고 있었다. 이러한 의견은 침풍가의 레베카 아텐시아와 수마트라의 이언 싱글턴이 한 말과 거의 동일했다. 그리고 그는 회의와 학회에 사용되는 에너지와 자금을 현장에 사용하는 것이 더 낫다고 정중하게 제안했다. 가장 뼈아픈 지적이다. 그는 "우리는 이미 무엇을 해야 하는지 알고 있다"라고 말했다.


## 구름 아래로 비친 풍경

출발하기로 예정된 날 아침 식사 중에 두 가지가 눈에 띄었다. 갓 구운 머핀은 특별했고, 로드는 정신이 없는 듯 보였다. 이 지역 생태관광의 어려움을 강조하기라도 하듯, 전날 밤 엄청난 뇌우와 폭우로 인해 생긴 낮은 구름이 아직 걷히지 않고 있었다. 로드는 소형 비행기가 우리를 데리러 방기에서 출발할지 걱정했고, 전세기 업체와 연락도 닿지 않았다.

　　다음 비행기는 3일 후에 있었다. 우리는 희망을 품고 활주로까지 10여 킬로미터를 차로 이동했다. 나는 비행기 탑승을 희망하는 세계야생동물재단 직원들의 작은 무리에 합류했다. 보슬보슬 내리는 빗속에서 하늘을 바라보며 인내심을 가지고 서서 기다리고 있을 무렵, 우리 머리 위 상공을 돌고 있는 소형 비행기의 엔진 소리를 듣고는 안도의 한숨을 내쉬었다. 그러나 세 번의 착륙 시도 이후에는 침묵이 흘렀다. 조종사는 짙

　　　　　　　　　　　　　　우리들은 닮았다

은 구름 속에서 활주로를 찾지 못한 채 되돌아갔다.

침통하게 차량으로 되돌아가고 있을 때, 엔진음이 다시 들렸으며 하늘에서 소형 비행기가 하강한 뒤 안전하게 우리 앞에 착륙하는 데 성공했다. 궁지에 몰린 조종사는 마지막으로 한 번만 더 착륙 시도를 하기로 결정했고, 결국 착륙하는 데 성공한 것이었다. 활주로에서의 축하 행사는 오래가지 못했다. 몇 분 만에 장대비가 내려 모든 사람과 장비가 비에 흠뻑 젖었고, 사람들은 세계야생동물재단 본부로 대피했다. 몇 시간 후, 여전히 시간 내에 방기에서 연결항공편 탑승이 가능했기 때문에 나는 세계야생동물재단 직원들과 함께 바로 바양가를 떠나야 했다.

소형 비행기가 짙은 구름을 뚫고 지나갈 때, 나는 조종석에 앉아서 옴짝달싹 못하고 전방 계기판만 응시하고 있어야 했다. 나는 몽감베 현장에서 병든 암컷 고릴라를 도울 수 없었던 일이 얼마나 고통스러웠는지 회상하고 있었다. 나는 또한 실버백 마엘레가 자신의 생명을 잃을 수 있는 위험을 무릅쓰고, 아픈 가족 구성원을 보호하기 위해 그 자리에 머물러 있었다는 사실을 알고 얼마나 감동받았는지도 떠올렸다.

몇 년 전, 아프리카 대륙 반대편 르완다에서 멋진 암컷 마운틴고릴라에게 조용히 약속했다. 그 암컷 고릴라는 내가 가장 좋아하는 사진의 주인공이었다. 암컷 고릴라의 눈을 바라보며, 암컷 고릴라와 그 종족을 돕기 위해 내가 할 수 있는 모든 일을 하겠다고 다짐했다. 그 당시 나는 대형 유인원 보호가 무엇을 의미하는지 이해하려고 애쓰는 아웃사이더였다. 그 이후로 보전과학자, 영장류학자, 커다란 야생동물 시민단체의 지도자, 특히 최전선에서 헌신적인 활동을 하고 있는 사람들로부터 많은 것을 배웠다. 그 기간 동안 나는 인생에 대해 많은 것을 배웠고, 사진을 찍으면서 대형 유인원들과 함께 보낸 시간을 통해서 정말 중요한 것이 무엇인지에 대해서도 배웠다. 이제 사진과 이야기 수집을 완료했으니 오래전에 한 그 약속을 잘 이행하고 있는 셈이다.

　비행기가 이륙하자 아래로 안개 낀 숲을 살짝 볼 수 있었다. 그곳에 살고 있는 대형 유인원들, 즉 야생의 보금자리에 있는 우리의 멋진 친척들을 떠올렸다. 그들의 생존은 여전히 불확실하다.

　　　　　　　　　　　　　　　　　　　우리들은 닮았다

# 에필로그

지난 7년 동안 아프리카 7개국과 인도네시아의 보르네오섬과 수마트라 섬에서 다양한 캐릭터들과 함께했다. 내가 알게 된 것은 그들 모두가 우리와 닮았다는 것이다.

키발레에서 무리를 따라잡기 위해 고군분투하다가 발바닥의 상처를 처치하기 위해 멈춰 선 침팬지.

신게로의 산비탈 집 밖에서 집에서 만든 목발에 기대어 웃고 있던 르완다의 어린 신체장애 소녀.

걸어서 하루도 채 걸리지 않는 곳의 에볼라 바이러스 위협을 전혀 알지 못한 채 레슬링에 전념하는 중앙아프리카공화국 저지대에 사는 쌍둥이 서부고릴라.

중요한 오랑우탄 숲 서식지를 관통하는 고속도로 건설 계획을 철회시키기 위한 법적 투쟁에 필요한 기금을 마련하기 위해 싸움을 벌이고 있는 북수마트라의 풀뿌리 조직 지지자들.

생태관광 분야에서 일하기 위해 르완다에서 야생동물고기 사냥을

포기한 마운틴고릴라 추적꾼들과 짐꾼들.

심신을 약화시키는 말라리아 병치레를 직업상의 위험으로 받아들이는, 보존에 너무나 열정적인 중앙아프리카공화국의 상가 로지 주인.

북수마트라 메단의 자비로운 수의사들과, 새끼가 납치되는 것을 막으려 애쓰다 결국 실패하고 평생 가슴 찢어지는 아픔을 안고 살아갈 어미 오랑우탄 중상 환자.

자신들과 어린 가족들이 고립돼 종종 위험에 처해 있음을 알게 되는 수많은 야생동물 NGO 직원들.

우리들은 닮았다

콩고민주공화국 카후지-비에가국립 공원에서 고릴라 닥터스에 의해 올가미에서 풀려난 유년기 그라우어고릴라.

내가 찍은 사진을 "잘 활용해달라"고 부탁하면서 눈시울을 붉혔던 콩고민주공화국의 노련한 가이드.

옆 페이지: 중앙아프리카공화국 바이호코우 인근 드장가-은도키국립공원에 사는 마쿤다 무리의 어미와 새끼 서부저지대고릴라. 어미와 새끼 고릴라 사이의 관계를 관찰하면, 대형 유인원이 '우리와 닮았다'라는 생각이 강해진다.

위: 콩고민주공화국 킨샤사의 롤라야 보노보 보호소에 사는 성체 암컷과 새끼 보노보.

그렇다, 심지어 홀로 풍파를 헤쳐나가도록 나를 (일시적으로) 방치해 겁에 질리게 만든 킨샤사의 택시기사와, 내 인생에서 가장 힘들고 고통스러우며 비싼 대가를 치른 사진 촬영 노력에도 불구하고 이리저리 잘 피해 나간 로마코의 수많은 보노보들.

모두가 우리와 닮았다.

　대형 유인원들을 구하고 보호하기 위한 노력은 오랑우탄, 고릴라, 침팬지, 보노보를 위한 것일 뿐 아니라 모든 면에서 인간을 위한 것이기도 하다. 우리의 운명은 서로 뒤엉켜 있다. 대형 유인원을 돕기 위한 지속 가능하고 의미 있는 조치는 무엇이든지, 환경을 공유하고 있는 사람들 즉 힘이 없어 자신의 목소리를 낼 수 없거나 아무도 그들의 목소리에 귀 기울이지 않는 사람들의 복지도 개선시켜야 한다. 그들 역시 더 나은 대우를 받을 자격이 있기 때문이다.

　나는 이제 대형 유인원의 손실이 조직적인 집단학살의 결과가 아니라는 것을 잘 알고 있다. 오랑우탄, 고릴라, 침팬지, 보노보는 거의 선택의

　　　　　　　　　　　　　　　　　　　우리들은 닮았다

여지가 없는 열악한 환경에서 생존해야 하는 사람들에 의해서 대부분 희생되고 있다. 가족을 먹여 살리기 위해 화산국립공원 인근에 사는 가난한 르완다 농부가 고

**옆 페이지**: 우간다 브윈디천연산림국립공원에 사는 은쿠링고 무리의 새끼 마운틴고릴라.

**위**: 인도네시아 수마트라섬 메단의 수마트라오랑우탄보존프로그램 검역센터에 있는 고아 새끼 수마트라오랑우탄.

릴라 서식지로 농경지를 더 확대하려 하거나 공원 가장자리에 있는 자신의 농작물을 습격하는 성가신 고릴라를 죽이는 것을 탓할 수는 없다.

콩고민주공화국 카후지-비에가국립공원의 그라우어고릴라 서식지에 있는 영세 광산에서 불법적으로 일하는 사람들은 대부분 교육을 잘 받았지만, 그들에게는 다른 회사로 옮길 기회가 거의 없다. 그들은 곡괭이와 삽으로 콜탄을 캐고, 가족과 멀리 떨어져 먹고 살아야 한다. 야생동물 고기 외에는 식단에 사용할 수 있는 단백질 공급원이 없는 경우가 많다.

서칼리만탄주의 열대우림 인근에 사는, 특히 채소를 직접 재배하지 않는 마을 주민들은 오랑우탄을 직접 먹거나, 다른 식품으로 교환하기 위해 사냥할 가능성이 높다. 그들은 법으로 그러한 활동을 금지하고 있다는 사실을 잘 알지만, 단순히 그들에게는 그보다 더 나은 선택지가 없다.

내 이야기를 듣고 사진을 본 많은 사람들은 빈곤과 부패 그리고 인간적 절망이라는 깊은 수렁에 빠져 있는 이 같은 상황을 돕기 위해 그들이 무엇을 할 수 있는지 궁금해한다. 어떤 사람들은 문제의 크기와 너무 절망적인 현실에 압도돼 무력감을 느낀다. 나도 그런 생각들과 씨름해왔다.

2020년 봄에 이 책의 원고 초안을 마무리하다가 바로 어제, 무장한 반군이 콩고민주공화국의 루만가보라는 마을에서 13명의 비룽가국립공원관리원을 포함해 17명의 무고한 사람들을 살해했다는 소식을 들었다. 그곳은 《내셔널 지오그래픽》 기사에 나오는 고아 고릴라 은다카시와 은데제가 센크웨크웨보호구역에서 잘살고 있는 곳이기도 하다. 오늘은, 고릴라 닥터스의 친구들인 에디와 루이스는 무사하지만 다른 사람들─국립공원관리원과 마을 사람들─은 목숨을 잃었다는 기사를 읽으며 눈물을 흘렸다. 그들과 그들의 가족도 "우리와 닮았다." 우리는 그들을 위해 계속 살아가야 할 빚을 지고 있다. 때로는 정말 힘들지만, 대안이 없다.

## 지금 무엇을 할 수 있을까?

우리 인간이 우리와 그리 멀지 않은 가족의 임박한 죽음에 연루돼 있다는 것은 명백하다. 우리 생애에 그들이 멸종될 가능성이 점점 더 현실화되고 있다. 또한 앞으로 나아가기 위해서는 어떻게 이런 일이 일어났는지 이해하고, 새로운 표준을 만들기 위해 함께 노력해야 한다는 점도 명백하다. 내가 모든 해답을 찾은 것은 아니지만, 변화시키기 위해 노력한 몇 년 동안 생각해온 제안들을 모아보았다.

## 대형 유인원이 사는 나라의 NGO 지원하기

나는 내가 방문한 국가들에서 활동하고 있는 수많은 NGO들에 대해 엄청난 존경심을 가지고 있다. 나는 그들의 인상적인 프로그램과 토지 정책 가운데 일부를 통해 야생동물과 그들의 환경, 해당 지역에 사는 사람들의 상황을 어떻게 개선했는지 직접 목격했다.

NGO들은 제한된 자원을 관리할 수 있는 최선의 방법을 결정하고, 앞으로 전진하기 위해 중요한 선택들을 해야 하는 독특한 위치에 있다. 야생동물 NGO들은 현장에 상주하며 지역사회 속에서 활동함으로써 진행 상황을 감시하고, 위협적인 정책이나 기반시설 사업에 대항하는 조치를 취할 수 있다.

지구라는 행성의 염려하는 시민으로서, 자신이 그런 놀라운 국가적 또는 국제적 프로그램과 정책을 설계할 수 없다는 사실에 좌절할 필요는 없다. 오히려 우리는 이미 효과를 내고 있는 프로그램과 정책을 알아볼 수 있으며, 지속적인 노력을 지원할 수도 있기 때문이다. 누군가에게는 돕기 위해 뭔가를 한다는 것이, 여러분이 공감하는 일을 하고 있는 야생동물 NGO를 지원하는 것일 수 있다. (이 책의 제작에 참여한 야생동물 자선단체 목록은 부록에서 확인할 수 있다.)

## 야생동물 보호소 지원하기

나는 이번 여정을 시작할 때만 해도 보호소의 가치를 거의 이해하지 못

했음을 고백한다. NGO들이 건설하고 운영하
는 보호소는 현시대의 보존 노력에서 핵심적
인 역할을 하고 있다.

위: 인도네시아 보르네오 탄중푸팅국립공원
에 사는 성체 암컷 보르네오오랑우탄과 새끼.

　　그들의 존재만으로도 법 집행기관들에게 야생에서 태어났지만 포
획되어 처참한 상황에 놓인 대형 유인원들을 압수하도록 그리고 야생동
물 밀매 범죄자들에게 법적 조치를 취하도록 만들 수 있다. 그들은 영양
상태, 주거, 행동, 수의학적 치료 등 포획된 대형 유인원 보호에 필요한

　　　　　　　　　　　　　　　　　우리들은 닮았다

정보를 만들어내고 배포하는 일종의 지식 저장소 역할을 한다. 대부분 지역사회의 구성원이기도 한 직원들은 교육자료를 만들어 지역 주민들에게 배포한다. 그들은 또한 지방과 지역 정부 그리고 국가가 대형 유인원의 보호정책을 강화하도록 설득하는 매우 효과적인 로비 세력이기도 하다. (내가 개인적으로 방문한 보호소 목록은 부록에서 확인할 수 있다.)

**대형 유인원을 보호하는 데 도움이 되는 제품 구입하기**

소비자인 여러분이 어떤 선택을 하느냐에 따라 엄청난 영향력을 행사할 수도 있다. 보호단체들은 천연자원 관리를 위한 모범 사례 지침을 만들기 위해 벌목 회사와 팜유, 펄프 및 제지를 생산하는 생산자와 효과적인 파트너십을 형성하는 것이 얼마나 중요한지 잘 알고 있다. 지속가능한팜유생산을위한산업협의체Roundtable on Sustainable Palm Oil(RSPO) 및 국제산림관리협의회Forest Stewardship Council(FSC)와 같은 기관이 인증한 제품인지 구매 물품을 확인함으로써 책임 있는 천연자원 관리를 촉진할 수 있다. 소셜미디어를 통한 캠페인은 기업 활동에 큰 영향을 미쳐왔으며, 이와 같은 천연자원을 이용하는 기업과의 파트너십을 장려하는 역할을 하기도 한다.

**의식적으로 여행하기**

여러분이 여행을 선택할 때에도 차이를 만들어낼 수 있다. 책임감 있는 여행/관광은 현지 공동체의 웰빙을 향상시키고 근로조건을 개선시킨다. 이를 통해 자연과 문화 유산을 보존하는 데 긍정적인 기여를 하게 된다. 대형 유인원들이 사는 지역을 방문할 계획이라면, 여러분의 여행이 지역 주민들이 삶과 기회에 영향을 미치는 결정을 포함할지 스스로에게 물어보라.

## 투자할 때 올바른 질문하기

여러분은 퇴직연금 포트폴리오를 구성하기 위해 선택한 회사를 한 번 더 자세히 살펴볼 필요가 있다. 예를 들어, 여러분의 투자 포트폴리오에 채굴 산업(광업 및 석유)과 같은 주식이 포함돼 있는가? 포함돼 있다면 그 회사의 환경 성적표를 살펴보라. 지역 주민들을 어떻게 대하는가? 한 지역에서 공사가 끝나면 토지를 어떻게 복원시키는가? 자신들의 활동을 둘러싼 사람들의 삶을 개선하기 위한 지역 계획을 지원하는가? 그들의 관행은 지속 가능한가?

## 목소리 높이기

여러분이 속한 사회 공동체에서 혹은 여러분의 입법 지도자들과 함께 여러분이 지지하기로 선택한 풀뿌리 대의명분에 대해서 더 공개적이고 적극적으로 이야기해보라. 제인 구달을 잘 아는 사람이라면 우리 각자가 할 수 있는 일과 관련해 "너무 작은 것이란 없다"라는 그녀의 말을 틀림없이 들어보았을 것이다.

## 개인적으로 할 수 있는 일 하기

나는 현장에서 일하는 많은 사람들과 시간을 보냈는데, 이들 중에는 관대함과 기꺼이 개인적으로 기여를 하겠다는 마음으로 지역사회 중심의 보존 정신을 잘 보여주는 이들이 있었다. 카후지-비에가국립공원에 사는 그라우어고릴라를 탐방하는 동안, 르위로영장류센터에서 침팬지와

옆 페이지: 현재 대형 유인원 서식지 근처에 사는 마을 사람들의 복지를 개선하려는 노력도 보존 활동에 포함돼 있다. 최선을 다했음에도 불구하고, 키니기 마을의 이 르완다 소녀는 내가 손으로 입꼬리를 올리는 모습을 보여주었을 때만 미소를 지었다. 소녀는 그런 행동이 재미있다고 생각하고 따라했지만, 사진을 찍을 때 그 작은 손을 내리려 하지 않았다. 소녀는 카메라 뒷면에 나오는 자신의 사진을 보는 것을 좋아했다.

함께 일하는 스페인인을 만났다. 그녀는 임상심리학에 대한 배경 지식을 가지고 있었고, 지역 마을에서 가정폭력 문제를 겪고 있는 여성들을 도왔다. 그녀의 성공은 분명해 보였다. 여성의 날에 개최된 마을 포럼에 피해자와 가해자가 모두 참석했다.

나는 고릴라 닥터스의 르완다 본부를 여러 번 방문하면서, 오랜 기간 총책임자를 지낸 닥터 마이크 크랜필드가 어린 아이들의 학비나 가족 의료비를 개인적으로 지불한다는 사실을 알게 됐다. 두 가지 사례에서 드러난 그들의 친절한 행동은 해당 NGO의 공식적인 업무가 아니었다. 오히려 큰 도움이 필요한 현장에 깊은 배려심을 가진 사람들을 보낸 결과였다. 모든 것이 사람에서 시작된다.

한 사람의 관광객으로서 여러분도 개인적으로 강한 영향력을 미칠 수 있다. 가이드나 운전기사, 여행을 특별하게 만들어준 리조트 직원에 대해 알아보라. 그들 또는 그들의 가족에게 무엇이 도움이 될지 생각해보고, 계속 연락을 유지하는 것을 고려해보라.

나는 우간다에서 국립공원관리원과 가이드 역할을 하고 있는 우리의 친구 보스코와 편지를 주고받는다. 그는 아내 해리엇이 간호 기술을 업그레이드하고 있으며 그 과정을 성공적으로 수행하고 있지만, 가족에게 컴퓨터가 없어 어려움이 있다고 알려주었다. 우리는 다음 키발레 여행에서 컴퓨터 한 대를 그에게 전달했다. 기내 반입 무게 제한 때문에 항상 카메라 장비에 자리를 내줘야 했던 나의 스와로브스키 쌍안경도 여행 중인 캐나다 친구를 통해 보스코에게 최근 전달했다. 그는 제대로 된 쌍안경이 없었는데 '교수님의' 쌍안경을 갖게 돼 너무 기뻐했다. 다른 사람을 돕는 사람들을 돕자.

나는 대형 유인원 각각의 종마다 서로 다른 위협에 직면해 있으며,

지역 사람들도 서로 다른 어려움과 요구사항을 가지고 있다는 것을 이해하게 됐다. 말할 필요도 없이, 모든 대형 유인원이 동일한 관할 구역에 살고 있는 것은 아니다. 그들은 각기 다른 우선순위와 이행 수준을 가진, 각기 다른 정부 형태의 많은 국가에서 살고 있다. 어떤 정부나 조직도 대형 유인원을 보호할 수 있는 최고의 방법을 제시할 수 없다는 사실을 받아들여야 한다. 거대한 조각그림 맞추기와도 같다. 전체적으로 보면 암울하고 위압적이다. 그러나 개별 조직과 정부, 심지어 산업계에서도 중요한 조각들을 차례로 제공할 수 있다. 작은 승리들이 모여 모멘텀을 만든다.


## 부름에 응답하기

대형 유인원의 위기는 우리가 만들고 있는 것이다. 그 위기는 계속 진행 중이며, 점점 더 시급한 문제가 되고 있다. 수많은 문젯거리로 가득 찬 이 힘든 세상에서 무력감을 느끼고, 손을 들고 포기하고 싶은 유혹이 든다. 그러나 실패는 단순히 선택사항이 아니다. 우리는 희망을 가지고 작은 승리에 주목해야 한다. 문제의 핵심은 더 많이 알려서 우리 모두에게 내재된 선의를 끄집어내는 것이라고 확신한다. 제인 구달의 말을 인용하자면, "이해해야만 우리는 관심을 가질 것이다. 관심을 가져야만 우리는 도울 것이다. 우리가 도와야만, 모두가 구원받을 것이다."

우리 중 많은 사람들은 변화를 일으킬 수 있는 일을 하라는 부름을 정기적으로 받는다. 여러분 안에서 공명하는 것과 당신을 감동시키는 것 그리고 안일함에서 당신을 깨우고 열외에서 참여로 밀어붙이는 것에 귀를 기울이는 것이 중요하다. 개인적인 공부 도중에 내 마음 깊은 곳에서 관련이 없어 보이는 관심사들이 충돌했을 때 나의 여정은 시작됐다. 일

오른쪽: 우간다 키발레국립공원에 사는 성체
수컷 침팬지.

단 나는 그것이 만들어낸 불꽃을 무시하지 않았고, 그때그때 상황에 따라 계획을 세웠다.

나의 계획은 나를 도와준 많은 사람들의 지원 덕분에 매우 실질적이며 인생을 변화시킬 정도의 결과물로 이어졌다. 바로 닥스포그레이트에이프스의 설립이다. 임원진과 후원자들로 구성된 헌신적인 팀으로 이루어진 젊은 조직인 닥스포그레이트에이프스는 이미 일선의 많은 간호사들의 삶에도 중대한 영향을 미치고 있으며 앞으로 더 많은 일을 추진할 계획이다. 그날 내 공부의 부름에 응답해 예상치 못한 이 책이 탄생하게 됐는데, 사람들이 그리 멀지 않은 친척이나 다름없는 대형 유인원들과, 자신의 삶이 그들의 생존과 얽혀 있는 모든 사람들에게 더 가까이 다가가는 데 이 책이 도움이 될 수 있기를 바란다. 요컨대, 나는 나에게 찾아온 영감에 귀 기울이며 그 부름에 따랐고, 날마다 해마다 변화를 일으킬 수 있는 크고 작은 방법을 찾아 나섰다. 나는 여러분도 할 수 있다고 믿는다.

불가능할 것 같았던 나의 여정은 제인 구달에 대한 끄덕임이다. 나의 열정은 숲속의 그들로부터 받은 선물이다. 나의 이야기는 여러분에게 드리는 초대장이다.

부록

## 닥스포그레이트에이프스

이 책을 구입함으로써 여러분은 이미 대형 유인원들을 지원하고 있는 셈이다. 이 책의 판매 수익금 전액은 변화를 만들기로 결심한 관심 있는 의료 전문가들이 2013년에 설립한 조직인 닥스포그레이트에이프스에 직접 전달될 것이다.

　우리의 비전은 대형 유인원의 건강과 그들을 둘러싸고 있는 공동체 그리고 우리가 공유하는 생태계를 개선하는 데 열정적인 세계 공동체를 형성하는 것이다. 그 비전을 실현하기 위해 다음과 같은 일을 한다.

- 우리는 동물의 건강과 인간 그리고 환경을 연결하는 "하나의 건강" 개념을 장려한다.
- 우리는 사람과 아이디어, 자원을 연결해 수의학 및 인간 의료 역량을 키우기 위한 의학 교육을 제공한다.

**왼쪽**: 르완다 화산국립공원에 사는 파블로 무리의 새끼 마운틴고릴라.

**오른쪽**: 르완다 북부주 키니기 마을 지역 보건소 밖에서 대기 중인 환자들.

- 우리는 심각한 멸종위기에 처한 종들과 그들의 서식지가 직면한 문제에 대한 인식을 높인다.

닥스포그레이트에이프스가 아프리카에서 수행한 최초 프로젝트인 비룽가원이니셔티브VirungaOne Initiative는 르완다 화산국립공원 경계 내에 있는 14개의 공동체건강관리센터에서 간호 서비스를 제공하는 간호사들에게 전문성 개발 프로그램을 지속적으로 제공하는 데 중점을 두었다. 산에서 일하는 많은 추적꾼과 짐꾼들이 해당 마을에서 살고 있다. 그들 가족들에 대한 의료 서비스를 개선하는 일은 마운틴고릴라의 웰빙에도 직접적인 영향을 미친다. 우리는 최전선에서 활동하는 간호사들이 필요로 하는 의학 교육 사항에 대한 설문조사를 실시했고, 안과 진료 교육

우리들은 닮았다

**왼쪽:** 고릴라 닥터스 소속의 에디 캄발레(왼쪽)와 루이스 플로레스(오른쪽)가 고릴라에게 다트로 주입시킬 약물을 준비하고 있다. 닥터 캄발레는 닥스포그레이트에이프스의 자금 지원으로 우간다의 마케레레대학교에서 야생동물 의학 석사를 마친 세 명의 아프리카 수의사 중 한 명이다. 닥터 플로레스는 현재 콩고민주공화국의 르위로영장류재활센터에서 야생동물의학 분야의 수의사들을 교육시키고 있으며, 향후 '야생동물 컨저베트 교육 프로젝트'의 핵심적인 역할을 하게 될 것이다.

이 우리가 도움을 줄 수 있는 영역이라는 것을 알게 됐다. 닥스포그레이트에이프스는 1차적인 안과 진료 과정을 개발해 제공했다. 이 프로젝트는 호응이 좋았고 효과적이었다. 닥스포그레이트에이프스에게는 우리의 노력이 지속 가능하고 상당한 영향력을 가지며, 프로그램 참가자가 교육 참여에 대한 정당한 인정을 받는다는 점이 중요하다. 현재까지 55명의 간호사가 1주일 과정의 수료증을 자랑스러워하며, 일부는 스스로 교육 훈련 제공자가 되기 위해 추가 교육을 받고 있다.

더 최근에 닥스포그레이트에이프스는 아프리카 수의사들이 야생동물의학에 대한 대학원 교육을 아프리카에서 받을 수 있도록 후원하는 장학금 프로그램인 야생동물 컨저베트 교육 프로젝트Wildlife ConserVet Education Project를 시작했다. 아프리카에서 현장 활동하는 선도적인 야생동물

단체 컨소시엄에서 선정된 중앙자문위원회는 자격이 있는 후보자들을 신뢰할 수 있는 훈련 프로그램에 연결시켜준다. 중앙자문위원회에 소속 돼 있으며 이 책에도 소개된, 존경하는 3명의 회원은 이 장학금 프로그램을 돕는 데 영감을 주었다. 고릴라 닥터스 아프리카 명예이사인 닥터 마이크 크랜필드와 제인구달협회(콩고공화국) 이사이며 침풍가 보호구역의 수석 수의사인 레베카 아텐시아 박사 그리고 콩고민주공화국 르위로보 호구역의 역량 강화 관리자인 고릴라 닥터 루이스 플로레스가 그들이다. 중앙자문위원회는 아프리카 지역 국립공원에서 현장 조사 및 질병 감시를 위해 자격을 갖춘 수의사들을 교육시키는 것을 목적으로 하는, 컨소시엄 내 야생동물 자선단체가 제공하는 기금의 안정적인 분배를 감독할 것이다. 이 기금은 또한 아프리카 수의대 학생들에게 학위과정 마지막 해에 야생동물의학 분야를 소개하는 프로젝트를 지원할 것이다. 이 기금은 제인구달협회(캐나다)에서 운용하는 하나의 프로그램이 될 것이다.


## 야생동물 자선단체

아래 기관들은 이 책을 집필하는 데 관여된 곳들로 책에 나오는 순서대로 나열했다.

- 고릴라 닥터스Gorilla Doctors www.gorilladoctors.org
- 캐나다 제인구달협회The Jane Goodall Institute of Canada www.jane-goodall.ca
- 닥스포그레이트에이프스Docs4GreatApes www.docs4greatapes.org
- 아프리카야생동물재단African Wildlife Foundation www.awf.org

- 수마트라오랑우탄보존프로그램 Sumatran Orangutan Conservation Programme www.sumatranorangutan.org
- 콩고분지의 세계야생생물기금 World Wildlife Fund in the Congo Basin www.wwf-congobasin.org
- 야생동물보호협회 Wildlife Conservation Society www.congo.wcs.org

## 보호소

아래 보호소들은 이 책을 쓰기 위해 방문했던 곳들로 책에 나오는 순서대로 나열했다.

- 침풍가침팬지재활센터 Tchimpounga Chimpanzee Rehabilitation Center
  콩고공화국, 푸앵트누아르 www.janegoodall.ca
- 응감바섬침팬지보호소 Ngamba Island Chimpanzee Sanctuary
  우간다, 엔테베, 빅토리아호의 응감바섬 www.ngambaisland.org
- 롤라야 보노보 보호소 Lola ya Bonobo Sanctuary
  콩고민주공화국, 킨샤사 www.lolayabonobo.org
- 르위로영장류재활센터 Lwiro Primates Rehabilitation Center
  콩고민주공화국, 남키부주, 르위로 www.lwiroprimates.org
- 수마트라오랑우탄보존프로그램 구조재활센터 Sumatran Orangutan Conservation Programme Rescue and Rehabilitation Center
  인도네시아, 북수마트라주, 메단 www.sumatranorangutan.org

감사의 말

내가 어떻게 알았겠는가? 책을 쓰는 과정은 간단해 보였다. 선택할 수 있는 수천 개의 사진과 의미 있는 많은 이야기들이 있으니, 몇 주 동안 집중적으로 집필해서 '책'을 인쇄소로 넘기면 될 것처럼 보였다. 가장 힘든 부분은 지금 책을 쓰고 있다고 가족들에게 큰 소리로 외치는 것 정도이리라. 중요한 이야기가 작가를 찾고 있었지만, 웬 수의사가 겁도 없이 그 일을 맡아버린 것이다.

실제로는, 단락은 장이 됐고, 각 장마다 수많은 사진과 지도가 제자리를 잡을 수 있도록 함께 엮어져 한 편의 원고가 만들어졌다. 아프리카와 인도네시아의 열대우림을 여러 번 방문하면서 배운 것처럼, 책을 만드는 모든 단계마다 유능하고 의지를 가진 많은 참여자들의 도움이 필요하다는 것을 알게 됐다. 이 책의 편찬 과정을 함께한 모든 사람들에게 많은 빚을 진 셈이다.

**옆 페이지**: 콩고민주공화국 카후지-비에가국립공원에 사는 치마누카 무리의 성체 암컷 그라우어고릴라 무코노와 새끼.

원고를 쓰기 오래전부터, 열대우림에서의 나의 여정은 나를 받아들이고 기꺼이 도움을 준 사람들의 계속 확장되는 인적 네트워크로부터 많은 혜택을 받았다. 그들의 열의와 열정은 내가 대형 유인원 및 그 주변 사람들과 함께한 여행에서 결코 도달할 수 없다고 생각했던 새로운 차원의 경지에 도달하도록 영감을 주었다. 하지만 나의 모든 여정은 어딘가에서 시작되어야 했고, 초기부터 여러 핵심 인물들이 내가 환경보호 활동가로 발전하는 데 결정적인 문을 열 수 있도록 앞장서 주었다.

다정하고 믿을 수 없을 정도로 열심히 일하는 캐나다 제인구달협회의 대표이사 앤드리아 테더Andria Teather에게 매우 특별한 감사를 전한다. 앤드리아는 제인 구달의 캐나다 투어에 닥스포그레이트에이프스를 포함시켰고, 다이앤과 내가 콩고공화국의 침풍가 자연보호구역으로 떠나는 기부 여행에 그녀와 동행할 수 있도록 해주었으며, 나를 캐나다 제인구달협회 이사회의 일원으로도 추천해주었다. 앤드리아는 초기에 책의 방향을 잡는 데 아낌없이 정보를 제공했으며, 결국 상상할 수 없었던 제인 구달에게 서문을 요청하는 데까지 도움을 주었다.

내가 4장에서 언급한 '수호천사'는 웨스턴대학교의 학장이자 부총장인 재니스 디킨Janice Deakin이다. 재니스는 제인 구달의 강의를 위해 웨스턴대학교 내에서 가장 큰 장소를 확보해서 제공해야 한다고 주장하며, 고위 관리팀 전체를 포함해 자원들을 재조정해주었다. 웨스턴대학교 총장실로부터 대의를 위한 확고한 지원이 정기적으로 이루어졌다. 총장실에는 내가 가장 귀여워하는 환자이자 재니스의 사랑을 듬뿍 받는 베들링턴테리어종 매디와 조이도 있었다. 재니스는 웨스턴대학교에서 대형 유인원 연구를 위한 장학금을 지급하고, 국제학생경연대회 기조연설에 초청해주었으며, 제인 구달에게 명예이학박사 학위를 수여하기도 했다. 제인 구달의 옆자리에 앉아서 웨스턴대학교 강단에 선 그녀를 보고 있자니

심장이 멈추는 줄 알았다.

국제 개발 및 외교에 대한 나의 이해는 기껏해야 초보 수준에 불과했지만, 해당 지역의 이해 관계자들로 팀을 구성하는 것이 그 개발 계획을 성공시키는 데 매우 중요하다는 것을 깨달았다. 따라서 나는 대사, 시장, 주교, 정부 장관, 대학 학장 및 총장 그리고 주지사들을 만났다. 나는 수십 명의 일선 직원들과 함께 그들의 이야기를 듣고, 그들의 요구사항을 이해하며 보내는 시간을 즐겼다. 웨스턴대학교의 공중보건학부프로그램의 마이클 클라크Michael Clarke와 수많은 이메일을 주고받으며 나눈 대화를 통해 미묘한 문화적 차이의 중요성을 알게 됐으며, 경의를 표하고 궁극적으로 요청이 수용되게 만드는 나의 능력도 크게 향상됐다. 친절하게도 마이클은 캐나다 오타와의 국제개발연구센터에서 세계보건정책 책임자로 근무하는 동안, 자신이 확보한 많은 연락처를 공유해주었다. 나는 그를 친구라고 부를 수 있는 특권을 누렸다.

아이디어가 점차 행동으로 바뀌면서, 닥스포그레이트에이프스에서 프로젝트를 개발하고 제공하는 데 필요한 노하우보다 열정이 더 앞섰다. 우리가 하고 있는 일에 대해서 전문 지식과 열정을 공유한 많은 개인들에게 깊은 감사를 드린다. 명예교수 레베카 쿨터Rebecca Coulter는 동료이자 교육학부 교수인 캐서린 히버트Kathryn Hibbert와 함께 시간을 내서 간호사들을 위한 비룽가원이니셔티브 교육과정의 구성에 대한 자신의 소감을 공유해주었다. (제인 구달을 명예 학위 수여자로 지명한 사람이 레베카였다. 그녀는 여러 면에서 대형 유인원에 대한 직접적인 지원을 제공해주었다.) 탁월한 전염병학자 마크 스피츨리Mark Speechley는 14개 마을 클리닉의 간호사를 위한 지식과 태도 그리고 간호업무에 대한 설문조사를 설계했다. 전문적인 설문조사 수행은 대학원생 엘리제 버트Elyse Burt와 에밀리 퀸Emily Quinn이 맡았다. 안과의사인 신디 허트닉Cindy Hutnik, 래리 앨런Larry Allen, 필 후

퍼Phil Hooper, 보 리Bo Li 및 데이비드 램지는 대학원생이자 수의사인 에밀리 덴스테트Emily Denstedt가 르완다의 외딴 산간 마을에서 온 55명 이상의 간호사에게 강의할 1차 안과진료 모듈의 주요 부분을 제작했다. 고릴라 닥터스의 샤드락 니욘지마Schadrack Niyonzima와 제이피 카뱀바JP Kabemba의 현장 행정 지원과 피델레 우위마나Fidele Uwimana의 탁월한 번역 서비스에 감사드리며, 우리의 충실한 운전기사 무가베 압바스Mugabe Abbas에게도 감사드린다.

또한 친구이자 고릴라 닥터스 소속의 에디와 프레드Fred, 노엘리No-eli, 리키Ricky 그리고 루이스가 보여준 우정과 환대, 수많은 대화에 대해 감사를 표하며, 많은 활동으로 탐방을 가득 채울 수 있도록 수많은 세부 사항까지 준비하는 데 도움을 준 것에 감사드린다. 솔직히 마이크 크랜필드에게는 말로 표현할 수 없을 정도로 감사드린다. 마이크는 항상 나를 환영해주었고, 지금도 계속해서 엄청난 영감을 나에게 주고 있다. 그는 어떤 위기 상황에서도 자리를 지켰고, 보노보를 보기 위해 로마코에 나와 동행할 만큼 열정이 넘쳤다. 우리는 책의 대략적인 초안을 작성하는 동안 여러 차례 이메일을 주고받았다. 내가 오랫동안 잊고 있었던 세부 사항들을 마이크는 기억하고 있었기 때문이다.

말 그대로 여행을 가능하게 만든 수많은 가이드, 추적꾼, 국립공원 관리원, 짐꾼들에게는 어떤 감사의 표현도 충분하지 않을 것이다. 어떤 국가 혹은 대륙에 있든 그들은 각자 안전한 여행이 되도록 노력했다. 그리고 나에게 최상의 사진을 얻을 수 있는 기회를 제공하고 내가 전할 가치 있는 이야기를 가지고 살아서 돌아갈 수 있도록 최선을 다해주었다. 그들은 열대우림의 이름 없는 영웅들이다.

내가 집필 계획을 처음으로 알린, 소중한 친구 맘타 고탐Mamta Gautam에게 특별한 감사의 말을 전한다. 작가이면서 뛰어난 정신과의사이기도

우리들은 닮았다

한 맘타는 내 비밀을 말해도 될 정도로 좋은 사람 같았다. 맘타는 고통을 약물로 치료하자고 제안할 수도 있었지만, 그녀는 나를 격려하고, 독자가 관심을 가질 만한 것에 대해 논의하는 시간을 가졌으며, 이야기를 전개하기 위한 구체적인 단계들을 나에게 알려주었다. 맘타와 그녀의 남편 키란 라베루Kiran Rabheru는 친절한 마음을 지닌 노련한 소통자로 여러 번 해변을 산책하는 동안 귀중한 조언을 해주었다. 그들은 '책제목 짓기' 시간을 갖기 위해 다이앤과 우리의 좋은 친구들인 바시티Vashti와 존 투퍼John Tupper를 해변으로 소집했으며, 맘타가 제안한 제목이 압도적인 승리를 거두었다.

내 사진 촬영 기술은《내셔널 지오그래픽》《보그》《뉴스위크》에 사진을 싣기도 하는, 친구이자 항상 재미를 추구하며 자유분방한 헤어스타일을 가진 전문사진가 스콧 스털버그Scott Stulberg가 진행한 워크숍에 참여함으로써 향상됐다. 미국 메인주 아카디아국립공원에서 열린 워크숍에서 스콧은 이 책에 실린 후보 사진들을 빈틈없이 검토해 의심할 여지가 없는 등급을 매겼다. 그 이후로도 그는 책 디자인과 이미지 처리 및 사진 선택에 대한 질문에 흔쾌히 응해주었다. 이 책의 표지 이미지도 그가 선택한 것이다. 나는 언젠가 그에게 '오렌지색 원숭이'가 오랑우탄이라는 사실을 알려줄 것이다. 스콧은 나에게 스피리트 노블Spirit Novel을 소개시켜 주었다. 그녀는 18개월이 넘는 기간 동안 내 사진들을 최고의 이미지로 만들기 위해 열심히 수정했다. 스피리트는 실버백의 코에 있는 불청객 모기나, 오랑우탄의 머리 꼭대기에서 튀어나온 것처럼 보이는 나뭇가지에 의해 발생하는 흐릿함을 꼼꼼하게 제거했다. 나는 책의 시각적 부분을 매우 특별하게 만들려는 그녀의 의지에 너무나 감사드린다.

나는 개발, 카피, 라인 편집에 대해 전혀 모른 채, 마치 회계사에게 신발 상자 하나 분량의 영수증을 전달하며 소득세 환급을 받을 수 있을 것으로 기대하듯, 그에 상응하는 양의 사진을 켈 페로Kel Pero에게 보여주었다. 재능 있는 편집자였던 켈은 참을성 있게 점을 연결하고 무작위로 보이는 수많은 이야기(때로는 같은 페이지에 두 나라 이야기가 섞여 있는 경우도 있었다)를 하나의 이야기로 연결했다. 나는 켈이 내 편집팀의 일원이었던 것을 영원히 감사할 것이다. 그는 대중에게 공개적으로 테스트할 수 정도의 원고를 제공해주었다.

모이Moe, 마이크Mike, 제드 하가티Jed Hagarty는 초기 원고를 체계적으로 검토하면서 좋은 것과 싫은 것을 지적하고, 원고의 오류를 수정했다. 신부의 가족이 신랑의 아버지를 위해 무료 베타 읽기 서비스를 제공해야 한다는 고대 전통에 대해 알지 못하는 것 같았지만, 그럼에도 그들은 기꺼이 동의해주었다. 그들의 서비스는 나에게 많은 의미가 있었고, 그 과정은 우리 가족을 더 가깝게 연결시켰다. 초기 원고에 대한 피드백을 제공한, 캐나다방송공사의 언론인이자 베테랑 전국 뉴스 특파원인 모린 브로스나한Maureen Brosnahan에게도 큰 포옹과 함께 진심으로 감사드린다. 모린에 대한 감사의 빚은 내 발전의 각 단계와 함께 비례해 커진다. 모린은 2013년 웨스턴대학교에서 제인 구달과 함께 한 저녁 강연에서 나를 위해 Q&A 세션을 능수능란하게 진행했으며, 나에게 격려가 절실하게 필요했을 때 친절하게도 자신의 생각을 말해주었다.

제인구달협회의 설립자회Founder Relations 부사장인 수잔나 네임Susana Name은 이번 일이 가능하도록 만들어준 데 대해 특별한 감사를 받을 자격이 있다. 수잔나는 첫날부터 항상 가족과 내가 제인 구달과 소중한 시간을 보낼 수 있는 방법을 찾아주었고, 게일 허드슨Gail Hudson과 연결할 수 있는 방법을 찾는 데 도움을 주었다. 나는 여전히 나 자신을 작가나 회고록을 쓴 사람으로 생각하지 않는다. 종이에 글을 쓰고 나 자신을 표현한다는 것이 무엇을 의미하는지를 이해하고 심화시키는 데 가장 많은 도움을 준 사람이 게일이다. 제인 구달과 함께《뉴욕타임스》베스트셀러의 공동 저자인 게일은 내가 정말로 생각하고 있는 것을 내 목소리로 대화하듯이 표현하도록 유도했다. 노련하고 친절한 편집자인 그녀는 내가 결국 "허드슨의 완벽함"이라고 말할 수 있을 정도로 모든 단락을 만들 수 있도록 전문적이고 열정적인 방식으로 수정을 거듭하면서 끊임없이 나를 인도했다. 게일은 일어난 사건들과 경험한 것들에 대해 생각하도록 나를 지도했고, 심리치료사가 부러워할 정도로 내 안에 있는 것들을 잘 뽑아냈다. 게일은 제인 구달과 함께 일해왔기 때문에 처음부터 열정을 이해하고 그 일의 가치를 믿었다. 나는 이 모든 과정에서 믿을 수 없을 정도로 편안함을 느꼈다.

걸프라이데이프로덕션Girl Friday Productions의 잉그리드 에머릭Ingrid Emerick과 열심히 일하는 그녀의 재능 있는 팀에 큰 박수와 감사를 표한다. 우리 프로덕션에디터인 데본 프리데릭센Devon Fredericksen, 아트디렉터 폴 배럿Paul Barrett, 마케팅 전문가 조지 하킷Georgie Hockett, 카피에디터 아만다 깁슨Amanda Gibson, 교정자 아리아나 도스Ariana Dawes에게도 특별한 감사를 전한다. 모두 내 꿈의 책을 완성하기 위해 완벽하게 협력해주었다.

오랫동안 고생해온 내 아내가 나보다 훨씬 더 현명하고 재능 있는 사진작가임을 인정한다. 그럼에도 우리가 함께했던 야생동물 탐방에서 내가 찍은 사진들이 더 낫다고 믿게 해준 아내 다이앤의 행동은 너무나 고마웠다. 그녀는 자신이 찍은 수많은 사진들을 최소한 이 책이 출판될 때까지는 주목받지 않도록 했다. 나는 몇 달 동안 이야깃거리와 이미지를 찾아 여행하거나 따로 글을 쓰거나 편집 작업을 하거나 사진을 선별하느라 해변에서의 산책, 영화 감상 그리고 가족 간의 대화 등 수많은 장면들을 놓쳤다. 내가 아프리카나 아시아로 떠나 있는 동안, 다이앤이 이혼을 위해 변호사의 조언을 구하거나 암살자를 고용하거나 혹은 심지어 자물쇠 제조공을 찾아가지 않은 것에 대해 감사한다. 함께하기를 바라는 수많은 모험에 다이앤이 나와 동행하는 그날을 위해, 내 여행 배낭 속에 여분의 카메라 본체, 렌즈, 기타 액세서리 등 그녀가 가져가고 싶어하는 물건들을 위한 공간을 항상 마련해둘 것임을 약속한다.

우리들은 닮았다

**위**: 콩고민주공화국 에카퇴르주의 마링가강에서 나무 마상이를 운행하는 콩고 남성들.

옮긴이 이충

영어 번역가. 성균관대학교 화학공학과를 졸업하고, 동대학원에서 석사과정을 수료했다. 국립 환경연구원, 국제특허 법률사무소, 제약회사 등에서 일했고, 옮긴 책으로는 《의사들의 전쟁》 《전염병 시대》《너는 어떻게 세상을 보는가》《티코와 케플러》《진화의 역사》가 있다.

우리들은 닮았다

초판 1쇄 발행 2022년 11월 25일

지은이      릭 퀸
책임편집   이기홍 박소현
디자인      이상재 박소현 김슬기
펴낸곳      ㈜바다출판사

주소        서울시 종로구 자하문로 287
전화        02-322-3885(편집), 02-322-3575(마케팅)
팩스        02-322-3858
e-mail     badabooks@daum.net
홈페이지  www.badabooks.co.kr

ISBN       979-11-6689-119-9 03400